ÉLÉMENTS

D'ARITHMÉTIQUE

THÉORIQUE ET PRATIQUE.

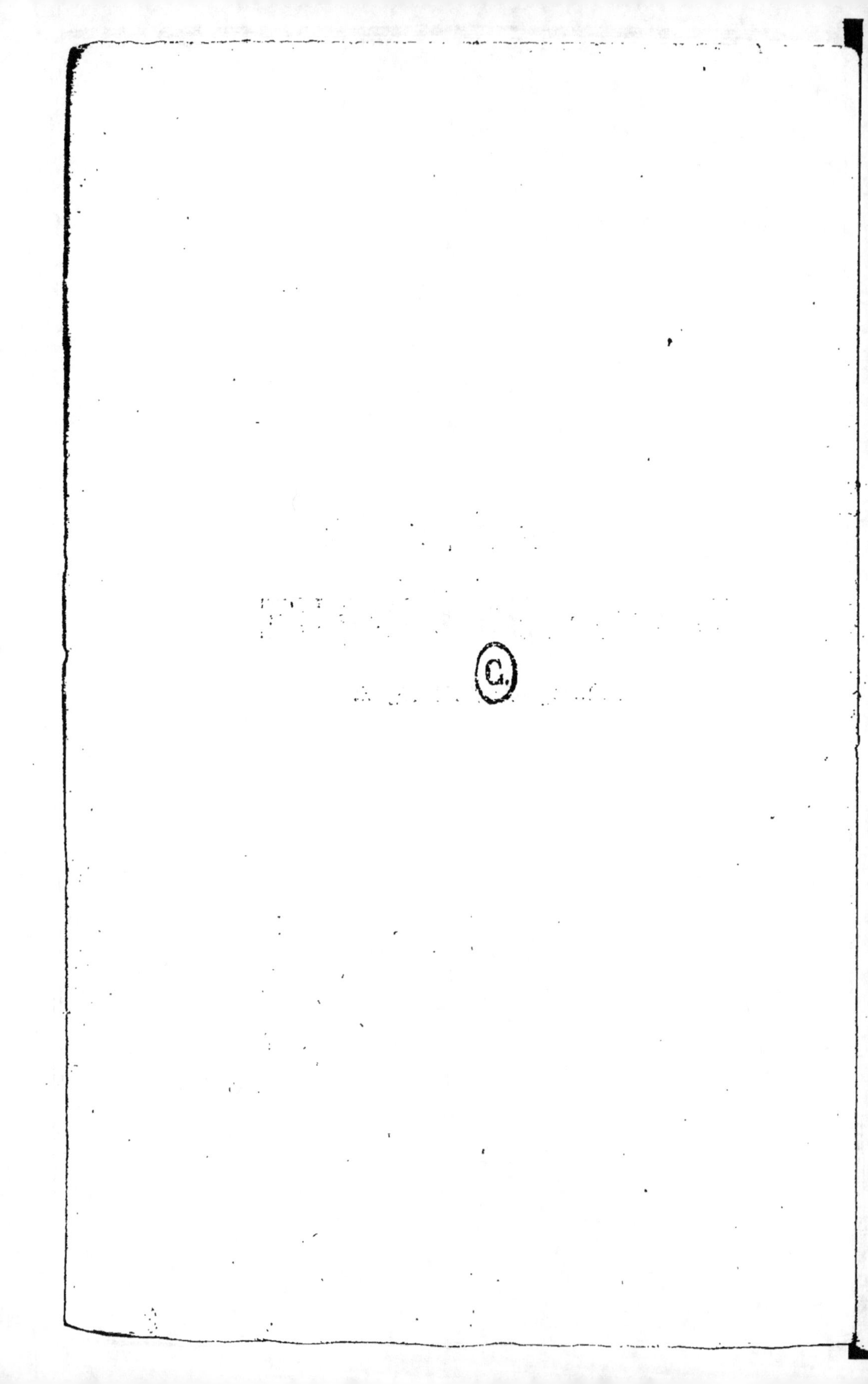
C.

ÉLÉMENTS

D'ARITHMÉTIQUE

THÉORIQUE ET PRATIQUE,

CONTENANT

UN GRAND NOMBRE D'EXERCICES OU PROBLÈMES GRADUÉS
D'UNE APPLICATION USUELLE,

A L'USAGE

Des Institutions, des Écoles normales,
des Aspirants au brevet de capacité, des Instituteurs des Écoles primaires
supérieures et des Écoles professionnelles et commerciales;

PAR

M. FÉLIX FRAICHE,

Professeur de Mathématiques et de Sciences naturelles.

PARIS,

LIBRAIRIE CLASSIQUE D'EUGÈNE BELIN,

RUE DE VAUGIRARD, N° 52.

—

1862

Tout exemplaire de cet ouvrage non revêtu de ma griffe
sera réputé contrefait.

Saint-Cloud. — Imprimerie de Mme Ve Belin.

PRÉFACE.

Vouloir faire du nouveau en arithmétique, après le grand nombre de traités de cette science en usage dans les classes, et dont plusieurs ont une valeur incontestable, eût été une prétention aussi vaine qu'inutile; tel n'est donc point notre but. Nous avons pensé que s'il y avait une amélioration possible à apporter dans l'enseignement de l'arithmétique, enseignement d'autant plus important et difficile, qu'il s'adresse à des intelligences encore inhabiles, et qu'il forme la base de toute éducation scientifique, il fallait la chercher dans la méthode d'exposition des diverses théories, et dans le choix de démonstrations claires et complètes.

Une longue pratique de l'enseignement nous ayant fait remarquer la difficulté qu'ont la plupart des élèves à distinguer, dès le principe, ce qui est règle pratique de ce qui est démonstration raisonnée de la règle, et la confusion qu'ils font des deux, soit dans leur esprit, soit dans leurs réponses, nous avons séparé, à l'exemple de nos devanciers, mais plus complétement encore, et pour chaque règle, la partie pratique, c'est-à-dire la règle à suivre et ses divers cas, de la démonstration rationnelle de cette règle; de telle sorte que, l'élève n'apprenant à démontrer une opération que lorsqu'il sait la faire dans tous ses détails, toute confusion lui devient impossible. Un autre avantage de ce système, c'est que lorsque l'élève, quittant prématurément les bancs de l'école, et entrant dans le monde avec un bagage scientifique à peu près nul, ce qui arrive trop souvent, voudra, en présence des nécessités de la vie, apprendre rapidement ce qu'il a tropnégligé autrefois, l'étude de la partie pratique, parfaitement séparée et aisée à reconnaître, lui suffira pour savoir en peu de temps tout ce qui concerne l'arithmétique usuelle.

Fidèle à notre système, nous l'avons suivi jusque dans les nombreux exercices (1000 et plus) qui accompagnent chaque chapitre. Là encore, à côté de l'exercice pratique, opérations et problèmes divers, se trouvent les exercices raisonnés ou théoriques, renfermant des questions qui peuvent faire l'objet, soit de devoirs écrits, soit d'interrogations verbales, et destinés à habituer l'élève au raisonnement mathématique, en l'obligeant à combiner ou à analyser les idées enseignées par le maître, pour en déduire de lui-même des vérités nouvelles. Ces exercices, ainsi que quelques autres parties, seront d'un grand secours surtout aux élèves des écoles normales qui se destinent à l'enseignement. A leur intention, nous avons cru devoir donner aussi un développement inusité aux quatre règles, en y joignant, dans un *Appendice* qui leur fait suite, divers modes d'opération et diverses questions d'examen.

Enfin, nous rappelant que l'arithmétique est pour chacun d'un usage journalier et souvent d'une grande importance, nous avons traité dans un chapitre spécial quelques considérations pratiques sur la manière d'opérer et sur les approximations, de manière à obtenir toujours le résultat cherché, non-seulement avec le plus de rapidité, mais aussi avec le plus d'exactitude possible.

Etre clair, complet et utile, tel a été notre but; nous espérons l'avoir l'atteint.

Félix FRAICHE.

TABLE DES MATIÈRES.

|LIVRE PREMIER.

CHAP. I. Définitions. — 1
CHAP. II. *Numération parlée.* — 3
Numération écrite. — 7
Exercices. — 10
CHAP. III. *Addition* (Théorie pratique). — 12
Théorie raisonnée. — 15
Exercices. — 16
Soustraction (Théorie pratique). — 18
Théorie raisonnée. — 21
Exercices. — 23
Multiplication (Théorie pratique). — 25
Théorie raisonnée. — 31
Exercices. — 36
Principes sur la multiplication (Théorie pratique). — 39
Théorie raisonnée. — 40
Division (Théorie pratique). — 43
Théorie raisonnée. — 51
Exercices. — 56
Principes sur la division (Théorie pratique). — 59
Théorie raisonnée. — 60
CHAP. IV. APPENDICE AUX QUATRE RÈGLES. *Addition.* — 62
Soustraction. — 65
Multiplication. — 68
Division. — 71
CHAP. V. PLUS GRAND COMMUN DIVISEUR ET PLUS PETIT COMMUN MULTIPLE. Définitions. — 72
Plus grand commun diviseur (Théorie pratique). — 73
Plus petit commun multiple (Théorie pratique). — 78
Théorie raisonnée. — 80
Exercices. — 82

LIVRE II.

DES FRACTIONS.

CHAP. 1. *Numération des fractions ordinaires.* — 85
Propriétés des fractions (Théorie pratique). — 88
Simplification des fractions. — 89
Réduction au même dénominateur. — 91
Théorie raisonnée. — 93
Exercices. — 97
CHAP. II. Les quatre opérations des fractions (Théorie pratique). *Addition.* — 99

Soustraction. — 101
Multiplication. — 101
Division. — 102
Théorie raisonnée. — 103
Exercices. — 107
CHAP. III. *Numération des fractions décimales.* — 110
Propriétés des fractions décimales (Théorie pratique). — 112
Théorie raisonnée. — 114
Exercices. — 116
CHAP. IV. Les quatre opérations des fractions décimales (Théorie pratique). *Addition.* — 118
Soustraction. — 119
Multiplication. — 119
Division. — 120
Théorie raisonnée. — 122
Exercices. — 124
CHAP. V. *Conversion des fractions ordinaires en décimales et réciproquement* (Théorie pratique). — 127
Théorie raisonnée. — 130
Exercices. — 132

LIVRE III.

SYSTÈME MÉTRIQUE.

CHAP. I. Notions préliminaires. — 133
Mesures de longueur (Théorie pratique). — 136
Théorie raisonnée. — 142
Exercices. — 144
CHAP. II. *Mesures de superficie* (Théorie pratique). — 146
Théorie raisonnée. — 150
Exercices. — 153
CHAP. III. *Mesures de volume* (Théorie pratique). — 154
Théorie raisonnée. — 158
Exercices. — 162
CHAP. IV. *Mesures de capacité* (Théorie pratique). — 163
Théorie raisonnée. — 167
Exercices. — 168
CHAP. V. *Mesures de poids* (Théorie pratique). — 169
Théorie raisonnée. — 174
Exercices. — 175
CHAP. VI. *Mesures monétaires* (Théorie pratique). — 176
Théorie raisonnée. — 179
Exercices. — 182

CHAP. VII. *Mesures de temps et division de la circonférence.* 183
Nombres complexes, conversions et les quatre opérations (Théorie pratique). 186
Théorie raisonnée. 194
Exercices. 201

LIVRE IV.

RAPPORTS, PROPORTIONS ET APPLICATIONS.

CHAP. I. Notions préliminaires. 203
Propriétés des proportions (Théorie pratique). 206
Théorie raisonnée. 211
Exercices. 217
CHAP. II. *Applications* (Préliminaires). 219
Méthode des rapports. 220
Méthode de la réduction à l'unité. 223
Considérations sur la manière d'opérer. 225
Approximations. 229
CHAP. III. *Règle de trois.* 233

Exercices. 238
Règle d'intérêt. 239
Exercices. 248
Règle d'escompte. 249
Exercices. 251
Règle de société et de partage. 252
Exercices. 256
Règle de mélange et d'alliage. 257
Exercices. 261
Règle de fausse position. Analyse et synthèse, problèmes divers. 262
Exercices. 267

LIVRE V.

PUISSANCES ET RACINES.

CHAP. I. Définitions. 269
Extraction de la racine carrée (Théorie pratique). 271
Théorie raisonnée. 276
Exercices. 281
CHAP. II. *Extraction de la racine cubique* (Théorie pratique). 282
Théorie raisonnée. 286
Exercices. 291
APPENDICE. 293
Problèmes divers. 297

ÉLÉMENTS

D'ARITHMÉTIQUE.

LIVRE PREMIER.

CHAPITRE PREMIER.

DÉFINITIONS.

1. On appelle *quantité* tout ce qui peut être augmenté ou diminué; autrement dit tout ce que l'on comprend comme pouvant devenir plus grand ou plus petit.

Ainsi, la longueur d'une corde, d'une règle, la grosseur d'un fruit, d'un ballon, la grandeur d'une feuille de papier, sont des quantités.

2. On ne peut apprécier exactement une quantité, c'est-à-dire se rendre compte de sa grandeur, qu'en la comparant à une autre quantité de la même espèce bien connue.

Ainsi, une personne qui veut se faire une idée exacte de la taille de quelqu'un, la compare, soit à la sienne propre, soit à celle d'une autre personne connue, et dit : Il est plus grand ou plus petit que tel ou tel. Cette comparaison a suffi pour lui faire apprécier la taille de la personne en question, et aussi pour faire connaître cette taille à autrui.

Pour toutes les grandeurs que l'on veut apprécier, on procède de même, on les compare à d'autres grandeurs connues. Mais, pour que le résultat de la comparaison ait un sens, il faut que la quantité à laquelle on en compare une autre soit de la même nature que celle-ci ; en un mot, on ne doit comparer que des quantités de la même espèce, des longueurs avec des longueurs, des grosseurs avec des grosseurs, etc.

Ainsi, l'expression : sa taille est aussi haute que la grosseur de ce tonneau, n'offrirait aucun sens, parce que hauteur et grosseur sont des quantités d'espèce différente.

3. Pour chaque espèce de quantité on en a adopté une de la même espèce, choisie de telle sorte que tout le monde la connaisse, ou puisse aisément se la procurer, et qui sert de terme de comparaison pour toutes les quantités de cette espèce même. Cette quantité s'appelle *unité*. Il y a donc autant d'unités diverses que d'espèces différentes de quantités.

4. Mesurer une quantité, c'est la comparer à l'unité de son espèce.

Ainsi, pour apprécier ou mesurer une longueur, on prend la longueur unité, le mètre, par exemple, on la porte autant de fois que possible sur cet objet, et quand on dit ensuite, cet objet a vingt mètres de long, on entend par là que, sa longueur, comparée à l'unité, se trouve être vingt fois plus grande.

5. Si l'on prend plusieurs unités ou objets de la même espèce, et que l'on en forme plusieurs groupes, dont chacun contienne une ou plusieurs de ces unités, l'expression de la grandeur de chacune de ces quantités ou groupes ainsi formés est ce que l'on appelle un *nombre*.

On peut donc dire qu'un *nombre* est l'expression de la grandeur d'une quantité formée de plusieurs unités de la même espèce, ou encore, le résultat de la comparaison d'une quantité avec son unité.

Ainsi, les expressions : vingt francs, six mètres, huit arbres, sont des nombres, car elles expriment la réunion de vingt unités de monnaies, de six unités de longueur, de huit objets pareils, des arbres ; ou encore, parce qu'elles expriment combien de fois chacune de ces quantités contient le franc, le mètre ou l'arbre.

6. Si dans la phrase qui sert à exprimer un nombre, se

trouve le nom de l'unité ou de l'objet dont il est formé, on l'appelle *nombre concret*.

Tels sont : vingt tables, trois chevaux, sept francs.

7. Si, au contraire, le nom de l'unité ou de l'objet n'est pas exprimé, le nombre est dit *nombre abstrait*.

Tels sont : cent, trente, neuf.

8. L'arithmétique est une science qui étudie les nombres; c'est-à-dire qui fait connaître leur formation, leurs propriétés, les diverses transformations et combinaisons dont ils sont susceptibles, et les applications utiles qui en résultent.

QUESTIONNAIRE.

1. Qu'est-ce qu'une quantité?
2. Comment apprécie-t-on la grandeur d'une quantité?
3. Qu'est-ce qu'une unité?
4. Qu'est-ce que mesurer?
5. Qu'est-ce qu'un nombre?
6. Qu'est-ce qu'un nombre concret?
7. Qu'est-ce qu'un nombre abstrait?
8. Qu'est-ce que l'arithmétique?

CHAPITRE II.

NUMÉRATION.

9. La *numération* est la partie de l'arithmétique qui étudie la formation des nombres, et la manière de les parler et de les écrire.

Elle se divise en *numération parlée*, dans laquelle on apprend à former et à parler les nombres, et *numération écrite*, dans laquelle on apprend à les écrire.

NUMÉRATION PARLÉE.

10. L'unité est le premier nombre, on l'a nommé *un*. On a formé les nombres suivants en ajoutant d'abord l'unité à elle-même, ce qui a donné le nombre appelé *deux*; puis une nouvelle unité ajoutée à ce nombre deux a formé le nombre *trois*; enfin, par l'addition successive d'une unité au nombre précédent, on a formé les nombres *quatre, cinq,* *six, sept, huit, neuf, dix,* auxquels on a donné les noms particuliers par lesquels nous venons de les désigner.

Ces nombres, on le voit, surpassent chacun d'une unité celui qui précède immédiatement.

11. Mais il était impossible de procéder de même pour les nombres suivants, car il aurait fallu donner à chaque nouveau nombre un nom particulier, et la multitude de ces noms aurait bientôt tellement surchargé la mémoire, qu'il eût été impossible de se souvenir du nom de telle ou telle collection d'unités, ou encore de la quantité d'unités correspondant à tel ou tel nom. De plus, la série des nombres étant infinie, on ne pouvait songer à inventer une infinité de noms.

12. Pour éviter ce triple inconvénient, on a fait du nombre dix une nouvelle unité appelée *dizaine*, ou *unité du deuxième ordre*, et en ajoutant cette unité à elle-même, comme on a fait pour la première unité, on a formé neuf nouveaux nombres, qui sont :

Une dizaine,	nommée	dix.
Deux dizaines,	—	vingt.
Trois dizaines,	—	trente.
Quatre dizaines,	—	quarante.
Cinq dizaines,	—	cinquante.
Six dizaines,	—	soixante.
Sept dizaines,	—	soixante et dix.
Huit dizaines,	—	quatre-vingts.
Neuf dizaines,	—	quatre-vingt-dix.

13. Ces nombres, on le voit, sont tels que chacun d'eux surpasse le précédent d'une dizaine ou de dix unités simples. Pour arriver à avoir des nombres qui, comme les dix premiers formés, ne différassent entre eux que d'une unité, entre chacun de ces nombres du second ordre, c'est-à-dire entre dix et vingt, vingt et trente, trente et quarante, etc. on a intercalé les neuf premiers nombres.

Les noms de ces nombres nouveaux se sont aisément formés, en ajoutant au nom du nombre du second ordre le nom du nombre du premier ordre que l'on y adjoint. On a ainsi formé :

Une dizaine et un,	nommé dix-un,	que l'usage a fait nommer onze.
Une dizaine et deux,	— dix-deux,	— douze.
Une dizaine et trois,	— dix-trois,	— treize.
Une dizaine et quatre,	— dix-quatre,	— quatorze.
Une dizaine et cinq,	— dix-cinq,	— quinze.
Une dizaine et six,	— dix-six,	— seize.
Une dizaine et sept,	— dix-sept,	
Une dizaine et huit,	— dix-huit,	
Une dizaine et neuf,	— dix-neuf,	
DEUX DIZAINES,	— VINGT,	
Deux dizaines et un,	— vingt-et-un,	
Deux dizaines et deux,	— vingt-deux,	
Etc.,	etc.,	qui ont conservé leur nom régulier.
Etc.,	etc.,	
TROIS DIZAINES,	— TRENTE,	
Trois dizaines et un,	— trente et un,	
Etc.,	etc.,	
Etc.,	etc.,	
Neuf dizaines et neuf,	— quatre-vingt-dix-neuf,	

14. Continuant la même marche, du nombre immédiatement suivant, dix dizaines ou *cent*, on a fait une nouvelle unité appelée *centaine*, ou *unité* du troisième ordre, dont on a formé, en l'ajoutant à elle-même, des nombres nouveaux, savoir :

Une centaine,	nommé	cent.
Deux centaines,	—	deux cents.
Trois centaines,	—	trois cents.
Etc.,		
Neuf centaines,	—	neuf cents.

15. Chacun de ces nombres diffère du précédent d'une unité du troisième ordre, ou de cent unités simples ; pour avoir des nombres qui ne diffèrent chacun de celui qui le précède que d'une seule unité simple, entre chacun de ces nombres du troisième ordre, c'est-à-dire entre cent et deux cents, deux cents et trois cents, etc., on a intercalé les quatre-vingt-dix-neuf nombres précédents ; ce qui, en définitive, donne une série de neuf cent quatre-vingt-dix-neuf nombres successifs.

16. De même, arrivé à dix centaines, on en a fait une nouvelle unité appelée *mille* ou *unité du quatrième ordre*, par laquelle on a formé les nombres *mille, deux mille, trois mille*, etc....., *neuf mille*, entre lesquels on a intercalé toute la série précédente.

De dix unités de mille on a fait *l'unité du cinquième ordre*, appelée *dizaine de mille ;* de dix dizaines de mille, l'*unité du sixième ordre* ou *centaine de mille ;* de dix centaines de mille, l'unité du septième ordre ou *million*, et ainsi de suite, en intercalant toujours entre deux nombres consécutifs de ces unités toute la série des nombres précédents.

17. Quant aux noms à donner à ces nombres, sauf un nom nouveau à trouver pour chaque espèce d'unité, les noms des autres se forment en combinant les noms des diverses unités qui les constituent, de manière à faire connaître le nombre et l'espèce de chacune de ces unités.

Ainsi, supposons un nombre formé de :

Huit unités du septième ordre ;
Cinq unités du sixième ;
Trois unités du troisième ;
Neuf unités du premier ;

Le nom de ce nombre sera, en nommant successivement chaque unité et commençant par la plus grande :

Huit millions, cinq cent mille, trois cent, neuf.

18. De même que les unités des trois premiers ordres sont : *unité simple, dizaine, centaine ;* les unités des trois ordres suivants sont : *unité de mille, dizaine de mille, centaine de mille ;* celles des trois ordres suivants : *unité de million, dizaine de million, centaine de million.* C'est-à-dire que les *mille, million*, etc., sont des unités pour lesquelles on suit identiquement la même marche que pour l'unité simple. De sorte que celui qui saura compter par *unités simples,* saura de même compter par *mille,* par *millions,* etc.

Cette particularité, qui simplifie la nomenclature et aide la mémoire, a fait désigner ces unités par le nom *d'unités d'ordre ternaire,* car c'est de trois en trois unités qu'elles se rencontrent.

19. Dans notre système de numération, toute unité vaut dix fois l'unité précédente, de là vient le nom de *système décimal* par lequel on le désigne.

NUMÉRATION ÉCRITE.

20. Pour écrire les nombres, on ne pouvait songer à donner à chacun d'eux un signe ou caractère particulier ; il en eût fallu une infinité, que la mémoire la mieux organisée n'eût pu retenir.

La remarque suivante permet de lever cette difficulté.

Il est facile de reconnaître que dans chaque ordre d'unités il n'y a que neuf nombres :

Pour les unités simples : un, deux, trois... neuf.

Pour les dizaines : dix, vingt, trente... quatre-vingt-dix.

Pour les centaines : cent, deux cents, trois cents... neuf cents.

Pour les mille : mille, deux mille, trois mille... neuf mille.

Donc neuf signes ou caractères particuliers suffisent pour les représenter ; ces caractères sont :

$$1, 2, 3, 4, 5, 6, 7, 8, 9.$$

21. Il ne reste plus qu'à trouver un moyen qui permette de reconnaître quel ordre d'unités représente un chiffre écrit ; autrement dit qui fasse savoir si le chiffre 7, par exemple, représente 7 unités simples, ou 7 centaines, ou 7 mille. On y est parvenu en convenant que : Les unités de chaque ordre s'écriraient, à partir de la droite, à un rang marqué par leur numéro d'ordre. C'est-à-dire, les *unités simples* ou du premier ordre, au *premier* rang ; les *dizaines*, ou unités du second ordre, au *deuxième* rang ; les *millions*, ou unités du septième ordre, au *septième* rang, et ainsi de suite.

Pour marquer ce rang, quand on veut écrire une unité d'un certain ordre toute seule, on a recours à un dixième caractère, le zéro, 0, qui n'a aucune valeur par lui-même, et sert à tenir la place des unités absentes.

D'après ce qui précède, pour écrire par exemple sept centaines, on écrira 700, plaçant 7 au troisième rang, parce que les centaines sont des unités du troisième ordre, et mettant deux zéros pour tenir la place des dizaines et des unités, unités des deux ordres précédents.

Pour écrire cinq mille huit cent six, on écrira 5806, mettant 5 au quatrième rang, les mille étant du quatrième

ordre, 8 au troisième, les centaines étant du troisième ordre, écrivant ensuite un 0, puisqu'il n'y a point de dizaines,
et enfin 6 au premier rang.

22. Il suit de là, que tout chiffre placé à la gauche d'un
autre exprime des unités dix fois plus fortes que celui-ci,
car il représente des unités de l'ordre immédiatement supérieur.

23. On voit que tout chiffre a désormais deux valeurs :
l'une, la *valeur absolue*, qui est celle qu'il exprime lorsqu'il
est considéré seul ; l'autre, la *valeur relative*, qui est celle
qu'il acquiert suivant le rang qu'il occupe.

Ainsi, dans le nombre 300, 3 a pour valeur absolue 3 unités simples, et pour valeur relative 3 centaines, ou trois
cents unités simples.

24. Pour lire un nombre écrit, il suffit de reconnaître l'espèce des unités que chaque chiffre représente, et de les énoncer successivement, en commençant par les plus hautes ;

Ainsi le nombre 628 se lira aisément ainsi :

Six cent vingt-huit.

Mais si le nombre est formé de plus de trois chiffres, il
est malaisé de voir, du premier coup d'œil, l'espèce d'unité
de chaque chiffre ; dans ce cas, voici comment on procède :

RÈGLE : *Pour lire un nombre écrit, on le partage, soit par
la pensée, soit par des virgules, en tranches de trois chiffres
à partir des unités simples, en sorte que la dernière tranche
à gauche peut ne contenir qu'un ou deux chiffres; puis se rendant bien compte de l'espèce des unités de chaque ordre
ternaire qui composent chacune de ces tranches, on énonce
le nombre en commençant par la gauche, lisant chaque
tranche comme si elle était seule, et la faisant suivre du
nom de l'unité d'ordre ternaire qu'elle représente.*

Ainsi le nombre 18532679 se préparera d'abord ainsi :

18,532,679

et se lira :

Dix-huit millions, cinq cent trente-deux mille, six cent
soixante-et-dix-neuf.

25. Pour écrire un nombre dicté, il est important de
s'être préalablement rendu bien compte de l'ordre dans le-

quel se succèdent les diverses unités, et de l'avoir bien présent à la mémoire, de manière à reconnaître, à la simple audition, le rang où doivent être placées les unités que l'on entend énoncer, et quelles sont celles qui manquent, afin de les remplacer par des zéros; cela posé, voici la règle à suivre:

RÈGLE : *Pour écrire un nombre sous la dictée, on l'écrit de gauche à droite, car la personne qui dicte le nombre énonce d'abord les plus hautes unités; on écrit successivement les nombres d'unités de chaque ordre que l'on entend, en remplaçant par des zéros celles que l'on reconnaît absentes.*

Ainsi, le nombre :

Quatre-vingt-deux millions, six cent trois mille, vingt-huit, s'écrira :   82603028.

en écrivant d'abord 82, puis 603, avec un 0 entre 6 et 3, car on n'a point énoncé de dizaines de mille, puis un 0, car il n'y a point de centaines, et enfin 28.

De même, le nombre :

Six millions huit, s'écrira :   6000008.

en mettant entre 6 et 8, seuls chiffres significatifs exprimés, cinq 0 pour remplacer les trois unités de l'ordre ternaire des mille, puis les centaines et les dizaines qui n'ont point été énoncées.

QUESTIONNAIRE.

9. Qu'est-ce que la numération?

10. Comment a-t-on formé les dix premiers nombres?

11. Pourquoi n'a-t-on pas continué de même?

12. Qu'est-ce que la dizaine, et comment compte-t-on par dizaines?

13. Comment forme-t-on les nombres intermédiaires?

14. Qu'est-ce que la centaine, comment compte-t-on par centaines?

15. Comment forme-t-on les nombres intermédiaires?

16. Qu'est-ce que le mille, le dix-mille, etc.?

17. Comment forme-t-on les noms de ces nombres?

18. Qu'est-ce que les unités d'ordre ternaire, quelle est leur utilité?

19. Pourquoi notre système de numération est-il appelé décimal?

20. Quelle difficulté se présente pour écrire les nombres?

21. Comment neuf caractères suffisent-ils?

Comment indique-t-on l'espèce des unités?

Qu'est-ce que le zéro, à quoi sert-il?

22. Quelle est la valeur des unités d'un chiffre placé à la gauche d'un autre?

23. Qu'est-ce que la valeur absolue et la valeur relative d'un chiffre?

24. Comment lit-on un nombre écrit?

25. Comment écrit-on un nombre sous la dictée?

1.

Exercices pratiques.

Lire les nombres :

1.	80256	5326789		9700600400
	96734	43029678		20. 4001003008
	542001	50020080	15. 700500600	17080090070
	800005	10. 6000000009	1926532478	129634789872
5.	7980028	5638675428	9854632968	3547629877725
	7009006	123000789	90000782802	12345678912345

Écrire en chiffres les nombres :

25. Six cent soixante-et-dix-neuf.

Sept cent neuf.

Huit cents.

Deux mille cinq cent trente-trois.

Deux mille quatre-vingt-deux.

30. Trois mille sept.

Dix-huit mille.

Trente-trois mille cinq cent soixante et seize.

Quarante mille six cent vingt-huit.

Cinquante mille quarante-deux.

35. Soixante et dix-huit mille.

Quatre-vingt-dix mille.

Cinq cent quarante-trois mille deux cent vingt et un.

Six cent sept mille huit cent soixante et onze.

Cinq cent mille quatre cent trente-deux.

40. Sept cent mille vingt-huit.

Trois cent mille trois.

Dix-huit cent mille.

Trois millions six cent vingt mille cent onze.

Cinq millions trente-sept mille huit cent dix-neuf.

45. Six millions cinq mille trois cent soixante et douze.

Quatre millions deux cent onze.

Neuf millions treize.

Huit billions cinq mille un.

Cent dix millions quatre-vingt-deux.

50. Cent onze mille onze.

Exercices théoriques.

1. Combien faut-il de mots différents pour compter de un à vingt ?

2. Combien faut-il de mots nouveaux pour compter de vingt à cent, de cent à mille ?

3. Combien faut-il de mots pour compter de un à un million ? et combien en eût-il fallu seulement si l'usage n'avait fait adopter les mots, onze, douze, etc., vingt, trente, etc.

4. Pourquoi la série des nombres est-elle infinie ?

5. Pour quelles raisons l'écriture des nombres en chiffres est-elle plus simple que l'écriture en toutes lettres ?

6. Pourquoi, pour lire un nombre, le partage-t-on en tran-

ches de trois chiffres à partir de la droite, et non à partir de la gauche?

7. Pourquoi le partage-t-on en tranches de trois chiffres, et non en tranches de deux ou de quatre ?

8. Combien chaque unité d'ordre ternaire vaut-elle de fois l'unité d'ordre ternaire précédente ?

9. Combien un même chiffre peut-il, au moyen de zéros écrits à sa droite, avoir de valeurs différentes entre un et un million ?

10. Si dans le nombre 80 on efface le zéro, quel changement a subi la valeur de ce nombre ?

11. Si à la droite du chiffre 9 on ajoute un zéro, quel changement subit la valeur de ce chiffre ? Si l'on eût écrit le zéro à la gauche du 9 eût-il changé de valeur ?

12. Pour quelle raison un chiffre écrit à la gauche d'un autre exprime-t-il des unités dix fois plus fortes ?

13. Dans le nombre 500, combien de fois la valeur relative de 5 est-elle plus grande que la valeur absolue ?

14. J'ai un certain nombre de billes, je les partage par tas de dix billes chacun ; j'ai huit de ces tas plus quatre billes, écrire immédiatement le nombre des billes.

15. J'ai un certain nombre de billes, je les partage en tas de dix billes chacun, il me reste sept billes, puis je réunis les tas de dix billes en groupes de dix tas, je forme cinq de ces groupes, et il me reste trois tas, combien ai-je de billes en tout ?

CHAPITRE III.

DES QUATRE OPÉRATIONS DE L'ARITHMÉTIQUE.

26. On a, pour combiner les nombres entre eux, quatre procédés fondamentaux, qui constituent les quatre opérations de l'arithmétique, ou plus simplement les quatre règles.

Ces quatre opérations sont la base du calcul, qui n'est lui-même que l'ensemble des procédés à l'aide desquels on arrive à résoudre les problèmes, c'est-à-dire à trouver certains résultats pratiques et utiles, sans lesquels la science des mathématiques ne serait qu'une vaine conception.

27. Pour arriver dans le calcul à une écriture simple,

claire et concise, on a inventé certains signes destinés à représenter chacune des opérations que les nombres subissent. Nous ferons connaître chaque signe, en même temps que nous étudierons l'opération qu'il représente. Dès à présent, nous dirons seulement que l'égalité de deux quantités s'exprime par le signe $=$ qui se prononce *égale*; ainsi, au lieu d'écrire 2 et 2 font 4, on écrit 2 et $2 = 4$, et l'on dit 2 et 2 *égale* 4.

Addition.

Théorie pratique.

28. *L'addition est une opération qui a pour but de trouver un nombre, appelé* somme *ou* total, *qui contienne exactement à lui seul toutes les diverses unités qui constituent plusieurs autres nombres de même espèce.*

Ainsi, additionner 28, 35 et 3, c'est trouver un nombre qui renferme à lui seul les 8, les 5 et les 3 unités simples, et les 2 et les 3 dizaines qui constituent les nombres donnés.

Les mots *somme* ou *total* s'emploient indifféremment; cependant le mot de total est plus spécialement réservé pour exprimer le résultat de l'addition de valeurs monétaires, francs ou autres.

29. L'addition des nombres se représente par le signe $+$, qui se prononce *plus*.

Ainsi, $8 + 5 + 3$, signifie que les nombres 8, 5 et 3 doivent être additionnés entre eux, et se lit : 8 *plus* 5 *plus* 3.

30. Pour faire une addition, il faut, par un exercice préalable, savoir trouver de tête combien donnent tous les nombres d'un seul chiffre ajoutés entre eux deux à deux, puis ajoutés aux nombres de deux chiffres; autrement dit, il faut pouvoir dire de mémoire : 3 et 5 font 8; 9 et 16 font 25, etc.

On remarquera, du reste, que rien n'est plus aisé, sachant par exemple que 5 et 4 font 9, que 8 et 7 font 15, que de trouver que 25 et 4 font 29, que 38 et 7 font 45, etc.

Cela posé, voici comment on procède pour faire l'addition :

RÈGLE : *Pour faire l'addition, on écrit les nombres donnés les uns au-dessous des autres, de telle sorte que les unités de même ordre soient exactement dans la même colonne verticale, les unités sous les unités, les dizaines sous les dizaines, etc. Puis on tire au-dessous un trait horizontal. Cela fait, commençant l'opération par la droite, on ajoute ensemble toutes les unités simples des nombres donnés. Il peut ici arriver deux cas :*

1° La somme obtenue est égale ou inférieure à 9 ; en ce cas on l'écrit telle qu'elle est au-dessous des unités simples;

2° La somme obtenue est supérieure à 9, c'est-à-dire contient des dizaines et des unités ; en ce cas on n'écrit que les unités simples qu'elle contient, et l'on conserve les dizaines pour les ajouter aux dizaines des nombres donnés.

On fait ensuite l'addition de toutes les dizaines, plus celles retenues sur la somme des unités, et, comme ci-dessus, si la somme obtenue est égale ou inférieure à 9, on l'écrit telle qu'elle est sous les dizaines; si elle surpasse 9, on n'écrit sous les dizaines que les unités de cette somme, retenant ses dizaines pour les ajouter aux centaines des nombres. On continue ainsi jusqu'à la dernière colonne des chiffres à gauche, dont on écrit la somme au-dessous, et telle qu'elle est, fût-elle supérieure à 9. L'ensemble des chiffres écrits ainsi est le total cherché.

Soit proposé d'additionner les nombres : 185, 532, 258 ; disposant l'opération de la manière suivante :

$$
\begin{array}{r}
185 \\
532 \\
258 \\
\hline
975
\end{array}
$$

On dit : 5 et 2 font 7, et 8 font 15 ; la somme étant supérieure à 9, on n'écrit que 5 au-dessous des unités, et l'on conserve une dizaine que l'on ajoute à la colonne des dizaines, en disant : 1 de retenue et 8 font 9, et 3 font 12, et 5 font 17 ; la somme étant plus grande que 9, on n'écrit que 7, et l'on retient 1 pour l'ajouter aux centaines. On dit alors : 1 de retenue et 1 font 2, et 5 font 7, et 2 font 9, que l'on écrit au-dessous, 975 est le total cherché.

31. Lorsque l'on a à faire une longue addition, il peut arriver que, les additions partielles atteignant un total élevé, on oublie la valeur exacte de ce total, ou la retenue finale à porter à la colonne suivante. Voici un moyen d'éviter ce double inconvénient, qui obligerait fréquemment à recommencer l'addition :

RÈGLE : *Dans chaque addition partielle, dès qu'un total dépasse 9, on ne conserve la mémoire que des unités simples qu'il contient, et l'on met un point à côté du chiffre où le total a atteint cette valeur. Puis l'addition de la colonne achevée, et les unités écrites au-dessous, pour savoir la retenue à porter à la colonne suivante, il suffit de compter les points écrits le long de celle que l'on vient d'additionner. On procède de même pour chaque colonne; la somme des points de la dernière colonne donne le dernier chiffre à gauche du total.*

Soit, par exemple, à additionner les nombres 29, 57, 36, 82, 79, 87.

$$
\begin{array}{r}
2\,9 \\
5.7. \\
3\,6.. \\
8.2.. \\
7\,9. \\
8.7. \\
\hline
3\,7\,0
\end{array}
$$

On dira : 9 et 7, 16; on fait un point à côté de 7 et l'on ne se souvient que de 6. Puis, 6 et 6, 12; on ne se souvient que de 2 et l'on fait un point à côté de 6. Puis, 2 et 2, 4, et 9, 13; on fait un point à côté de 9; puis 3 et 7, 10; on écrit 0 à la somme et l'on fait un point à côté de 7. Pour avoir la retenue à porter à la colonne suivante, on compte les points, et, comme il y en a 4, on dit 4 et 2, 6, et 5, 11; on pose un point; 1 et 3, 4, et 8, 12; on pose un point; 2 et 7, 9 et 8, 17; on pose un point et l'on écrit 7 au total; puis, comptant les points écrits le long de la colonne, on trouve 3, chiffre des centaines du total.

32. La preuve d'une opération est une seconde opération que l'on fait pour vérifier l'exactitude de la première.

RÈGLE : *La preuve de l'addition se fait en recommençant l'addition, mais en sens inverse; c'est-à-dire en additionnant de bas en haut, si en premier lieu l'on a opéré de haut en bas, et réciproquement.*

Si le second résultat est identique au premier, on peut être à peu près certain de l'exactitude de l'opération primitive.

Théorie raisonnée.

53. Il est une vérité qui résulte de la formation même des nombres, obtenus, on le sait, par l'addition de l'unité à elle-même, c'est qu'on ne peut combiner numériquement d'une manière quelconque que des quantités de la même espèce ; ainsi une collection de mètres et de francs réunis ne sera jamais un nombre; tandis que plusieurs mètres ensemble, ou plusieurs francs en formeront de très-compréhensibles. Or les unités de divers ordres ne sont pas des unités de la même espèce, car l'expression *de la même espèce* ne signifie pas seulement de même nature, mais aussi de même grandeur, de même valeur; or la centaine, la dizaine, l'unité simple n'ont ni même valeur ni même grandeur ; on ne peut donc dans le calcul combiner que les unités simples entre elles, les dizaines entre elles, etc.

54. Cela posé, de la définition de l'addition il résulte (28) que le total doit contenir toutes les diverses unités des nombres proposés, donc il doit être formé de toutes les unités simples réunies entre elles ; de toutes les dizaines réunies aussi entre elles, etc. ; de là la manière d'opérer, en faisant des additions partielles des unités, puis des dizaines, etc.

Si le total des unités dépasse 9, il contient au moins une dizaine, c'est-à-dire une unité d'une autre espèce, qu'il faut donc réunir avec ses semblables les dizaines, de là la retenue que l'on porte à la colonne suivante. De même, la somme des dizaines donne un nombre de dizaines, mais si elle surpasse 9, elle contient au moins une centaine, car 10 dizaines valent une centaine, qu'il faut encore réserver pour la réunir à ses pareilles les centaines. En raisonnant de même on explique les retenues sur toutes les autres sommes partielles.

35. On fait, avons-nous dit (32), la preuve d'une opération pour vérifier son exactitude, mais il ne faut pas croire qu'une preuve donne jamais une certitude, car l'on peut faire une erreur dans la preuve, et croire alors à l'inexactitude du premier résultat, peut-être fort exact en réalité; de même que dans la preuve on peut commettre une erreur qui compense celle de la première opération, et croire à l'exactitude d'un résultat fautif.

On ne doit donc attendre d'une preuve qu'une grande probabilité.

Il est du reste évident que, dans l'addition, si l'opération et la preuve sont exactes, les deux totaux doivent être identiques, car ils sont formés chacun d'un même nombre d'unités, dizaines, etc.

QUESTIONNAIRE.

26. Qu'est-ce que les quatre règles? Qu'est-ce que le calcul?

27. A quoi servent les signes, quel est le signe d'égalité?

28. Qu'est-ce que l'addition?

29. Quel est le signe de l'addition?

30. Comment fait-on l'addition?

31. Y a-t-il une autre méthode, quelle est-elle?

32. Qu'est-ce qu'une preuve? Comment se fait la preuve de l'addition?

33. Pourquoi ne peut-on combiner que des unités de la même espèce?

34. Expliquez la règle de l'addition, la retenue.

35. La preuve donne-t-elle une certitude?

Exercices pratiques.

Faire les additions suivantes:

$$28 + 75 + 908 + 65 + 32 + 204 + 4.$$

$$108 + 2077 + 863 + 5 + 6000 + 734.$$

$$10289 + 8787 + 89998 + 309 + 54200.$$

$$335778 + 798985 + 678954 + 987546 + 123567.$$

$$5.\quad 9000800 + 780908 + 897639 + 5445487 + 697879.$$

$$10379801 + 90876320 + 9879954 + 85467676 + 90236549$$
$$+ 208692298.$$

$$895738901 + 8997635478 + 8987865463 + 7863598763$$
$$+ 896543289.$$

$$285 + 10857 + 8983 + 677 + 8998 + 6789 + 8542 + 7863 + 7088.$$

$$25 + 6288 + 237 + 105888 + 273 + 38 + 969 + 9867563 + 43$$
$$+ 5999 + 6.$$

$$10.\quad 987 + 105634289 + 33 + 175 + 27 + 8973 + 73 + 83 + 103$$
$$+ 8889.$$

J'ai acheté 298 francs de bois, 542 francs de houille, 637 francs de coke, et 37 francs de copeaux ; combien ai-je dépensé en tout ?

Dans ma jeunesse j'ai dépensé : pour mon éducation 20537 francs ; pour marier ma sœur, 33577 francs ; pour acheter mon magasin, 139589 francs ; quelle fortune avais-je en naissant ?

Mon aïeul est né en 1740 ; à l'âge de 35 ans il a eu un fils, qui est mon père ; je naquis quand il avait 43 ans ; on demande en quelle année mon père est né ; en quelle année je suis né, et quel âge aurait mon aïeul s'il vivait encore, sachant que j'ai 52 ans.

Si j'ajoute bout à bout les différentes pièces d'étoffe de mon magasin, je trouve 37542 mètres de drap ; 27898 mètres de toile ; 133588 mètres de cotonnade ; 3778 mètres de mérinos, et 288999 mètres de ruban ; quelle longueur cela fait-il en tout ?

15. J'ai calculé que j'ai assez d'argent pour, en supposant que je rencontre 10 pauvres, pouvoir donner au premier 3 francs, au second 5 francs, au troisième $5 + 3$ francs ; au quatrième $5 + 5 + 3$ francs, et ainsi de suite, en donnant à chacun des pauvres suivants la somme de ce que j'ai donné aux deux précédents, et cela jusqu'au dernier ; combien ai-je d'argent ?

Je suis le dernier de la famille, nous sommes 7 enfants, ayant chacun juste deux ans de plus que le précédent, j'ai 32 ans, combien d'années font tous nos âges réunis ?

Je dois : 10859 francs à mon propriétaire ; 27369 francs à mon tailleur ; 39498 francs à mon carrossier ; j'ai promis de donner 35987 francs pour une entreprise, et quand j'aurai payé tout cela, il me restera encore 889672 francs : quelle est en ce moment ma fortune totale ?

Ma propriété a 6 côtés, le premier de 237 mètres, le second de 875, le troisième de 6522, le quatrième de 892, le cinquième de 627 ; je veux planter des arbres tout autour et un par chaque mètre, combien dois-je acheter d'arbres ?

Ce matin j'avais dans ma caisse 8577 francs en or ; 18582 en argent ; 23500 en billets de banque ; dans la journée il m'est rentré 82871 francs en or et 237 francs en billets, combien dois-je ce soir trouver dans ma caisse ?

20. J'ai acheté cette année pour 123871 francs de marchandises ; je désire à la fin de l'année, si je les revends toutes, avoir fait un bénéfice de 88633 francs ; combien pour cela dois-je les revendre ?

Exercices théoriques.

1. Est-il indispensable pour faire l'addition d'écrire les nombres dans l'ordre indiqué par la règle ?

2. Si, pour une raison quelconque, on ne peut disposer les nombres suivant la règle, sur quoi faut-il surtout porter son attention en additionnant ?

3. Pourquoi commence-t-on l'addition par la droite, et non par la gauche ?

4. N'y a-t-il pas un cas où l'on peut commencer indifféremment par l'un ou l'autre côté ?

5. Le total change-t-il si l'on intervertit l'ordre des nombres ?

6. En écrivant une addition on a mal disposé un des nombres ; on a écrit les unités sous les dizaines, les dizaines sous les centaines, etc., le total obtenu sera-t-il trop grand ou trop petit, et de combien de fois le nombre mal écrit ?

7. On a oublié, en faisant une addition, une unité de retenue que l'on devait porter à la colonne des mille ; de combien le total est-il trop petit ?

8. En faisant une addition par la méthode pointée (34) on a dans toutes les colonnes oublié de compter les points ; il y en avait 3 dans celle des unités ; 4 dans celle des centaines, et 2 dans celle des mille ; combien faut-il ajouter au total pour le rendre exact ?

9. J'ai additionné par erreur un nombre représentant des chevaux avec un nombre d'oranges, et un nombre de planches ; le total est-il un nombre, a-t-il une signification et pourquoi ?

10. J'ai 10 de retenue à la colonne des unités, ne puis-je pas porter cette retenue ailleurs qu'à la colonne des dizaines ?

11. Pourquoi pour faire la preuve de l'addition est-il utile d'additionner en sens inverse ?

Soustraction.

Théorie pratique.

56. *La soustraction est une opération qui a pour but d'ôter à un nombre autant d'unités qu'il y en a dans un autre. Le résultat s'appelle* reste, excès, *ou* différence.

Ainsi, soustraire 25 de 37, c'est ôter à 37 25 unités.

Le résultat indique aussi, comme il est facile de le reconnaître, combien le plus grand des deux nombres renferme d'unités de plus que le plus petit; de sorte que la soustraction sert aussi à trouver la *différence* de deux nombres, c'est-à-dire de combien il s'en faut que les deux nombres soient égaux, ou de combien l'un surpasse l'autre.

Les trois mots, reste, excès ou différence peuvent s'employer indifféremment, cependant il est bien de faire usage de préférence de celui qui exprime le mieux le but dans lequel la soustraction a été faite; ainsi, cherche-t-on ce qu'il reste d'un nombre, si on lui retire autant d'unités qu'il y en a dans un autre, le résultat s'appellera *reste*. Cherche-t-on de combien d'unités un nombre en surpasse un autre, le résultat s'appellera *excès*. Enfin veut-on savoir la différence de deux nombres, le mot *différence* servira à désigner le résultat trouvé.

37. La soustraction s'indique par le signe —, qui se prononce *moins*; ainsi, 37—15 signifie que de 37 on doit soustraire 15, et se lit : 37 *moins* 15.

38. Il est indispensable, pour pouvoir faire une soustraction, de savoir soustraire mentalement tous les nombres d'un seul et de deux chiffres ; en d'autres termes, de savoir dire de mémoire, par exemple, 5 ôté de 9 reste 4; 8 ôté de 17 reste 9 ; ce qui ne présente pas de difficulté, car, sachant que 9 ôté de 13, il reste 4, que 5 ôté de 12, il reste 7, on saura de suite que 29 ôté de 33 est la même chose que 9 ôté de 13 et donne 4 pour reste, que 45 ôté de 52 donne 7 pour reste, de même que 5 ôté de 12.

Cela posé, voici la règle générale à suivre pour faire la soustraction :

RÈGLE : *On écrit les deux nombres comme pour faire l'addition, le plus faible au-dessous du plus fort, et l'on commence l'opération par la droite. Ici deux cas se présentent:*

1ᵉʳ Cas : *Si tous les chiffres du nombre inférieur sont plus petits que leurs correspondants du nombre supérieur, on retranche successivement les unités des unités, les dizaines des dizaines, etc. S'il y a au nombre supérieur plus de chiffres qu'au nombre inférieur, de sorte que certains chiffres à gauche n'aient point au-dessous d'eux de chiffres correspondants, on les écrit tels qu'ils sont au résultat.*

Soit, par exemple, à soustraire 2125 de 138936, on dispose l'opération de la manière suivante :

$$138936$$
$$2125$$
$$\overline{136811}$$

Et l'on dit : 5 ôté de 6, reste 1, que l'on écrit au-dessous ; 2 ôté de 3, reste 1 ; 1 ôté de 9, reste 8 ; 2 ôté de 8 reste 6, et comme il y a encore les deux chiffres 1 et 3, desquels on n'a rien à soustraire, on les écrit au résultat, et le reste cherché est 136811.

2ᵉ **Cas.** *Si quelques chiffres du nombre inférieur sont plus grands que les chiffres correspondants du nombre supérieur, la soustraction de ces chiffres est impossible ; alors on ajoute 10 au chiffre du nombre supérieur, ce qui rend la soustraction toujours possible, et à la colonne suivante on ajoute 1 au chiffre du nombre inférieur. Si à cette colonne il n'y avait point de chiffre au nombre inférieur, on y suppose le chiffre 1, et on le retranche du chiffre supérieur.*

Soit, par exemple, à soustraire 97328 de 258433 ; ayant disposé l'opération de la manière suivante :

$$258433$$
$$97328$$
$$\overline{161105}$$

on dira : 8 ôté de 3, ne se peut ; on ajoute 10 à 3, ce qui fait 13, et alors 8 ôté de 13, reste 5 ; puis, ajoutant 1 au chiffre 2 suivant du nombre inférieur, on dit : 3 ôté 3, reste 0 ; 3 ôté de 4, reste 1 ; 7 ôté de 8, reste 1 ; 9 ôté de 5, ne se peut, mais, ajoutant 10 à 5, 9 ôté de 15, reste 6 ; puis, quoique le nombre inférieur soit épuisé, je dis encore 1 ôté de 2, reste 1 ; et le reste cherché est 161105.

59. On peut aussi faire la soustraction par un autre procédé, qui n'est à la rigueur ni plus simple ni plus expéditif, et qui pourtant est préféré par certaines personnes ; le voici.

RÈGLE : *Pour faire la soustraction, on cherche mentalement le nombre qu'il faut ajouter à chaque chiffre du nombre inférieur pour reproduire le chiffre correspondant du* *nombre supérieur, ou, si ce chiffre est plus petit que son correspondant du nombre inférieur, pour obtenir un nombre entre 10 et 20 ayant pour unités simples le chiffre du nombre supérieur que l'on considère ; dans ce cas, on retient 1, que l'on ajoute au chiffre suivant du nombre inférieur.*

Soit à soustraire par cette méthode 57732 de 69247 ; disposant l'opération de la manière habituelle,

$$69247$$
$$57732$$
$$\overline{11515}$$

On dira : 2 et 5 font 7 ; je pose 5 ; 3 et 1 font 4, je pose 1 ; puis, 7 étant plus grand que 2, 7 et 5 font 12, je pose 5, et je retiens 1, que j'ajoute au chiffre 7 suivant; on dit, alors, 8 et 1 font 9, je pose 1 ; 5 et 1 font 6, je pose 1, et le reste cherché est 11515.

40. *On fait la preuve de la soustraction, de quelque manière qu'on l'ait effectuée, en additionnant le nombre inférieur avec le reste; la somme doit être égale au nombre supérieur.*

Théorie raisonnée.

41. De la définition même de la soustraction (36), il résulte que le reste n'est pas autre chose que le plus grand des deux nombres, des diverses unités duquel on a retranché les unités correspondantes du plus petit ; et comme nous savons (33) que l'on ne peut combiner entre elles que des unités de la même espèce, pour trouver ce reste il faut nécessairement ôter des unités simples du plus grand nombre les unités du plus petit, des dizaines du premier les dizaines du second, et ainsi de suite, et le nombre ainsi obtenu sera bien le résultat demandé; ce qui explique suffisamment le premier cas.

42. Pour expliquer le deuxième cas, prenons un exemple, soit 69 à retrancher de 83.

$$83$$
$$69$$
$$\overline{14}$$

Dès le principe on est arrêté par l'impossibilité de retrancher 9 de 3, on tourne la difficulté en ajoutant 10 à 3, et en disant, 9 ôté de 13 reste 4. Mais en augmentant ainsi de 10 unités le nombre supérieur, le reste devient trop grand de 10 unités, car nous retranchons 69, non plus de 83, mais de 83+10. Continuant l'opération, nous ajoutons 1 de retenue à 6 et nous disons, 7 ôté de 8, reste 1. Or, en ajoutant 1 à 6, nous avons augmenté le nombre inférieur d'une dizaine, ou 10 unités simples, car 6 exprime des dizaines ; donc ce n'est plus 69 que nous retranchons, mais 69+10 ; le reste sera donc trop petit de 10, et comme ces deux erreurs se compensent, le reste est exact.

Le même raisonnement se reproduira, quel que soit le rang du chiffre sur lequel on opère, remarquant en somme que le chiffre 1 de retenue qu'on ajoute au chiffre inférieur suivant, est toujours égal, comme nombre d'unités, au nombre 10 que l'on a ajouté au chiffre supérieur précédent.

43. Le second procédé s'explique par cette considération, que le reste de la soustraction exprime aussi la *différence* entre les deux nombres, et que, si l'on ajoute la différence de deux quantités à la plus petite d'entre elles, on doit retrouver la plus grande ; donc le nombre qui ajouté au plus petit donne pour somme le plus grand, n'est pas autre chose que la différence cherchée. Quant à l'addition de 10, et la retenue de 1, elles s'expliquent comme ci-dessus.

Le même raisonnement explique la preuve de la soustraction.

QUESTIONNAIRE.

36. Qu'est-ce que la soustraction ?

37. Quel est le signe de la soustraction ?

38. Comment fait-on la soustraction ?

Combien y a-t-il de cas, et comment opère-t-on dans chacun d'eux ?

39. Y a-t-il un autre procédé pour faire la soustraction ?

40. Comment fait-on la preuve de la soustraction ?

41. Donnez le raisonnement du premier cas de la soustraction.

42. Donnez celui du deuxième cas.

43. Expliquez la deuxième méthode.

Expliquez la preuve.

Exercices pratiques.

Faire les soustractions suivantes :

7998—6557	989898—12345
387645—75214	978779—234561

5.	1236789—54721		1221345—998976
	628—592		6000067—876573
	736—285		7060502—998976
	1826—974		8000000—7896789
	182134—79993	15.	1234251—999998
10.	912345—623456		1000897—987000

J'avais dans ma poche 267 billes, j'en ai perdu 36, combien m'en reste-t-il?

Nous sommes en 1860, j'ai 58 ans, en quelle année suis-je né?

L'endroit où j'allais était à 250 pas de mon point de départ; je me suis trompé, et j'en ai fait 299; combien faut-il que j'en fasse maintenant pour revenir où je voulais aller?

20. On me doit 33,572 francs, on doit me payer 20,251 francs la première année, 10,374 francs la seconde, combien me devra-t-on après le premier payement, après le second?

Je dois 278 francs à mes ouvriers, mais dans leur travail ils m'ont fait pour 89 francs de dégât, combien dois-je leur payer?

Je donne à mon tailleur une pièce de drap de 39 mètres pour me faire deux manteaux; pour un manteau il faut 18 mètres, y aura-t-il assez de drap pour les deux, et combien y en aura-t-il de trop ou de moins?

J'ai acheté un objet de 139 francs, je donne un billet de 1,000 francs, combien doit-on me rendre?

Combien de kilomètres y a-t-il entre Orléans et Choisy, sachant qu'Orléans est à 125 kilomètres de Paris, et Choisy à 12?

25. Du fond de ma maison au bout de mon jardin, il y a 289 pas; du fond de la maison au jardin il y en a 72; combien le jardin a-t-il de pas de long?

Exercices sur l'addition et sur la soustraction.

Un banquier reçoit dans une même journée des sommes de 10801, 9785, 633 francs, et paye successivement 1400, 3755, 181 francs, il avait déjà en caisse 201,302 francs; combien aura-t-il en caisse à la fin de la journée?

J'ai 3000000 de francs de fortune, je donne en mourant 500565 francs à ma femme, 300000 à mon neveu, 89772 à ma ville natale, et le reste aux pauvres, combien doivent-ils avoir?

Chaque fois que je donne 2 sous à un pauvre, Dieu en envoie 5 dans ma poche; j'étais parti avec 2 sous, et je rencontre 8 pauvres, combien aurai-je en rentrant?

Je dois au maçon 938 francs, au charpentier 528, au serrurier 375; mais le maçon m'a cassé une cheminée de 107 francs, le charpentier m'a abîmé un plancher de 98 francs, et j'ai donné au serrurier pour 63 francs de vieux fer; combien dois-je en tout?

30. Je dois à mon épicier : sucre, 93 francs, savon, 45 francs, chandelle, 28 francs, huile, 103 francs; je lui ai fourni une barrique de vin de 70 francs, et une d'eau-de-vie de 107 francs; combien lui dois-je encore?

Mon père m'a laissé en mourant 35000 francs, ma mère 76000 francs, mon oncle 12000 francs; tout compte fait, il me reste maintenant une maison qui vaut 32099 francs, des diamants qui valent 50000 francs, et 3960 francs d'argent; combien ai-je dépensé?

Je me suis marié à 25 ans : j'ai eu, 12 ans plus tard, un fils qui a maintenant, en 1860, 28 ans; quel âge ai-je, et en quelle année suis-je né?

Un clocher a, au-dessus du toit de l'église, une hauteur de 70 pieds; du toit à la terre il y en a 42; on veut monter au haut du clocher, et l'on n'a que 5 échelles, qui ont 20, 13, 10, 9 et 2 pieds de long; à quelle hauteur atteindra-t-on et de combien s'en faudra-t-il qu'on ait atteint le but?

Exercices théoriques.

1. Est-il indispensable, pour faire la soustraction, de placer les nombres comme la règle l'indique?

2. Pourquoi commence-t-on l'opération par la droite?

3. N'y a-t-il pas un cas où l'on pourrait indifféremment commencer par la gauche ou la droite?

4. Si l'on ne savait pas de mémoire le reste, par exemple, de 5 ôté de 9, pourrait-on néanmoins le trouver et comment?

5. Si, dans le cas du chiffre inférieur plus fort que le supérieur, on avait ajouté 20 au chiffre supérieur, combien faudrait-il ajouter à l'inférieur suivant?

6. Pourquoi, pour rendre la soustraction possible, ajoute-t-on 10, et non pas le nombre d'unités nécessaire pour qu'elle puisse se faire?

7. Dans une soustraction, ayant ajouté 10 aux centaines, on a oublié la retenue de 1, de combien le reste est-il trop grand?

8. Dans une soustraction on a oublié trois retenues à ajouter, l'une aux mille, l'autre aux cent mille, l'autre aux millions, de combien le reste est-il trop grand?

9. On devait retrancher 8 de 97 ; au lieu de retrancher 8 du 7, on l'a retranché du 9, quelle est la valeur de l'erreur commise ?

10. Si l'on ajoutait ou retranchait un même nombre aux deux nombres d'une soustraction, le reste serait-il changé ?

11. Certaines personnes, dans le cas du chiffre inférieur plus fort que le supérieur, au lieu d'ajouter 1 au chiffre inférieur suivant, diminuent de 1 le chiffre supérieur suivant, cela revient-il au même, et pourquoi ?

Multiplication.

Théorie pratique.

44. *La multiplication est une opération qui a pour but, deux nombres étant donnés, d'en trouver un troisième qui soit formé avec le premier de la même manière que le second est formé avec l'unité.*

Ainsi, multiplier 8 par 4, c'est chercher un nombre qui soit formé de 4 fois 8, de même que 4 est formé de 4 fois 1. Ce nombre est 32, car $32 = 8 + 8 + 8 + 8$, de même que $4 = 1 + 1 + 1 + 1$.

Le nombre que l'on multiplie se nomme *multiplicande;* celui par lequel on multiplie, *multiplicateur,* et celui que l'on cherche, *produit.*

Ainsi, dans l'exemple précédent, 8 est le multiplicande, 4 le multiplicateur, et 32 le produit. Le multiplicande et le multiplicateur prennent aussi le nom général de *facteurs du produit.*

45. La multiplication s'indique par le signe $\times$, qui se prononce *multiplié par.*

Ainsi, 8×4 signifie que 8 doit être multiplié par 4, et se lit : 8 *multiplié par* 4.

46. Pour faire la multiplication, il est indispensable de savoir par cœur les produits, au moins de tous les nombres d'un seul chiffre l'un par l'autre, c'est-à-dire de savoir dire de mémoire, 4 fois 4 font 16 ; 8 fois 7 font 56. On y arrive en apprenant par cœur divers tableaux qui renferment tous les produits des nombres de 1 à 9, multipliés l'un par l'autre ; le plus simple et le plus commode de tous est le suivant, que l'on nomme *Table de Pythagore*, du nom de son inventeur.

1	2	3	4	5	6	7	8	9
2	4	6	8	10	12	14	16	18
3	6	9	12	15	18	21	24	27
4	8	12	16	20	24	28	32	36
5	10	15	20	25	30	35	40	45
6	12	18	24	30	36	42	48	54
7	14	21	28	35	42	49	56	63
8	16	24	32	40	48	56	64	72
9	18	27	36	45	54	63	72	81

De la manière dont ce tableau est disposé, il sert à trouver rapidement et aisément ces produits, lorsqu'on ne les sait pas par cœur. Pour cela, on cherche un des deux nombres dans la première ligne horizontale, l'autre nombre dans la première ligne verticale, et le produit cherché se trouve à la rencontre des deux colonnes verticale et horizontale qui commencent par ces deux nombres. Ainsi, pour trouver le produit de 5 par 7, je cherche 5 dans la première ligne horizontale, 7 dans la première ligne verticale ; puis, descendant verticalement à partir de 5, et marchant horizontalement à partir de 7, à la rencontre des deux colonnes se trouve 35, qui est le produit cherché.

Pour faciliter l'étude de la multiplication, nous supposerons que l'on ait à multiplier en premier lieu un nombre de plusieurs chiffres par un nombre d'un seul ; en ce cas, voici la règle à suivre.

47. RÈGLE : *Pour multiplier un nombre de plusieurs chiffres par un nombre d'un seul, on écrit le multiplicande au-dessus du multiplicateur ; on tire un trait horizontal au-dessous des deux nombres, puis, commençant par la droite, on multiplie les unités du multiplicande par le multiplicateur ; si le produit est égal ou inférieur à 9, on l'écrit tel qu'il est, au-dessous et dans la même colonne verticale ; s'il est plus grand que 9, comme dans l'addition, on n'écrit que les unités simples, et l'on retient les dizaines. On multiplie ensuite les dizaines du multiplicande par le multiplicateur ; on ajoute au produit la retenue du produit précédent, s'il y en a une, et si ce nouveau produit est égal à 9 ou inférieur à 9, on l'écrit tel qu'il est ; s'il est supérieur à 9, on n'écrit que ses unités, et l'on retient ses dizaines pour les ajouter au produit suivant. On continue de même jusqu'à ce qu'on ait multiplié tous les chiffres du multiplicande par le multiplicateur ; le dernier produit s'écrit tel qu'il est, fût-il plus grand que 9.*

Soit, par exemple, à multiplier 879 par 5 ; on dispose l'opération de la manière suivante :

$$
\begin{array}{r}
879 \\
5 \\
\hline
4395
\end{array}
$$

Et l'on dit : 5 fois 9 font 45 ; 45 étant plus grand que 9, on n'écrit que 5 au-dessous de 5 et de 9, et l'on retient 4 ; puis, continuant : 5 fois 7 font 35, et 4 de retenue, 39 ; pour la même raison, on n'écrit que 9 au produit, et l'on retient 3 ; puis, 5 fois 8 font 40, et 3 de retenue, 43, que l'on écrit en totalité ; le produit cherché est 4395.

Supposons maintenant que, cas le plus général, on ait à multiplier un nombre de plusieurs chiffres par un nombre de plusieurs chiffres.

RÈGLE : *Ayant disposé l'opération comme dans le cas précédent, on multiplie, d'après la même règle, le multiplicande tout entier par chacun des chiffres du multiplica-*

*teur, en commençant par les unités; on obtient ainsi autant
de produits qu'il y a de chiffres dans le multiplicateur; on
écrit ces produits, à mesure qu'on les forme, les uns au-dessous des autres, en ayant soin de placer le premier chiffre à
droite de chacun d'eux au-dessous du chiffre du multiplicateur qui a servi à le former; on fait ensuite l'addition de
ces produits, leur somme est le produit cherché.*

Soit, par exemple, à multiplier 8582 par 523. Ayant disposé l'opération de la manière suivante :

$$
\begin{array}{r}
8582 \\
523 \\
\hline
25746 \\
17164 \\
42910 \\
\hline
4488386
\end{array}
$$

On multiplie 8582 par 3, ce qui donne 25746, que l'on écrit
de façon que son chiffre 6 soit au-dessous du 3 du multiplicateur; puis on multiplie 8582 par 2, et on écrit le produit 17164
de façon que son premier chiffre 4 soit au-dessous du 2 du
multiplicateur. On multiplie ensuite 8582 par 5; on obtient
42910 pour produit, et on l'écrit au-dessous des deux premiers, de manière que son premier chiffre 0 soit au-dessous
du 5 du multiplicateur. Faisant ensuite l'addition des produits ainsi disposés, leur somme 4488386 est le produit total cherché.

S'il y avait des zéros au milieu des chiffres significatifs
du multiplicateur, on n'en tient aucun compte; mais s'ils
forment à droite les premiers chiffres du multiplicateur,
une fois le produit trouvé, il faut avoir soin d'écrire à sa
droite le même nombre de zéros.

Ainsi, soit à multiplier 18135 par 20500 :

$$
\begin{array}{r}
18135 \\
20500 \\
\hline
90675 \\
36270 \\
\hline
371767500
\end{array}
$$

On multiplie seulement 18135 par 5 et par 2, ce qui donne les produits 90675 et 36270, que l'on a soin d'écrire à leurs rangs respectifs ; on additionne, ce qui donne 3717675 ; mais, pour avoir le vrai produit, il faut ajouter deux zéros à sa droite, car on en a négligé deux à la droite du multiplicateur ; le produit cherché est donc 371767500.

S'il y a des zéros au multiplicande, on en tient compte en écrivant 0 au produit chaque fois qu'on en rencontre, et, s'il y a une retenue du chiffre précédent, on écrit cette retenue. Si les zéros forment les premiers chiffres à droite du multiplicande, on peut les négliger en opérant, mais à la condition de les rétablir ensuite à droite du produit.

Enfin, s'il y a des zéros à droite du multiplicande et du multiplicateur, on les néglige en opérant, mais à droite du produit total on écrit autant de zéros qu'il y en avait dans les deux facteurs.

Pour multiplier un nombre par l'unité suivie d'un nombre quelconque de zéros, il suffit d'ajouter à sa droite le même nombre de zéros.

Ainsi, pour multiplier 8 par 100, 27 par 10000, il suffira d'écrire :

$$800, \qquad 270000.$$

Le plus habituellement la preuve de la multiplication se fait par la division, nous ne pourrons l'expliquer qu'après avoir exposé la règle suivante ; mais on peut aussi faire cette preuve par deux autres méthodes qui n'exigent que les opérations précédentes, les voici.

48. Règle : *Pour faire la preuve de la multiplication, on refait l'opération en intervertissant l'ordre des facteurs ; c'est-à-dire en prenant le multiplicande pour multiplicateur, et réciproquement ; le nouveau produit doit, si l'opération est exacte, être identique au premier.*

Ainsi, si, ayant multiplié 135 par 54, on veut vérifier l'exactitude du produit 7290, on refera la multiplication, en multipliant 54 par 135, et l'on retrouve 7290.

49. Règle : *Pour faire la preuve de la multiplication, on additionne ensemble un à un les chiffres du multipli-*

cande, en retranchant 9, chaque fois qu'une somme partielle atteint ou dépasse ce nombre, et l'on conserve le résultat final, qui sera toujours moindre que 9 ; on en fait de même pour le multiplicateur et pour le produit ; puis, multipliant l'un par l'autre les résultats fournis par le multiplicande et le multiplicateur, additionnant ensemble les chiffres de ce produit, et retranchant 9 de la somme autant de fois que possible, on doit, si l'opération est exacte, trouver pour résultat final, le nombre déjà fourni par le produit à vérifier. Cette preuve porte le nom de preuve par 9.

Ainsi, soit à multiplier 538 par 473, on trouve pour produit 254474 ; si l'on veut faire la preuve par 9 de ce produit, prenant le multiplicande, on dira : 5 et 3, 8 ; 8 et 8, 16, ôté 9, reste 7, nombre à conserver. Prenant le multiplicateur, on dira : 4 et 7, 11, ôté 9, reste 2 ; 2 et 3, 5, nombre à conserver. De même pour le produit, on dira : 2 et 5, 7 ; 7 et 4, 11, ôté 9, reste 2 ; 2 et 4, 6 ; 6 et 7, 13, ôté 9, reste 4 ; 4 et 4, 8, nombre à conserver. Puis, multipliant entre eux 7 et 5, résultats fournis par les deux facteurs, on trouve pour produit 35, retranchant 9 de ce produit autant de fois que possible, ou mieux, ce qui revient au même, additionnant ses chiffres entre eux, et retranchant 9 autant de fois que possible de leur somme, on trouve pour résultat définitif 8, qui, étant identique au résultat 8, fourni par l'opération que l'on a fait subir au produit 254474, en démontre l'exactitude.

D'ordinaire, pour éviter toute confusion, on trace une croix formée par deux lignes qui se coupent ; dans les deux angles de gauche, on écrit les résultats fournis par le multiplicande et le multiplicateur, dans l'angle supérieur de droite, le résultat fourni par le produit à vérifier, et enfin dans l'angle inférieur de droite, le résultat donné par le produit des deux nombres de gauche, diminué de 9 autant que possible ; si l'opération est exacte, les deux nombres de droite doivent être identiques.

Exemple, reprenons l'opération ci-dessus, 538 donnant 7 pour résultat, on écrit 7 dans l'angle supérieur de gauche ; 473 donnant 5, on l'écrit dans l'angle inférieur de gauche,

$$\frac{7 \mid 8}{5 \mid 8}$$

254474 donnant 8, on l'écrit dans l'angle supérieur de droite; 35, produit de 7 par 5, donnant 8 pour résultat, on l'écrit dans l'angle inférieur de droite, et les deux nombres de droite étant identiques, l'opération est exacte.

50. La multiplication sert, en général, à trouver un nombre qui soit un certain nombre de fois plus grand qu'un autre.

Ainsi, sachant qu'un ouvrier fait, par exemple, 30 mètres d'ouvrage, si l'on veut savoir combien en feront 7 ouvriers, comme ils doivent évidemment en faire 7 fois plus qu'un seul, c'est-à-dire un nombre 7 fois plus grand que 30, on le trouve en multipliant 30 par 7.

Sachant que dans une année il y a 365 jours, pour savoir combien il y en a dans 20 ans, comme il doit y en avoir 20 fois plus que dans un an, c'est-à-dire un nombre 20 fois plus grand que 365, on le trouve en multipliant 365 par 20.

51. Le produit exprime toujours des unités de même espèce que le multiplicande, car, quelque espèce de quantité que représente le multiplicateur, dès que l'on multiplie, on doit le considérer comme un nombre abstrait, c'est-à-dire comme indiquant seulement combien de fois on doit rendre plus grand le multiplicande. Dès lors, si celui-ci exprime des mètres, des heures ou des chevaux, le produit exprimera un nombre plus grand de mètres, d'heures ou de chevaux.

Théorie raisonnée.

52. D'après la définition (44), la multiplication a pour but de trouver un nombre, le produit, qui soit formé avec le multiplicande de la même manière que le multiplicateur est formé avec l'unité; donc, pour former le produit, après s'être rendu compte de la manière dont l'unité entre dans la composition du multiplicateur, il suffit de combiner le multiplicande avec lui-même de la même manière. Le résultat sera le produit cherché.

Ainsi, si le multiplicateur est 5, comme il renferme cinq

fois l'unité, le produit devra renfermer cinq fois le multiplicande, et, par suite, 5 fois aussi chacune de ses diverses parties, unités, dizaines, centaines, etc.

Pour faire une multiplication, il suffira donc de multiplier chacune des diverses unités du multiplicande par le multiplicateur.

53. Cela posé, on aurait donc pu faire la multiplication par une addition; ainsi, pour multiplier 27 par 4, il eût suffi d'ajouter 27 quatre fois à lui-même, ainsi :

$$
\begin{array}{r}
27 \\
27 \\
27 \\
27 \\
\hline
108
\end{array}
$$

Car on aurait pris ainsi quatre fois ses unités et quatre fois ses dizaines; mais, pour peu que le multiplicateur soit fort, ce procédé devient impraticable. Néanmoins, dans le procédé adopté, le raisonnement s'appuie sur cette idée fondamentale.

Pour en faciliter l'intelligence, nous supposerons trois cas dans la multiplication :

54. 1er CAS : *Le multiplicande et le multiplicateur n'ont chacun qu'un chiffre.*

Comme on doit, avons-nous dit (46), savoir par cœur tous les produits des neuf premiers nombres l'un par l'autre, il n'y a point de raisonnement à faire dans ce cas; il se résout par la table de Pythagore. On la construit de la manière suivante.

55. Ayant écrit les neuf premiers nombres sur une même ligne horizontale, pour former les produits de ces nombres par 2, c'est-à-dire trouver des nombres qui soient formés de chacun d'eux répété 2 fois, il suffit d'ajouter chaque nombre à lui-même; ce qui forme la seconde ligne. Pour faire les produits par 3, c'est-à-dire qui contiennent trois fois chacun des neuf premiers nombres, on ajoute la seconde ligne, qui les contient deux fois, à la première; ce qui forme la troisième ligne. Pour former les produits par 4, on voit, en raisonnant de même, qu'il suffit d'ajouter la troisième ligne à la première, et ainsi de suite pour les produits suivants.

56. REMARQUE I. Lorsque l'on sait multiplier un nombre d'un seul chiffre par un autre nombre d'un seul chiffre, on sait aussi multiplier un nombre quelconque de dizaines ou de centaines par un nombre d'un seul chiffre, car le produit est le même que si le multiplicande n'était que des unités simples, sauf, pourtant, l'espèce des unités du produit.

Ainsi, sachant que 5 fois 7 font 35, on sait aussi que 5 fois 7 centaines font 35 centaines ou 3500, que 5 fois 7 dizaines font 35 dizaines ou 350 ; donc, en définitive, la table de Pythagore suffit pour savoir multiplier un nombre quelconque de dizaines, de centaines, etc., par un nombre d'un seul chiffre.

57. 2ᵉ CAS. *Le multiplicande ayant plusieurs chiffres, le multiplicateur n'en a qu'un seul.*

Prenons un exemple ; soit à multiplier 3579 par 5.

3579 est égal à 3000+500+70+9, et il reviendra au même de multiplier par 5 3579 ou 3000+500+70+9. Pour faire cette multiplication, il suffit, nous le savons, de multiplier 9 par 5, puis 70 par 5, puis 500 par 5, puis 3000 par 5 ; or, d'après le 1ᵉʳ CAS (54), nous savons multiplier 9 par 5 ; d'après la REMARQUE I, nous savons multiplier 70, 500 et 3000 par 5 ; pour trouver le produit total, il suffirait d'ajouter ces divers produits ; or, un simple coup d'œil sur cette addition suffit pour expliquer la manière d'opérer (47).

$$
\begin{array}{r}
45 \\
350 \\
2500 \\
15000 \\
\hline
17895
\end{array}
$$

On voit, en effet, que les dizaines du premier produit 45 s'ajoutent aux dizaines du second produit, tandis que les 5 unités s'écrivent au total, ce qui explique la retenue ; on voit ensuite que le chiffre 9 va s'écrire à côté du 5, tandis que les 3 centaines du second produit vont s'ajouter aux centaines du troisième, et que le chiffre 8 va s'écrire à côté du 9, et ainsi de suite.

58. REMARQUE II. Du moment que l'on sait multiplier un nombre quelconque par un nombre d'un seul chiffre, on sait aussi multiplier un nombre quelconque par un nombre quelconque de dizaines, centaines, etc., car le produit est le même que si le multiplicateur n'avait que des unités simples, sauf, pourtant, l'espèce des unités du produit.

Ainsi, 288 multiplié par 2 donnant 576; 288 multiplié par 2 dizaines donnera 576 dizaines ou 5760, car les 8 unités simples, répétées 2 dizaines de fois, ne seront plus des unités simples, mais seront au moins des dizaines. De même, 288 multiplié par 2 centaines donnera 576 centaines ou 57600.

On saura donc faire des multiplications de ce genre, en remarquant que l'espèce des plus basses unités du produit est la même que celle du multiplicateur.

59. 3ᵉ CAS. *Le multiplicande et le multiplicateur ont chacun plusieurs chiffres.*

Prenons un exemple, soit 2356 à multiplier par 123.

Comme 123 est égal à 100+20+3, il reviendra au même de multiplier 2356 par 123 ou par 100+20+3, c'est-à-dire par 3, puis par 20, puis par 100, et d'ajouter ces produits, car, en opérant ainsi, on aura bien répété 2356 123 fois. Or par le 2ᵉ CAS nous savons multiplier 2356 par 3; par la RE-MARQUE II, nous savons multiplier 2356 par 20 et par 100, il ne faut plus qu'additionner ces produits. Examinons cette addition :

```
    2356
     123
  ───────
    7068... produit de 2356 par 3 unités, donnant des unités.
   47120... produit de 2356 par 2 dizaines, donnant des dizaines.
  235600... produit de 2356 par 1 centaine, donnant des centaines.
  ───────
  289788
```

On voit que si l'on effaçait les zéros qui terminent le second et le troisième produit, ces produits seraient disposés identiquement comme la règle (47) l'exige. C'est donc uniquement pour éviter d'écrire ces zéros, destinés à marquer le rang des premiers chiffres de ces produits, que l'on est convenu d'écrire ces premiers chiffres au-dessous du chiffre du multiplicateur qui a servi à les former.

60. Maintenant que l'idée de multiplication nous est familière, nous pouvons revenir sur une conséquence de la numération qui trouve ici son application immédiate; c'est que si l'on ajoute un, deux, trois zéros à la droite d'un nombre, on le multiplie par 10, 100 ou 1000.

En effet, soit le nombre 23, ajoutons-y deux zéros, il devient 2300, dans lequel 3, qui exprimait tout à l'heure des unités, exprime maintenant des centaines, c'est-à-dire a été multiplié par 100, et 2, qui exprimait des dizaines, exprime des mille ou des unités cent fois plus grandes.

Donc, pour multiplier un nombre par 10, 100, 1000, en un mot par l'unité suivie d'un nombre quelconque de zéros, il suffit d'ajouter à sa droite un même nombre de zéros.

61. Il suit de là que si un nombre est terminé par des zéros, on peut le rendre 10, 100, 1000 fois plus petit, en retranchant un, deux, trois zéros.

On comprend dès lors pourquoi, si l'on a négligé des zéros à la droite des facteurs d'un produit, il importe de les rétablir à la droite du produit pour qu'il soit exact.

62. Remarque. A première vue, la règle de la multiplication semble contraire au principe posé (33), que l'on ne peut combiner que des unités de la même espèce, car ici on combine toutes les diverses unités du multiplicande successivement avec chaque unité du multiplicateur. En réalité il n'en est rien; car lorsque, par exemple, on multiplie les dizaines du multiplicande par les unités du multiplicateur, on répète simplement ces dizaines autant de fois qu'il y a d'unités dans le chiffre du multiplicateur; autrement dit, on les combine entre elles seulement, et le multiplicateur ne sert pour ainsi dire que de modèle, mais ne s'y mélange jamais. Car si, comme nous l'avons dit (53), on faisait la multiplication par l'addition, on voit que le multiplicateur ne servirait qu'à indiquer combien de fois on doit écrire le multiplicande au-dessous de lui-même, et que dans cette addition les unités pareilles se combinent seules entre elles.

Ceci explique pourquoi le multiplicateur doit toujours être considéré comme un nombre abstrait, et pourquoi le produit est de même espèce que le multiplicande.

Des deux preuves de la multiplication que nous avons données, la première trouve sa démonstration dans le principe 1, numéro 66; la démonstration de la seconde sortirait du cadre de cet ouvrage.

QUESTIONNAIRE.

44. Qu'est-ce que la multiplication?

45. Quel est le signe de la multiplication?

46. Comment fait-on la multiplication? — Comment fait-on usage de la table de Pythagore?

47. Quels sont les deux cas, et comment opère-t-on dans chacun d'eux?

48. Comment fait-on la preuve de la multiplication?

49. Comment fait-on la preuve par 9?

50. A quoi sert la multiplication?

51. Quelle espèce de quantité représente le produit?

52. Comment le produit se forme-t-il avec les diverses unités du multiplicande?

53. Peut-on faire la multiplication par l'addition?

54. Quel est le premier cas? Expliquez-le.

55. Comment construit-on la table de Pythagore?

56. Quelle conséquence déduit-on du premier cas?

57. Quel est le second cas? Expliquez-le.

58. Quelle conséquence déduit-on du second cas?

59. Quel est le troisième cas? Expliquez-le.

60. Quel changement fait subir à un nombre l'addition de zéros à sa droite?

61. Quel changement fait subir à un nombre la suppression de zéros à sa droite?

62. Pourquoi les unités du produit sont-elles de même espèce que celles du multiplicande?

Exercices pratiques.

Faire les multiplications suivantes :

854×6	805000×8	503685×1256
7852×7	985×37	528700×90356
9965×9	8202×29	12453264287×2890000
945328×5	5679×395	89764287×2890000
5. 908007×3	10. 69889×789	15. 97743280000×90085000

J'ai 369 sacs contenant chacun 2857 francs; combien ai-je en tout?

Je voudrais acheter de quoi faire 138 manteaux, pour un seul il faut 20 mètres de drap; combien dois-je acheter de mètres?

J'emploie 115 ouvriers à 7 francs par jour; combien ai-je à payer : 1° par jour; 2° par semaine; 3° par mois, la semaine de travail étant de 6 jours, et le mois de 30 jours?

J'ai été 123 fois plus loin que de Paris à Choisy, dont la distance est de 12 kilomètres; combien de kilomètres ai-je faits?

20. Il y a dans l'heure 60 minutes, dans la minute 60 secondes; combien de secondes valent 45 heures?

J'ai 24 ans; combien d'heures ai-je vécu, le mois étant de 30 jours de 24 heures, et l'année de 12 mois?

Dans ma bibliothèque j'ai 238 rayons, sur chacun il y a trois rangs de livres, et chaque rang est de 29 volumes; combien ai-je de volumes en tout?

L'uniforme d'un soldat exige 39 boutons; combien de boutons faut-il pour habiller un régiment qui contient 4 bataillons de 520 hommes?

J'écris en général 57 lignes à la page; j'ai couvert d'écriture 32 rames de papier; la rame contient 20 mains, la main 25 feuilles, et la feuille 4 pages; combien ai-je écrit de lignes?

25. Chaque rouleau de papier de tapisserie a 8 mètres de long; j'ai usé 39 rouleaux; on me les vend 3 francs le mètre; combien ai-je dépensé?

Un ouvrier fait en une heure 5 mètres d'ouvrage, combien 13 ouvriers, travaillant 15 heures, en feront-ils?

Une locomotive va 11 fois plus vite qu'une voiture; celle-ci fait 10000 mètres par heure; combien de mètres fait une locomotive en 200 heures?

J'ai fait planter, dans 5 champs égaux, 23 rangées de mûriers dans chaque champ; chaque rangée est de 32 arbres, et chaque arbre me coûte 7 francs; combien y a-t-il d'arbres, et combien me coûte cette plantation?

Dans une armée de 20,000 hommes chaque soldat peut brûler, terme moyen, 25 cartouches par heure; dans un combat de 16 heures combien chaque homme a-t-il brûlé de cartouches, combien en a-t-on brûlé en tout?

30. J'ai fait 8 carrés de papier : sur l'un je mets 8 grains de blé, sur le second 100 fois plus, sur le suivant 100 fois plus encore, et ainsi de suite; combien y en aura-t-il sur chacun?

Problèmes de récapitulation.

Mes appointements sont de 250 francs par mois, sur lesquels j'en dépense 179 seulement; combien aurai-je économisé au bout de 14 ans?

Le jour de ma naissance mon père me donne 15 francs, au jour de l'an 40 francs, à Pâques 5 francs; cela se répète de même depuis 17 ans, quelle somme ai-je reçue en tout?

J'ai dans ma fabrique 23 hommes à 7 francs par jour, 18 femmes à 3 francs, et 12 enfants à 2 francs; quelle somme dois-je payer par 6 jours de travail?

Je devrais recevoir 354 francs par mois, mais on me retient 17 francs pour la retraite, 13 francs pour la caisse de secours; quelle somme touché-je par an?

35. Je reçois 35 caisses d'oranges, sur lesquelles 15 en contiennent chacune 368 à 10 centimes pièce, les autres contiennent chacune 200 oranges à 20 centimes; mais j'y trouve 189 oranges gâtées, que je ne dois pas payer; combien dois-je en tout?

On m'envoie par mer 142 balles de coton ; 100 balles valent 27 francs pièce, 12 valent 32 francs, et les autres 18; le port est de 109 francs; combien dois-je?

J'ai trois prairies plantées de peupliers : la première contient 13 rangées de 15 arbres, la deuxième 17 rangées de 13 arbres, la troisième 31 rangées de 43 arbres; je vends chaque arbre 23 francs, combien dois-je recevoir?

J'ai un capital de 130000 francs, une propriété de 95,000 et des diamants pour 28,000. Paul est, dit-on, 7 fois plus riche que moi; combien a-t-il?

J'ai tué 25 lièvres, 12 perdrix, 33 lapins, 82 alouettes; pour le lièvre et le lapin, chaque coup de fusil coûte 5 sous, et 3 sous pour les autres; combien me coûte tout ce gibier?

40. J'ai déjà fait 232, puis 189, puis 75 pas ; pour arriver où je vais, il m'en faut faire encore 7 fois plus ; combien en ai-je encore à faire?

Une pièce de canon tire 20 coups par heure, chaque boulet va à 8000 mètres; elle a tiré pendant 27 heures; combien de mètres feraient toutes ces courses de boulets mises bout à bout?

Un pont a, de chaque côté, 7 arches de 89 mètres d'ouverture; au milieu un pont tournant de 45 mètres, à chaque bout une maçonnerie de 12 mètres; quelle est la longueur totale?

Une fontaine verse 54 litres d'eau par minute; elle coule pendant 8 heures, et à ce moment il se trouve dans le bassin 57890 litres ; combien y en avait-il déjà avant qu'on fît couler la fontaine?

J'ai perdu au jeu 105 louis, toi 822, toi 365, et toi 5 fois autant que nous tous; mais il te reste encore autant que tu as perdu, plus 65 louis; combien avais-tu avant de jouer?

45. Une roue de voiture fait 7 tours par minute, et à chaque tour elle parcourt 3 mètres; quel chemin aura-t-elle fait en huit jours, en s'arrêtant 6 heures par jour?

Exercices théoriques.

1. Pourquoi commence-t-on la multiplication par la droite?

2. Comment, dans un problème, reconnaît-on le nombre qui doit être le multiplicande, et celui qui doit être le multiplicateur?

3. Si le multiplicande devient un certain nombre de fois plus grand, ou plus petit, que devient le produit?

4. Que devient-il si c'est le multiplicateur qui devient un certain nombre de fois plus grand ou plus petit?

5. Si le multiplicande étant rendu un certain nombre de fois plus grand, le multiplicateur est rendu le même nombre de fois plus petit; que devient le produit?

6. On a dû multiplier entre eux deux nombres, dont l'un exprime des mètres et l'autre des francs; qu'exprime le produit?

7. Comment fait-on pour multiplier un nombre par plusieurs autres qui doivent être additionnés ensemble? exemple : $28 \times (2+5+3+7)$?

8. Comment pourrait-on multiplier un nombre par 9 ou par 11, sans effectuer la multiplication directe?

9. En multipliant un nombre par le chiffre 3, dizaines du multiplicande, on a commencé à écrire le produit au rang des unités simples; quelle est l'erreur commise, quelle est sa valeur?

10. Quelle différence y a-t-il entre l'addition et la multiplication?

11. Une multiplication étant faite, j'ai ajouté le produit à lui-même; par quel nombre eût-il fallu multiplier directement le multiplicande pour obtenir ce nouveau produit?

12. J'ai 3 caisses d'oranges, dans l'une il y en a 1028, dans l'autre 20 fois plus, dans l'autre 400 fois plus; trouver par une seule règle la somme totale?

13. Peut-on, dans une multiplication, commencer à multiplier par les plus hautes unités du multiplicateur, en respectant, bien entendu, les rangs respectifs des produits particls?

PRINCIPES SUR LA MULTIPLICATION.

Théorie pratique.

65. On a souvent à effectuer des produits de plusieurs facteurs, comme par exemple $3 \times 5 \times 7 \times 8 \times 9$; on opère les

produits de ce genre en effectuant d'abord le produit du premier facteur par le second, puis en multipliant ce produit par le troisième facteur, ce nouveau produit par le quatrième, et ainsi de suite jusqu'au dernier.

Ainsi, dans l'exemple ci-dessus, on dira : 3 fois 5, 15 ; 7 fois 15 font 105 ; 8 fois 105 font 840, et 9 fois 840 font 7560, qui est le produit cherché.

64. Dans une multiplication de deux ou de plusieurs facteurs le produit reste le même si l'on intervertit l'ordre des facteurs, c'est-à-dire si on les multiplie dans un autre ordre que celui sous lequel ils se présentent.

Ainsi, $4 \times 9 = 9 \times 4$, $7 \times 5 \times 3 \times 2 = 3 \times 5 \times 2 \times 7$.

Ce principe est utile en ce que, dans une multiplication de deux facteurs, il permet de choisir à son gré le multiplicateur pour la plus grande facilité de l'opération.

Par exemple, si un problème amène à multiplier un nombre de deux chiffres par un nombre de six ou de sept, l'on pourra renverser l'ordre des facteurs, et prendre pour multiplicateur le nombre de deux chiffres, ce qui simplifie l'opération.

65. Pour multiplier un nombre par un produit de plusieurs facteurs, il suffit de le multiplier successivement par chacun des facteurs de ce produit.

Soit, par exemple, à multiplier 60 par le nombre 30, produit de $2 \times 3 \times 5$, il suffira de multiplier 60 par 2, puis le produit 120 par 3, puis le nouveau produit 360 par 5, ce qui donne 1800, même produit que si l'on eût multiplié directement 60 par 30. On est donc libre de choisir celle de ces deux méthodes qui, suivant le cas, présente le plus de simplicité.

De même, pour multiplier un produit de plusieurs facteurs par un nombre, il suffit de multiplier par ce nombre un des facteurs de ce produit.

Ainsi, pour multiplier par 9, 30, produit de $2 \times 3 \times 5$, il suffit de multiplier par 9, ou 2, ou 3, ou 5, pour que le produit final soit 30×9.

Théorie raisonnée.

66. *Dans un produit de plusieurs facteurs on peut intervertir à volonté l'ordre des facteurs sans altérer le produit.*

Tel est le principe général; pour en faciliter la démonstration, nous considérerons la série des principes suivants.

1° *Un produit de deux facteurs ne change pas si l'on intervertit l'ordre des facteurs.*

Ainsi $4 \times 3 = 3 \times 4$. En effet $4 = 1+1+1+1$; multiplier 4 par 3, revient à ajouter 4, ou son égal $1+1+1+1$, trois fois à lui-même, ce qui peut se disposer ainsi :

$$\left.\begin{array}{c} 1+1+1+1 \\ 1+1+1+1 \\ 1+1+1+1 \end{array}\right\} 4 \times 3$$
$$\overline{3 \times 4}$$

Si l'on additionne ce tableau en colonnes horizontales, on trouve $1+1+1+1$, ou 4, répété trois fois, ou 4×3; si on l'additionne en colonnes verticales, on trouve $1+1+1$, ou 3, répété quatre fois, ou 3×4. Or dans les deux sens la somme doit être la même, car elle renferme les mêmes unités et en même nombre, donc $4 \times 3 = 3 \times 4$.

Ce principe démontre la preuve de la multiplication donnée numéro 48; car, intervertissant pour la faire l'ordre des facteurs, on doit, si l'opération première était exacte, retrouver le même produit.

2° *Dans un produit de trois facteurs, on peut intervertir l'ordre des deux derniers.*

Ainsi : $9 \times 3 \times 2 = 9 \times 2 \times 3$. En effet, 9×3 n'est autre chose que $9+9+9$, et $9 \times 3 \times 2$ peut alors s'écrire ainsi :

$$\left.\begin{array}{c} 9+9+9 \\ 9+9+9 \end{array}\right\} 9 \times 3 \times 2$$
$$\overline{9 \times 2 \times 3}$$

En additionnant comme ci-dessus horizontalement, on trouve $9 \times 3 \times 2$, et verticalement $9 \times 2 \times 3$, or ces deux sommes sont égales, donc $9 \times 3 \times 2 = 9 \times 2 \times 3$.

3° *Dans un produit d'un nombre quelconque de facteurs, on peut intervertir l'ordre de deux facteurs quelconques.*

Ainsi : $2 \times 5 \times 3 \times 6 \times 7 \times 8 = 2 \times 5 \times 6 \times 3 \times 7 \times 8$. En effet, comme pour effectuer l'un ou l'autre de ces produits il faudrait commencer par multiplier 2 par 5, nous pouvons les remplacer par ce produit effectué ou par 10. De même les deux facteurs 7 et 8, qui suivent ceux dont on intervertit l'ordre, ne sont pas susceptibles, étant les mêmes et dans le même ordre dans les deux produits, de faire différer en rien leurs valeurs, il suffit donc de faire voir que $10 \times 3 \times 6 = 10 \times 6 \times 3$, ce que démontre précisément le cas précédent.

4° Ces trois principes posés, le principe général se trouve démontré, car quels que soient les facteurs dont on a interverti l'ordre, on voit aisément qu'en changeant de place deux facteurs, puis deux autres, et ainsi de suite, on peut faire subir au premier ordre des facteurs une série de changements qui amènent au nouvel ordre de facteurs proposé, sans avoir jamais, en vertu du principe 3, altéré la valeur du produit.

Ainsi, soit proposé de passer de l'ordre. $2 \times 3 \times 5 \times 4 \times 7 \times 6$
A l'ordre interverti. . . . . $3 \times 2 \times 5 \times 7 \times 6 \times 4$
Intervertissant les facteurs 2 et 3 il vient $3 \times 2 \times 5 \times 4 \times 7 \times 6$
Puis les facteurs 4 et 7, on a. . . . . . . $3 \times 2 \times 5 \times 7 \times 4 \times 6$
Puis enfin les facteurs 4 et 6, on a. . . $3 \times 2 \times 5 \times 7 \times 6 \times 4$

Et comme dans ces interversions successives de deux facteurs, on n'a point changé la valeur du produit, le produit de la série finale est bien le même que celui de la première.

67. *Pour multiplier un nombre par le produit de plusieurs facteurs, il suffit de le multiplier successivement par les facteurs de ce produit.*

Ainsi, 30 étant le produit effectué de $2 \times 5 \times 3$, pour multiplier 18 par 30, il suffit de multiplier 18 par 2, puis par 5, puis par 3; autrement dit : $18 \times 30 = 18 \times 2 \times 5 \times 3$.

En effet, d'après le principe précédent :

$$18 \times 30 = 30 \times 18.$$

Or comme, $\qquad 30 = 2 \times 5 \times 3.$

On a par suite : $\qquad 30 \times 18 = 2 \times 5 \times 3 \times 18.$

Ou, intervertissant les facteurs : $18 \times 30 = 18 \times 2 \times 5 \times 3.$

Ce qu'il fallait démontrer.

63. Comment multiplie-t-on plusieurs facteurs entre eux ?

64. Peut-on intervertir l'ordre des facteurs d'un produit, et dans quel but ?

65. Comment multiplie-t-on un nombre par un produit de plusieurs facteurs?

66. Démontrer que dans un produit de deux facteurs on peut, sans changer sa valeur, intervertir l'ordre des facteurs.

Démontrer que dans un produit de trois facteurs on peut intervertir l'ordre des deux derniers.

Démontrer que dans un produit d'un nombre quelconque de facteurs on peut intervertir l'ordre de deux facteurs quelconques.

Démontrer que dans un produit de plusieurs facteurs on peut intervertir à volonté l'ordre des facteurs.

67. Démontrer que pour multiplier un nombre par le produit de plusieurs facteurs, il suffit de le multiplier successivement par les facteurs de ce produit.

Division.

Théorie pratique.

68. *La division est une opération qui a pour but, connaissant un produit et un des deux facteurs qui ont servi à le former, de trouver l'autre facteur.*

Ainsi, diviser 95 par 5, c'est chercher le nombre qui, étant multiplié par 5, a produit 95; ce nombre est 19, car $19 \times 5 = 95$.

En examinant cette expression $5 \times 19 = 95$, on voit que 5 répété 19 fois forme 95, ou que 95 contient 19 fois 5; de là une autre définition de la division.

La division a pour but de chercher combien de fois un nombre en contient un autre.

On voit aussi dans l'expression $5 \times 19 = 95$, que 19 répété 5 fois forme 95, autrement dit que 95 est formé de 5 parties égales à 19; de là une troisième définition :

La division a pour but de partager un nombre en autant de parties égales qu'il y a d'unités dans un autre nombre, et de faire connaître la valeur de ces parties.

Ces trois définitions expliquent les trois usages auxquels sert la division.

Le nombre que l'on divise se nomme *dividende*; celui par lequel on divise se nomme *diviseur*, et le résultat *quotient*.

Ainsi dans l'exemple ci-dessus, 95 est le dividende; 5 le diviseur ; et 19 le quotient.

Mais il n'existe pas toujours un nombre qui, multiplié par le diviseur, reproduise exactement le dividende.

Ainsi, si l'on veut diviser 97 par 5, il n'y a aucun nombre qui, multiplié par 5, reproduise 97, car 19×5 ne donne que 95, et 20×5 donne 100.

Dans ce cas, on prend pour quotient 19, c'est-à-dire le nombre qui, multiplié par le diviseur, donne le produit qui approche le plus du dividende, mais lui restant inférieur ; et les deux unités de différence entre 19×5, ou 95, et 97 forment ce que l'on appelle le *reste*.

En se reportant aux autres définitions de la division, on conçoit du reste fort aisément qu'un nombre peut ne pas en contenir un autre un nombre exact de fois, ou ne pas pouvoir être partagé en un nombre quelconque de parties égales.

69. La division s'indique par le signe — ; au-dessus on écrit le dividende, au-dessous le diviseur, il se prononce *divisé par*.

Ainsi $\dfrac{95}{5}$ signifie que l'on doit diviser 95 par 5, et se lit : 95 *divisé par* 5.

70. Pour faire la division, il est indispensable de savoir par cœur les quotients, au moins de tous les nombres d'un et deux chiffres qui, divisés par les nombres d'un seul, ne donnent qu'un chiffre au quotient.

Ainsi, il faut pouvoir dire de mémoire : 40 divisé par 8 donne 5 pour quotient ; 81 divisé par 9 donne 9, etc.

Ces quotients se trouvent tous dans la table de Pythagore. Il suffit donc de la savoir par cœur ; car, du moment que l'on sait que 7 fois 8 font 56, on sait que 56 divisé par 8 donne 7, et que 56 divisé par 7 donne 8. Quant aux nombres qui, n'ayant pas de quotient exact, ne se trouvent pas dans la table, on divise celui des nombres de la table qui en approche le plus en dessous.

Ainsi, si l'on veut diviser 58 par 7, comme 58 ne contient pas 7 un nombre exact de fois, c'est 56, le plus grand nombre approchant de 58, que l'on divise ; et l'on dit : 58 divisé par 7 donne 8 pour quotient et 2 pour reste.

Pour faciliter l'étude de la division, nous considérerons deux cas :

1er **Cas.** *Le dividende et le diviseur peuvent avoir chacun plusieurs chiffres, mais le quotient ne doit en avoir qu'un seul.*

Ce cas se reconnaîtra toutes les fois qu'ajoutant un 0 à la droite du diviseur, il devient plus grand que le dividende.

Ainsi, diviser 1822 par 729 rentre dans ce cas, car, ajoutant un 0 à 729, il devient 7290 qui est plus grand que 1822.

Cela posé, voici dans ce 1er cas la règle à suivre.

Règle : *On écrit le dividende à la gauche du diviseur, et sur la même ligne ; on tire entre eux un trait horizontal, et un trait vertical sous le diviseur. Le premier chiffre à gauche du dividende peut être plus fort ou plus faible que le premier chiffre à gauche du diviseur ; s'il est plus fort, on le divise par celui-ci ; s'il est plus faible, on prend les deux premiers chiffres à gauche du dividende, et l'on divise le nombre qu'ils forment par le premier chiffre du diviseur. Dans les deux cas, on écrit le quotient trouvé, qui n'est jamais que d'un chiffre, au-dessous du diviseur. Ce nombre peut être le quotient cherché, ou un nombre plus fort ; pour l'essayer, on multiplie le diviseur par ce nombre, et l'on cherche à retrancher le produit du dividende ; si la soustraction est possible, le nombre trouvé est le quotient ; si elle est impossible, on diminue d'une unité le nombre trouvé, et on l'essaye de nouveau. On continue de même, le diminuant de nouveau, s'il le faut, et l'essayant encore, jusqu'à ce que la soustraction devienne possible. Le reste de cette soustraction est le reste de la division.*

Ainsi, soit à diviser 75882 par 9553 ; disposant l'opération de la manière suivante :

$$75882 \mid 9553$$

Comme 7, premier chiffre du dividende, est plus faible que 9, premier chiffre du diviseur, on prend 75, et l'on dit : 75 divisé par 9 donne 8, car 8 fois 9 font 72 ; essayons 8 ; 9553 multiplié par 8 donne 76424, nombre plus fort que

75882, et que l'on ne peut en soustraire ; donc 8 est trop fort, prenons 7 et essayons-le ; 9553 multiplié par 7 donne 66871, que l'on peut soustraire de 75882 ; donc 7 est le chiffre vrai du quotient, et l'opération complète se présente ainsi :

$$\begin{array}{c|c} 75882 & 9553 \\ 66871 & 7 \\ \hline 9011 & \end{array}$$

Le reste est 9011 ; c'est-à-dire qu'il s'en faut de 9011 en plus pour que 75882 soit égal à 9553×7.

2ᵉ Cas : *Le dividende et le diviseur ont un nombre quelconque de chiffres, et le quotient doit en avoir plusieurs.*

Dans ce cas, qui est le plus général, et que l'on reconnaît à ce que, en ajoutant un 0 à la droite du diviseur il est encore plus petit que le dividende, on suit la règle suivante.

Règle : *Les nombres étant disposés comme précédemment, on prend, en les séparant par une virgule placée au-dessus, assez de chiffres à la gauche du dividende pour qu'ils forment un nombre qui contienne le diviseur au moins une fois, et moins de dix. On opère par la règle précédente la division de ce nombre par le diviseur, et le quotient trouvé est le premier chiffre à gauche du quotient cherché. A la droite du reste de cette division, on écrit le chiffre du dividende qui suit immédiatement la virgule, en le marquant lui-même par une autre virgule, et le nombre ainsi formé est un nouveau dividende que l'on divise suivant la règle du 1ᵉʳ Cas par le diviseur. On obtient ainsi le deuxième chiffre du quotient. A droite du reste on abaisse le chiffre du diviseur qui suit la seconde virgule, ce qui forme un nouveau dividende, que l'on divise à son tour, et l'on continue de même, jusqu'à l'entier épuisement des chiffres du dividende ; l'opération est alors terminée.*

Ainsi, soit à diviser 87635 par 522. Ayant constaté que cette division rentre bien dans le 2ᵉ cas, car 5220 est plus petit que 87635, puis ayant disposé l'opération comme ci-contre :

$$
\begin{array}{c|c}
8\,7\,6'3'5 & 5\,2\,2 \\
5\,2\,2 & 1\,6\,7 \\ \hline
3\,5\,4\,3 & \\
3\,1\,3\,2 & \\ \hline
4\,1\,1\,5 & \\
3\,6\,5\,4 & \\ \hline
4\,6\,1 &
\end{array}
$$

On sépare par une virgule le nombre 876, suffisant pour contenir le diviseur 522, puis divisant 876 par 522, on dit : en 8 combien de fois 5, 1 fois, on écrit 1 au quotient, et on l'essaye ; 522×1 donne 522, qui, retranché de 875, donne pour reste 354 ; à côté on abaisse le chiffre 3, qui, au dividende, suit la virgule, et que l'on marque lui-même d'une virgule, on forme ainsi un nouveau dividende partiel, 3543, que l'on divise par 522, en disant : en 35 combien de fois 5, 6 fois, on écrit 6 au quotient à la droite de 1, et on l'essaye ; la soustraction est possible ; $522 \times 6 = 3132$, qui, retranché de 3543, donne pour reste 411, à côté on abaisse le dernier chiffre, 5, du dividende, ce qui donne 4115 que l'on divise par 522, et l'on trouve pour quotient 7, qui, placé à la droite de 6, complète le quotient 167, et donne le reste 461.

71. Il peut arriver par erreur, car en suivant scrupuleusement la règle le cas ne saurait se présenter, que l'on ait mis au quotient un chiffre trop faible ; on le reconnaît à ce que le reste obtenu en essayant ce chiffre est plus fort que le diviseur. Il faut alors augmenter de 1 le quotient, autant de fois que cela sera nécessaire pour que le reste devienne plus petit que le diviseur. Si, néanmoins, cette erreur passait inaperçue, on la reconnaîtrait toujours en cherchant le chiffre suivant, car on trouverait pour ce chiffre ou 10, ou un nombre supérieur à 10, ce qui ne peut être, et avertirait d'avoir à corriger le chiffre précédent.

Quelquefois aussi le dividende partiel formé du reste et du chiffre abaissé est plus petit que le diviseur, et ne saurait être divisé par lui ; en ce cas, on écrit 0 au quotient, puis, considérant ce dividende comme un nouveau reste, on

abaisse le chiffre suivant du dividende général, et l'on continue suivant la règle.

Pour éviter, quand on essaye un chiffre du quotient, d'a-
voir à faire la multiplication, souvent inutile, de tout le diviseur par ce chiffre, il suffit, dans la plupart des cas, de voir
dé tête si le produit des deux premiers chiffres à gauche
du diviseur par ce chiffre peut se retrancher des chiffres du
même ordre du dividende partiel; si cette soustraction est
impossible, on diminue de suite le chiffre du quotient, jusqu'à ce que cette soustraction puisse se faire; on peut alors
opérer complétement et presque à coup sûr.

72. D'après la règle d'opération du 2ᵉ Cas, on voit que le
quotient aura autant de chiffres, plus un, que l'on aura
laissé de chiffres au dividende, à la droite de la première
virgule.

Comme exemple général des principes et remarques précédents, soit à diviser 2453128 par 807, ayant disposé l'opération suivant la règle:

2 4 5 3'1'2'8	8 0 7		2 4 5 3'1 2 8	8 0 7
2 4 2 1	3 0 3 9		1 6 1 4	2
3 2 1 2			8 3 9	
2 4 2 1	(A)			(B)
7 9 1 8				
7 2 6 3				
6 5 5				

On prend quatre chiffres, 2453, pour contenir le diviseur,
et l'on voit que le quotient aura quatre chiffres, car il reste
trois chiffres à droite de la virgule; divisant 2453 par 807,
on trouve 3 pour quotient (voir l'opération A), mais si, crai-
gnant d'avance que 3 soit trop fort, on avait mis 2 au quotient (voir l'opération B), en retranchant de 2453 le produit
1614 de 807 par 2, on trouverait pour reste 839, reste qui,
on le voit, est plus fort que le diviseur, et annonce que 2 est
trop faible. Du reste, si l'on continuait la division sans faire
cette remarque, en abaissant le chiffre 1 et divisant 8391
par 807, on voit que le quotient serait 10, car 8070 peut se
retrancher de 8391. 3 étant le véritable chiffre du quotient

(opération A), faisant la soustraction il reste 32, à sa droite on écrit le chiffre 1, et l'on voit que le nouveau dividende 321 ne peut contenir 807, alors on met 0 au quotient, et abaissant le 2, on divise 3212 par 807, comme si 321 eût été le reste d'une soustraction antérieure. Ici on serait tenté de mettre 4 au quotient, car 32 contient 8 quatre fois, mais en multipliant par la pensée 807 par 4, on voit que 4 fois 7 faisant 28, on aurait à retrancher ce nombre de 12, ce qui est impossible ; on met donc 3 et l'on opère. L'opération s'achève suivant la règle, et donne pour quotient total 3039, et pour reste 655.

75. On emploie généralement pour faire la division une méthode qui abrége un peu les calculs ; elle consiste à faire simultanément la multiplication du diviseur par le quotient et la soustraction de ce produit du dividende partiel. Pour cela :

RÈGLE : *Multipliant par le chiffre obtenu au quotient le premier chiffre du diviseur, on retranche de suite ce produit, sans l'écrire, du premier chiffre du dividende partiel, en augmentant celui-ci du nombre de dizaines nécessaire pour rendre cette soustraction possible, et l'on retient ce nombre de dizaines. Multipliant ensuite le second chiffre du diviseur par le quotient, on y ajoute le nombre de dizaines retenu, et l'on retranche le tout du second chiffre du dividende partiel, en l'augmentant encore du nombre de dizaines nécessaire, que l'on retient pour l'ajouter au produit suivant ; on continue ainsi jusqu'à ce qu'on ait multiplié tout le diviseur et retranché tous les produits.*

Ainsi, soit à diviser 8759 par 237 :

$$\begin{array}{c|c} 8\ 7\ 5'9 & 2\ 3\ 7 \\ \hline 1\ 6\ 4\ 9 & 3\ 6 \\ 2\ 2\ 7 & \end{array}$$

Cherchant le premier chiffre du quotient, on trouve 3 ; on dira alors : 3 fois 7 font 21, ôté de 25, il reste 4, en ajoutant 2 dizaines à 5, premier chiffre du dividende partiel, pour rendre la soustraction possible ; puis on retient 2, et l'on continue, disant : 3 fois 3, 9, et 2 de retenue 11, ôté de 17 reste 6, et je retiens 1 ; 3 fois 2, 6, et 1 de retenue 7, ôté de 8 reste 1. On a évité ainsi, on le voit, d'écrire le produit de 237 par █ et de le retrancher de 875. Abaissant le 9, et cherchant le second chiffre du quotient, on trouve 6; on dira alors: 6 fois 7, 42, ôté de 49 reste 7, et je retiens 4; 6 fois 3, 18, et 4 de retenue 22, ôté de 24 reste 2, et je retiens 2; 6 fois 2, 12, et 2 de retenue 14, ôté de 16 reste 2, etc., etc.

74. Quand on a à diviser un nombre quelconque par un nombre d'un seul chiffre, on peut employer aussi une méthode beaucoup plus expéditive.

RÈGLE : *On divise de tête, en commençant par la gauche, chaque chiffre du dividende par le diviseur, on tient compte du reste de ces divisions en considérant sa valeur relative, et on l'ajoute au chiffre suivant, que l'on divise à son tour par le diviseur, et ainsi de suite pour tous les chiffres.*

Exemple : soit à diviser par cette méthode 6855 par 5.

Dividende.   Quotient.

6855   1371

On dira : en 6 combien de fois 5, une fois, on écrit 1 au quotient, et il reste 1, qui, par rapport à 8, chiffre suivant, vaut 10, donc 10 et 8 font 18 ; en 18 combien de fois 5, 3 fois, que l'on écrit au quotient ; comme 3 fois 5 font 15, il reste 3, qui, par rapport au 5, valent 30 ; en 35 combien de fois 5, 7 fois, on écrit 7, et comme il n'y a pas de reste, en 5 combien de fois 5, une fois, on l'écrit, et le quotient complet est 1371.

75. *La preuve de la multiplication,* que (47) nous avons renvoyée après l'étude de la division, *se fait en divisant le produit par un des facteurs ; si l'opération est exacte on doit retrouver l'autre facteur, et sans reste.*

Exemple : ayant multiplié 273 par 25, on a trouvé 6825: pour voir si ce produit est exact, on divise 6825 par 273, et l'on doit retrouver 25, ou 6825 par 25, et l'on doit retrouver 273.

76. *La preuve de la division se fait par la multiplication. On multiplie le diviseur par le quotient, on ajoute au produit le reste, s'il y en a un, et l'on doit retrouver le dividende.*

Ainsi, ayant divisé 8759 par 237, on a trouvé 36 au quotient, et 227 pour reste ; pour faire la preuve, on multiplie 237 par 36, ce qui donne 8532, on y ajoute 227, et l'on retrouve 8759, ce qui prouve que l'opération est exacte.

Théorie raisonnée.

77. Il résulte de la définition même de la division (68) que le dividende est formé du diviseur multiplié par un certain nombre inconnu, le quotient ; de sorte que, en supposant un quotient de trois chiffres, par exemple, centaines, dizaines et unités, on peut dire que le dividende contient le produit du diviseur par les centaines, le produit du diviseur par les dizaines, le produit du diviseur par les unités de ce quotient. Tout le raisonnement de la division est fondé sur ce principe.

La division des nombres d'un et deux chiffres par ceux d'un seul, lorsque le quotient ne doit avoir qu'un chiffre, se faisant par un procédé matériel, la table [de Pythagore n'a besoin d'aucune démonstration. Il nous reste donc à expliquer seulement les deux autres cas.

1ᵉʳ Cas. Pour faciliter l'intelligence de la démonstration prenons un exemple. Soit 75882 à diviser par 9553.

$$
\begin{array}{r|l}
75882 & 9553 \\
\underline{66871} & 7 \\
9011 &
\end{array}
$$

Le quotient ne doit avoir ici qu'un chiffre, des unités simples, car si on multiplie 9553 par 10, qui est le plus faible des nombres de dizaines, on trouve 95530, nombre plus grand que 75882.

Puisque 75882 est le produit de 9553 par un certain chiffre, 75882 doit contenir les produits des 9 mille, 5 centaines, 5 dizaines, et 3 unités du diviseur par ce chiffre. De ces quatre produits il y en a un seul dont nous pouvons marquer la place dans 75882, c'est le produit des 9 mille par le chiffre du quotient. En effet ce produit, étant le plus grand des quatre, commence à 7, et comme des mille multipliés par des unités donnent au moins des mille, il ne peut pas dépasser le 5, donc il se trouve contenu dans 75 mille, et en divisant 75 par 9 nous pourrons le trouver.

Ainsi s'explique la règle, de prendre le ou les deux premiers chiffres du dividende, et de les diviser par le premier chiffre du diviseur.

Mais 75 ne contient pas seulement le produit ci-dessus, il peut renfermer de plus les mille provenant du produit des 5 centaines du diviseur par le quotient ; opérant sur un nombre plus grand, nous n'aurons donc pas à craindre de trouver un chiffre trop faible, mais nous pourrons le trouver trop fort ; c'est pourquoi, ayant trouvé le quotient de 75 par 9, nous l'essayerons, en multipliant 9553 par ce quotient, et cherchant à soustraire le produit de 75882, ce qui nous donne aussi le reste de la division, c'est-à-dire le nombre étranger qui était ajouté aux quatre produits formant 75882.

78. 2ᵉ Cas. Prenons un exemple, soit à diviser 87685 par 522 :

$$
\begin{array}{r|l}
87685 & 522 \\
\cline{2-2}
52200 & 167 \\
\hline
35485 & \\
31320 & \\
\hline
4165 & \\
3654 & \\
\hline
511 &
\end{array}
$$

Ici nous savons seulement que le quotient doit avoir plusieurs chiffres, car 522, multiplié par 10, la plus faible des dizaines, donne 5220, nombre plus petit que 87685.

Pour trouver une chose, il y a deux conditions préalables, savoir : 1° quelle chose l'on cherche ; 2° où l'on doit la chercher. Occupons-nous donc de savoir d'abord quelles espèces d'unités nous aurons à chercher, ce qui nous fera connaître aussi combien le quotient aura de chiffres, et ensuite nous chercherons dans quelles parties de 87685 nous pourrons les trouver.

Multiplions 522 successivement par 10, 100, 1000, etc., ce qui, nous le savons, se fait en lui ajoutant un, deux, trois zéros, nous obtiendrons les produits 5220, 52200, 522000. Les deux premiers étant inférieurs à 87685, nous montrent que le quotient aura des dizaines et des centaines, mais le troisième étant plus grand que 87685, nous prouve que le quotient n'aura même pas une unité de mille ; donc il aura seulement des centaines, des dizaines et des unités. Dès lors nous savons que 87685 contient les produits de 522 par les centaines, de 522 par les dizaines, de 522 par les unités du quotient ; de ces trois produits il n'y a que le premier (522 par les centaines) dont nous puissions trouver la place ; il est le plus grand des trois, donc il commence au 8, et comme les 2 unités de 522, multipliées par des centaines, n'ont pu donner moins que des centaines, il ne peut pas dépasser le 6 : il est donc contenu dans 876, et pour le trouver nous sommes conduit à diviser 876 par 522. Ainsi s'explique la partie de la règle qui dit de prendre à la gauche du dividende autant de chiffres qu'il en faut pour contenir le diviseur. Mais 876 ne contient pas seulement le produit ci-dessus, il contient encore les centaines, les mille, etc., provenant des deux autres produits ; ce nombre 876 étant trop grand, nous ne pouvons donc craindre de trouver au quotient un chiffre trop faible ; nous ne pouvons craindre non plus de le trouver trop fort, car, en définitive, nous ne divisons ici que 87600 et non 87685, nous ne pouvons donc craindre que le plus petit des deux nombres divisé par 522 donne un quotient plus fort que le plus grand divisé aussi par 522.

Faisant, suivant la règle du 1er cas, la division de 876 par 522, on trouve au quotient le chiffre 1, qui en formera les centaines, cet 1 est 100 en réalité.

Cherchons maintenant les dizaines, pour cela commençons par nous défaire de la partie qui vient de nous servir, et nous est désormais inutile ; c'est pourquoi, faisant le produit de 522 par 1 *centaine*, nous le retranchons de 87685. Ce produit écrit en entier, en tenant compte de sa valeur relative, est 52200 qui, retranché du dividende tout entier, donne pour reste 35485.

Dans ce nombre se trouvent maintenant les deux produits de 522 par les dizaines, et de 522 par les unités du quotient ; le premier des deux ayant au moins des dizaines, commence au 3, et ne peut dépasser le 8, donc 3548 contient le produit de 522 par les dizaines du quotient, et nous les trouverons en divisant 3548 par 522. Ceci explique pourquoi la règle dit de descendre à côté du reste le premier chiffre après la virgule, et de former du tout un nouveau dividende. On démontrerait comme précédemment que cette division ne peut donner ni un chiffre trop faible ni un chiffre trop fort ; le chiffre 6 que l'on trouve est donc le véritable.

Pour chercher les unités, comme ci-dessus, nous commencerons par retrancher la partie qui vient de nous servir, savoir le produit de 522 par 6 *dizaines* ou 31320, qui, soustrait de 35485, donne pour reste 4165, expliquant ainsi pourquoi la règle dit de descendre le 5 à côté du reste. Le nombre 4165 étant le produit de 522 par les unités du quotient, on trouve ces unités en divisant 4165 par 522, et en retranchant de 4165 le produit 3654 de 522 par 7, on obtient le reste final 511.

79. Des raisonnements qui précèdent il est facile de déduire pourquoi, si par erreur on a mis au quotient un chiffre trop faible, le reste est plus fort que le diviseur. En effet, chaque dividende partiel, on le voit, est le produit du diviseur par un chiffre du quotient, produit augmenté même d'un certain nombre provenant des autres parties ; si donc un de ces produits renferme, par exemple, 8 fois le diviseur, et qu'au quotient on n'ait mis que 7, quand ensuite on retranchera de ce dividende 7 fois le diviseur, il restera le nombre qu'il y avait déjà en plus et une fois le diviseur, c'est-à-dire un nombre plus grand que celui-ci. De même, si un dividende partiel est plus faible que le diviseur, c'est que l'espèce d'unité correspondante manque au quotient, on doit donc la remplacer par un zéro, et chercher le chiffre suivant.

80. La méthode abrégée de division s'explique aisément, en ce qu'elle a de différent de la méthode générale, c'est-à-dire dans la manière de faire les multiplications et les soustractions à chaque chiffre trouvé au quotient. En effet, la multiplication du diviseur par le quotient se fait bien d'après la règle commune, car l'on multiplie tous les chiffres du diviseur par le chiffre du quotient, donc le produit est exact. La soustraction se fait aussi exactement, car si l'on ajoute par exemple au chiffre des unités du nombre supérieur 5 ou 6 dizaines, ce qui l'augmente de 50 ou 60 unités simples, au moyen de la retenue on ajoute au chiffre des dizaines du nombre inférieur 5 ou 6 unités de l'espèce de ce chiffre, c'est-à-dire qu'on l'augmente aussi de 50 ou 60 unités simples, ces deux nombres étant augmentés tous deux de la même quantité le reste ne change pas.

81. La preuve de la multiplication est une conséquence de la définition de la division ; si en effet le nombre obtenu est bien le produit *exact* du multiplicande par le multiplicateur, en supposant un des deux facteurs inconnu, et le cherchant par la division du produit par l'autre facteur, on doit le retrouver exactement.

82. La preuve de la division est une conséquence immédiate de la définition de la division. Puisque le quotient cherché est le nombre qui, en multipliant le diviseur, doit reproduire le dividende, si le nombre trouvé pour quotient est exact, il doit remplir exactement cette condition, en tenant toutefois compte du reste.

QUESTIONNAIRE.

68. Qu'est-ce que la division ? Comment peut-on encore la définir ?

Quels noms donne-t-on aux nombres employés dans la division ?

Qu'est-ce que le reste, d'où provient-il ?

69. Quel est le signe de la division ?

70. Comment fait-on la division ? dans le premier cas, dans le second cas ?

71. Comment reconnaît-on qu'un chiffre mis au quotient est trop faible ?

Comment opère-t-on si un dividende partiel est plus petit que le diviseur ?

72. Combien y a-t-il de chiffres au quotient ?

73. Comment abrége-t-on la division ?

74. Comment divise-t-on par un nombre d'un seul chiffre ?

75. Comment se fait la preuve de la multiplication ?

76. Comment se fait la preuve de la division ?

77. Comment le dividende est-il formé par le diviseur et le quotient ?

Expliquez le premier cas de la division.

78. Expliquez le deuxième cas.

79. Expliquez comment on reconnaît qu'un chiffre du quotient est trop faible.

80. Expliquez la méthode abrégée.

81. Expliquez la preuve de la multiplication.

82. Expliquez la preuve de la division.

Exercices pratiques.

Diviser :			Diviser :		
	9857 par	2589		1565809 par	88967
	12763	6875	10.	98532	768
	98654	18667		189637	999
	1296358	978952		9897959	7278
5.	90008000	988956		90000000	1897
	68973	4321		56387529	4891
	129875	9878	15.	2678192357	7982
	985000	28763			

J'ai 44360 pieds d'arbres à planter en 188 rangées ; combien y aura-t-il d'arbres dans chaque ?

Par quel nombre faut-il multiplier 106 pour obtenir 333264 ?

Combien y a-t-il de minutes dans 7200 secondes, et combien d'heures dans le nombre de minutes trouvé, sachant qu'il y a 60 minutes dans une heure et 60 secondes dans une minute ?

Un chapeau coûte 34 francs ; combien en aura-t-on pour 4080 francs ?

20. On distribue 244976 oranges dans 122 caisses ; combien y aura-t-il d'oranges par caisse ?

J'ai 112 pauvres à ma porte, je veux leur distribuer 2800 sous ; combien chacun en aura-t-il ?

Je dépense 4380 francs par an ; combien cela fait-il de dépense par jour ?

J'ai 32 ans ; depuis ma naissance, j'ai dépensé 292000 francs, combien cela fait-il de dépense : 1° par an ; 2° par jour, l'année ayant 365 jours ?

J'ai dans ma maison 28 colonnes de briques. Pour les construire, j'ai acheté 56056 briques ; combien y en a-t-il dans chaque colonne ?

25. 15 ouvriers travaillant 35 jours ont fait 43050 mètres d'ouvrage ; combien en font-ils par jour, et combien en fait un ouvrier ?

On voudrait partager un ruban long de 59134635 mètres en 1589 parties égales ; quelle sera la longueur d'une de ces parties ?

Un homme possède 1462285 francs en actions de chemins de fer ; il y en a 291 ; quelle est la valeur d'une action ?

J'ai fait avec 52000 graines des paquets en contenant chacun 65 ; combien ai-je de paquets ?

Chaque grain de blé semé produit 45 graines ; combien faudra-t-il en semer pour en récolter 14400 ?

30. 16 jeunes gens ont dépensé dans une partie, à frais communs, 1312 francs ; combien chacun doit-il payer ?

Exercices sur les quatre règles.

J'ai 2620 francs d'appointements, 1327 francs de rente ; je viens d'hériter de 728 francs de rente d'un côté, et de 800 francs de l'autre ; combien puis-je dépenser par jour ?

Sur l'espace de 270 pas, j'ai disposé, de 15 en 15 pas, deux cailloux, un de chaque côté de la route ; combien en ai-je placé en tout ?

J'ai planté : 1° 28 rangées d'arbres, chacune en contient 12 ; 2° 16 rangées de 13 arbres ; 3° 5 rangées de 9 arbres ; le tout m'a coûté 1734 francs ; à combien me revient chaque arbre ?

Un maître de pension a 135 élèves, dont les grands payent 1700 francs, et les petits 1100 ; il a reçu dans l'année 79200 francs des petits ; combien y a-t-il de grands, et combien a-t-il dû recevoir pour ceux-ci ?

35. J'ai acheté 360 caisses de fruits ; les revendant de manière à gagner 18 francs par caisse, j'ai reçu 20880 francs ; combien m'avait coûté une caisse ?

Un père laisse en mourant 30000 francs à chacun de ses fils, qui sont 4 ; 5000 francs de moins à chacune de ses filles, qui sont 5, et 60000 francs aux pauvres ; quelle est sa fortune totale ?

J'ai dans mon magasin des balles de drap ; 25 contiennent 120 pièces chacune, et 13 en contiennent 90 ; il y en a en tout pour 3248320 francs ; quel est le prix d'une pièce ?

Un échiquier a 64 cases ; moitié sont noires, moitié sont blanches ; sur chaque case blanche j'ai mis 14 pièces de 5 francs, sur chaque case noire 14 pièces de 20 francs ; combien y a-t-il en tout, et combien aurait-il fallu mettre de pièces de 1 franc sur chaque case pour qu'il y en eût autant sur chaque, et la même somme en tout ?

Un maître donne chaque mois, à chaque élève, 30 feuilles de papier ; il n'en a que 3625, il lui en manque 125 ; combien a-t-il d'élèves ?

40. Si je veux donner 2 sous à chacun de mes enfants, il me manque 1 sou ; si je ne donne que 1 sou à chacun, il me reste 6 sous ; combien ai-je d'enfants et de sous ?

Je vous poursuis ; vous avez sur moi 408 pas d'avance, mais mes pas sont 9 fois plus grands que les vôtres ; combien dois-je faire de pas pour vous atteindre ?

3.

J'ai dans les deux mains un certain nombre de jetons ; dans la droite, il y en a 3 fois plus que dans la gauche, et si j'en fais passer 3 de la droite dans la gauche, il y en a autant dans les deux mains ; combien ai-je de jetons, et combien y en a-t-il dans chaque main ?

Une femme a vendu la moitié de ses poulets, puis la moitié de ce qui lui restait, puis encore la moitié du second reste, puis encore 28 poulets, et il lui en reste 3 ; combien en avait-elle ?

J'ai le triple de votre âge, et si nous ajoutons nos deux âges cela fera 60 ans ; quel âge avons-nous chacun ?

45. J'ai trois enfants, qui ont 1, 2 et 3 ans, je veux leur partager 2100 francs, de telle façon que celui qui a 2 ans ait deux fois autant que celui qui n'a qu'un an, et celui de 3 ans trois fois autant que celui d'un an ; quelle sera la part de chaque enfant ?

Exercices raisonnés.

1. Pourquoi commence-t-on la division par la droite ?

2. Pourquoi commence-t-on par chercher les plus hautes unités du quotient et non les unités simples ?

3. Le reste final d'une division peut-il être égal au diviseur ou plus grand que lui ?

4. Comment peut-on diviser immédiatement par 10, 100, 1000, etc., un nombre terminé par des zéros ?

5. Comment dans un problème reconnaît-on celui des deux nombres qui doit être le dividende ?

6. Dans une division on a mis au quotient un chiffre trop faible de deux unités, de combien au moins le reste sera-t-il trop fort ?

7. Dans la preuve d'une division exacte on écrit au multiplicateur, qui était le quotient, 3 au lieu de 5, au chiffre des dizaines ; quelle sera la différence entre le produit obtenu et le dividende ?

8. A un dividende on ajoute 80 fois le diviseur ; de combien le nouveau quotient différera-t-il de l'ancien ?

9. Si l'on divise le dividende par le quotient, quel doit être le quotient de cette seconde division ?

10. Ne peut-on pas faire une division par des soustractions successives ?

11. Dans ce cas, par quoi le quotient sera-t-il exprimé ?

12. Deux nombres divisés l'un par l'autre donnent un certain quotient et un reste, quel changement faut-il faire subir au dividende pour que, le quotient restant le même, il n'y ait pas de

reste, et pour qu'il n'y ait pas de reste, le quotient étant augmenté d'une unité?

13. On ne sait faire que la multiplication, pourrait-on cependant trouver le quotient de deux nombres?

14. Deux nombres que j'ai à diviser doivent me donner pour quotient 21, pourtant je ne trouve que 11, c'est que j'ai mal écrit le dividende; puis-je le corriger et comment?

15. Un nombre en contient un second 7 fois, un troisième nombre contient le second 20 fois; multipliant le premier par le troisième, je divise le produit par le second, quel sera le quotient?

PRINCIPES SUR LA DIVISION.

Théorie pratique.

83. Si l'on multiplie ou si l'on divise le dividende et le diviseur d'une division par un même nombre, le quotient ne change pas, mais le reste est multiplié ou divisé par ce nombre.

Ainsi 23 divisé par 5 donne pour quotient 4, et pour reste 3; si l'on multiplie le dividende et le diviseur par 2, ils deviennent 46 et 10, leur quotient est encore 4, mais le reste est 6, ou 3×2.

Ce principe est fréquemment utile pour simplifier la division, surtout dans le cas où le dividende et le diviseur sont terminés par des zéros. On peut alors supprimer tous les zéros de celui des deux qui en a le moins, en effacer autant à l'autre, le quotient ne sera point altéré.

Ainsi, pour diviser 2900000 par 80000, il suffira de diviser 290 par 8, en effaçant quatre zéros à chacun des deux nombres; mais si l'on voulait avoir le véritable reste, il faudrait rétablir à la droite du reste trouvé les quatre zéros supprimés. Dans cet exemple le reste trouvé est 2, le véritable reste serait 20000.

84. Il peut arriver que l'on ait à diviser un nombre successivement par plusieurs autres; c'est-à-dire, le nombre donné par le premier de ces nombres, puis le quotient par le nombre suivant, et ainsi de suite; il suffit, dans ce cas, de faire le produit de tous ces diviseurs, et de diviser le nombre donné par ce produit.

Ainsi, pour diviser 360 par 3, puis par 4, puis par 6, on fera le produit $3 \times 4 \times 6$, ou 72, et l'on divisera 360 par 72, le quotient 5 sera le même que si l'on eût fait les divisions successives.

Il faut, suivant le cas, choisir celui des deux procédés qui paraît le plus expéditif.

85. Il peut aussi arriver que, ayant plusieurs nombres à multiplier entre eux, on sache que leur produit devra ensuite être divisé par un autre nombre; dans ce cas, il suffit de diviser par ce nombre un seul des facteurs du produit à effectuer; faisant ensuite la multiplication, le produit trouvé sera le résultat demandé.

Ainsi, on a à faire le produit de $8 \times 12 \times 7 \times 5$, et ce produit doit être divisé par 6, il suffira de diviser 12 par 6, et de le remplacer dans le produit par le quotient 2; le nouveau produit $8 \times 2 \times 7 \times 5$, sera le quotient demandé.

L'emploi de ce principe simplifie beaucoup, on le voit, il dispense d'une longue division, et rend la multiplication plus aisée, mais on ne doit l'utiliser dans le calcul que lorsque l'un des facteurs est exactement divisible sans reste par le nombre donné, sans cela ce serait introduire une cause d'erreur.

Théorie raisonnée.

86. *Quand on multiplie ou divise par un même nombre le dividende et le diviseur, le quotient ne change pas, mais le reste est multiplié ou divisé par ce nombre.*

En effet, supposons que l'on ait divisé 43 par 8, on obtient 5 pour quotient et 3 pour reste; c'est-à-dire que 43 est formé de 5 parties égales à 8, plus une partie étrangère 3, on peut donc écrire :

$$43 = 8 + 8 + 8 + 8 + 8 + 3$$

Supposons que l'on multiplie 43 par 4, il suffira pour cela, de multiplier par 4 toutes les parties de 43 ; on aura donc :

$$43 \times 4 = (8 \times 4) + (8 \times 4) + (8 \times 4) + (8 \times 4) + (8 \times 4) + (3 \times 4)$$

Or si l'on multiplie par le même nombre 4 le diviseur 8, on

voit que le nouveau dividende 43×4 contient encore 5 fois
le nouveau diviseur 8×4, plus une partie étrangère ou reste
3×4. Car comme le premier reste 3 était plus petit que le
premier diviseur 8, le nouveau reste 3×4 sera toujours plus
petit que le nouveau diviseur 8×4, et ne pourra pas augmenter le quotient.

87. *Diviser un nombre successivement par plusieurs autres revient à le diviser par leur produit.*

Soit à diviser 720 par 3, puis par 4, puis par 5, je dis
qu'il suffira de diviser 720 par le produit effectué 3×4×5
ou 60.

En effet, diviser 720 par 3, c'est le partager en trois parties égales; diviser le quotient, c'est-à-dire une de ces parties par 4, c'est le partager en 4 parties égales, et 720 contiendra 12 de ces parties, puisqu'il y en aurait 4 dans chacune des 3 précédentes. Diviser ensuite une de ces parties
par 5, c'est la partager en 5 parties égales, et 720 contiendra 12×5 ou 60 de ces nouvelles parties ; donc pour trouver directement la valeur d'une de ces dernières parties, il
eût suffi de diviser 720 par 60, produit effectué de 3 par 4
et par 5.

88. *Pour diviser un produit de plusieurs facteurs par
un nombre, il suffit de diviser un de ces facteurs par ce
nombre.*

Soit à diviser le produit 12×5×7 par 4, je dis qu'il suffira
de diviser un de ces facteurs, 12, par exemple, par 4, et
qu'en effectuant le nouveau produit 3×5×7 on aura le
même résultat qu'en divisant par 4, 420, produit effectué
de 12×5×7.

En effet, diviser 420 par 4, c'est chercher un nombre qui
soit 4 fois plus petit que 420; or si dans le produit 12×5,
nous rendons le facteur 12 4 fois plus petit, le produit 3×5
sera 4 fois plus petit que 12×5, puisqu'il sera formé de 5 répété
4 fois moins de fois, le produit de 3×5 par 7 sera, par la même
raison, 4 fois plus petit que celui de 12×5 par 7 ; donc le
résultat sera bien 4 fois plus petit que 420, c'est-à-dire le
quotient cherché de 420, ou 12×5×7, divisé par 4.

83. Peut-on, sans changer le produit, multiplier ou diviser les deux termes d'une division par le même nombre?

84. Comment divise-t-on un nombre par plusieurs autres?

85. Comment divise-t-on par un nombre un produit de plusieurs facteurs?

86. Démontrer que quand on multiplie ou on divise par un même nombre le dividende et le diviseur, le quotient ne change pas, mais que le reste est multiplié ou divisé par ce même nombre.

87. Démontrer que diviser un nombre successivement par plusieurs facteurs revient à le diviser par leur produit.

88. Démontrer que pour diviser un produit de plusieurs facteurs par un nombre, il suffit de diviser un de ces facteurs par ce nombre.

CHAPITRE IV.

APPENDICE AUX QUATRE RÈGLES.

NOTA. — Nous avons cru devoir réunir dans un chapitre supplémentaire, à la suite des quatre opérations de l'arithmétique, diverses méthodes employées quelquefois, et certaines questions utiles à connaître, soit comme questions d'examen, soit comme particulièrement propres à élucider quelques points des chapitres précédents. Nous aurions craint, en plaçant ces théories dans ceux de ces chapitres qui leur correspondent, d'accroître sans profit le labeur des élèves, en leur enseignant de prime abord plusieurs méthodes pour faire une même opération, puis de fatiguer leur intelligence en les entraînant, dès les premiers pas, dans des considérations, utiles il est vrai, mais dont la théorie élémentaire peut se dispenser.

Addition.

(a) L'addition, avons-nous dit en expliquant cette opération, se commence par la droite; tel est, en effet, le mode d'opération le plus rationnel et le plus aisé; mais l'opération n'en est pas moins possible en commençant par la gauche, elle est seulement plus compliquée.

Dans le cas où aucune des additions partielles ne donne de retenue, rien n'est plus simple, l'addition se fait alors comme par la droite.

Ainsi, pour additionner : 121, 31 et 846,

$$\begin{array}{r} 121 \\ 31 \\ 846 \\ \hline 998 \end{array}$$

on dira : 1 et 8, 9 ; 2 et 3, 5, et 4, 9 ; 1 et 1, 2, et 6, 8, et posant chaque somme partielle sous la colonne correspondante, on trouve la somme 998.

Mais si les sommes partielles donnent des retenues, comme chaque retenue devrait s'ajouter à la somme précédemment écrite, car elle est formée d'unités de la même espèce, il faudrait effacer celle-ci, y ajouter la retenue, la récrire, et recommencer de même à chaque nouvelle addition partielle. On opère en ce cas d'après la règle suivante :

RÈGLE : *Pour faire l'addition par la gauche, on fait la somme de chaque colonne, et dans chaque somme partielle, on n'écrit au-dessous que les dizaines, s'il y en a, en les reculant d'un rang vers la gauche ; quant aux unités, on les retient pour les ajouter à la somme suivante, en tenant compte de leur valeur relative, c'est-à-dire en les multipliant par 10 avant de les ajouter.*

Exemple : Soit à additionner les nombres 2852, 9746, 1865, 9933.

L'opération étant disposée de la manière suivante :

$$
\begin{array}{r}
2852 \\
9746 \\
1865 \\
9933 \\
\hline
24396
\end{array}
$$

On additionne la première colonne de gauche, qui donne 21 pour somme, on n'écrit que les 2 dizaines en les plaçant à un rang à la gauche de la colonne correspondante, et l'on retient 1, qui, par rapport à la colonne suivante, vaut 10 ; on dit alors 10 et 8, 18, et 7, 25, et 8, 33, et 9, 42 ; on écrit 4, et l'on retient 2, qui vaut 20, on l'ajoute à la colonne suivante, et ainsi de suite jusqu'à la fin.

A la rigueur, on le voit, cette façon d'opérer est aussi simple que l'addition par la droite ; néanmoins il y a un cas qui fait que l'on doit toujours donner la préférence à celle-là, c'est quand une des sommes partielles atteint ou dépasse 100, car alors pour écrire un nombre de dizaines de deux chiffres, on est obligé d'effacer un chiffre déjà écrit, d'y ajouter l'unité correspondante de la nouvelle somme, et de récrire le tout.

(*b*) L'addition par la gauche donne un moyen assez employé de faire la preuve de l'opération.

RÈGLE : *Pour faire la preuve de l'addition, on recommence l'opération par la gauche, et l'on retranche chaque somme partielle, à mesure qu'on la trouve, de la partie correspondante de la somme déjà trouvée ; le reste de chacune de ces soustractions partielles est ajouté, en tenant compte de sa valeur relative, au chiffre suivant de la somme à vérifier, et forme le nombre nécessaire à la soustraction suivante : si l'opération est exacte, le dernier reste doit être 0.*

Exemple : Ayant fait de la manière ordinaire l'addition suivante :

$$\begin{array}{r} 543 \\ 122 \\ 431 \\ 235 \\ \hline 1331 \end{array}$$

si l'on veut vérifier l'exactitude de la somme 1331, additionnant la première colonne à gauche, qui donne 12, on retranche 12 de 13, il reste 1, qui avec le 3 suivant fait 13 ; additionnant la deuxième colonne, dont la somme est 12, on la retranche de 13, le reste est 1, qui fait 11 avec le chiffre suivant ; la troisième colonne donne 11, qui, retranché de 11, donne 0 pour reste, et vérifie l'opération.

(*c*) La preuve de l'addition peut se faire par une autre méthode que celle indiquée n° 32, et cette seconde méthode est quelquefois préférée, comme donnant une probabilité plus grande.

RÈGLE : *Pour faire la preuve de l'addition, on sépare des autres, en le barrant, le premier, ou un quelconque des nombres donnés ; on fait la somme de tous les autres, puis on soustrait cette somme de la somme générale trouvée ; la différence, si l'opération est exacte, doit être égale au nombre barré.*

Ainsi, ayant additionné les nombres 17895, 3422, 25327, 18900, on a trouvé pour somme 65544 ; si l'on veut faire la preuve de cette opération, le calcul étant disposé comme ci-dessous :

17895

3422
25327
18900

65544 Somme totale.

47649 Somme partielle.

17895 Différence.

on laisse de côté le nombre 17895, ou tout autre nombre à volonté, on additionne les trois autres, ce qui donne pour total 47649 ; on soustrait cette somme de la somme primitive 65544, et le reste, 17895, identique au nombre négligé, démontre l'exactitude de l'opération.

Pour lui donner encore plus de probabilité, on peut, en faisant la seconde addition, opérer en sens inverse de la première, c'est-à-dire de bas en haut.

Quant à la démonstration de cette preuve, rien n'est plus simple : il est évident, en effet, que la différence entre la somme de quatre nombres et la somme de trois de ces mêmes nombres doit être égale au quatrième de ces nombres.

Soustraction.

(d) La méthode que nous avons donnée, n° 38, pour faire la soustraction, dans le cas d'un chiffre inférieur plus grand que le supérieur correspondant, n'est pas la seule que l'on puisse employer. On fait usage fréquemment d'une autre, dite méthode des emprunts.

RÈGLE : *Pour faire la soustraction dans le cas d'un chiffre du nombre inférieur plus grand que son correspondant du nombre supérieur, on emprunte une unité au chiffre suivant du nombre supérieur, c'est-à-dire on le diminue de 1 par la pensée, et l'on ajoute 10 au chiffre sur lequel on opère, ce qui rend la soustraction toujours possible. A la soustraction partielle suivante, on a soin de se souvenir que le chiffre supérieur est diminué d'une unité. Si sur la gauche du chiffre trop faible du nombre supérieur se trouvaient un ou plusieurs zéros, c'est sur le premier chiffre significatif à leur gauche que se fait l'emprunt d'une unité, et alors chaque zéro doit être considéré comme changé en 9.*

Exemple : Soit à soustraire 582645 de 700483. L'opération étant disposée comme d'habitude :

$$
\begin{array}{r}
700483 \\
582645 \\
\hline
117838
\end{array}
$$

on dira : ôter 5 de 3, ne se peut, j'emprunte 1 sur le 8; cet 1 vaut 10 par rapport au 3, sur lequel je le porte, alors 5 ôté de 13 reste 8; puis 4 ôté de 7, reste 3; de même, ôter 6 de 4, ne se peut; comme les chiffres à gauche sont des zéros, c'est sur le 7, premier chiffre significatif qui les suit, que j'emprunte l'unité qui est nécessaire, et l'on dira 6 ôté de 14, reste 8; puis, considérant chaque zéro comme un 9, 2 ôté de 9, reste 7; 8 ôté de 9 reste 1, et enfin 5 ôté de 6, reste 1. Le reste cherché est 117838.

Cette règle se démontre de la manière suivante; considérons l'exemple précédent :

Pour avoir la possibilité de soustraire 5 de 3, on diminue 8 de 1 et l'on augmente 3 de 10; or, en diminuant 8 de 1, on a diminué le nombre total d'une dizaine, ou de 10 unités simples, mais en augmentant de 10 le chiffre 3, on rend au nombre total l'équivalent de l'emprunt, donc on ne change pas sa valeur réelle, donc le reste sera exact. De même pour parvenir à ôter 6 de 4, on ne peut emprunter sur le chiffre suivant, qui est 0, et en empruntant 1 sur le 7, comme celui-ci exprime des unités mille fois plus fortes que celles qu'exprime le chiffre 4, pour restituer au nombre total ce qu'on lui a emprunté, il faudrait ajouter 1000 à 4; or il ne nous faut que 10; mais supposons que cette unité prise au 7 soit reportée sur le premier zéro à sa droite, ce zéro deviendra 10, empruntons une unité à ce 10, il reste 9, et cette unité reportée sur le zéro à droite, celui-ci devient 10 à son tour, sur ce 10 empruntons une unité, il reste 9, et cette unité portée sur le 4 le change en 14, ce qui rend la soustraction possible, et le reste exact, car si d'un côté nous avons emprunté au nombre une unité de centaines de mille, ou **100000**, d'un autre nous lui avons rendu :

1° Sur le 4, 10 unités de son rang, ou 10 centaines, ou   **1000**
2° Sur le 1ᵉʳ 0, 9 unités de son rang, ou 9 mille, ou. .   **9000**
3° Sur le 2ᵉ 0, 9 unités de son rang, ou 9 dix-mille, ou   **90000**
Total égal à l'emprunt. . . ̄**100000**

On voit donc que dans ces transformations successives le nombre n'a pas changé de valeur, ses unités sont autrement distribuées, mais elles sont toujours en même nombre, donc le reste obtenu est exact.

(e) De même que l'addition, la soustraction peut se faire par la gauche, mais moins rapidement.

Si tous les chiffres du nombre inférieur sont plus faibles que leurs correspondants du nombre supérieur, rien n'est plus simple, on fait chaque soustraction partielle à son tour, et l'on écrit le résultat au-dessous.

Mais si quelques chiffres du nombre inférieur sont plus grands que leurs correspondants du nombre supérieur, on suit la règle que voici :

RÈGLE : *Pour faire la soustraction par la gauche, on retranche successivement chaque chiffre de son correspondant ; si la soustraction est possible, on écrit le résultat au-dessous : si elle est impossible, on augmente de 10 le chiffre supérieur, ce qui la rend toujours possible, on écrit au-dessous le résultat trouvé, mais on écrit 1 au-dessous du chiffre précédent du reste. La première opération terminée, on retranche du reste trouvé le nombre formé par les 1 écrits au-dessous, et dans la position où ils se trouvent, ce qui se fait sans difficulté et donne le résultat définitif.*

Exemple : Soit à soustraire par la gauche 6425 de 9613. Ayant disposé l'opération de la manière suivante :

$$\begin{array}{r} 9613 \\ 6425 \\ \hline 3298 \\ 11 \\ \hline 3188 \end{array}$$

on dira 6 ôté de 9, reste 3 ; 4 ôté de 6 reste 2 ; 2 ôté de 11 reste 9 ; on écrit 9 à la droite de 32, mais au-dessous de 2 on écrit 1 ; puis 5 ôté de 13, reste 8 ; on écrit 8 à la droite de 329 et 1 au-dessous de 9 ; maintenant retranchant de 3298 le nombre 11, disposé comme il l'est, on trouve le reste définitif 3188.

Pour démontrer cette manière d'opérer, il suffit de remarquer qu'en retranchant 2 de 11, et non de 1, on augmente le nombre supérieur, et par suite le reste, de 10 unités de dizaines, ou de une unité de centaine ; qu'en retranchant 5 de 13, et non de 3, on augmente le nombre supérieur, et par suite le reste, de 10 unités simples, ou de une dizaine ; donc, pour que le reste soit exact, il suffit d'en retrancher une centaine et une dizaine, ou 100 et 10 ou 110, précisément ce que l'on fait en en retranchant le nombre 11 de la manière dont il est écrit.

(*f*) La preuve de la soustraction peut aussi se faire par la soustraction, voici comment :

Règle : *Pour faire la preuve de la soustraction, on retranche du nombre supérieur le reste trouvé ; si l'opération primitive est exacte, on doit retrouver le nombre inférieur.*

Exemple : Ayant soustrait 2337 de 6558, on a trouvé pour reste 4221 ; si l'on veut vérifier par la soustraction l'exactitude de ce reste, on le retranche de 6558, et le nouveau reste 2337 que l'on trouve atteste la régularité de l'opération. L'opération se présente ainsi :

$$
\begin{array}{r}
6558 \\
2337 \\
\hline
4221 \\
\hline
2337
\end{array}
$$

En effet, 6558 peut être considéré comme formé de deux parties, l'une 2337, l'autre le reste 4221 ; si donc l'on retranche de 6558 une de ces deux parties, 4221, on doit retrouver l'autre 2337.

Multiplication.

La règle ordinaire, n° 47, veut que la multiplication se fasse en commençant par la droite des deux facteurs, mais il est également possible, quoique bien moins expéditif, de la faire par la gauche, soit d'un seul facteur, soit des deux facteurs à la fois. Nous examinerons successivement ces trois cas.

(*g*) 1ᵉʳ CAS. *Multiplication par la gauche du multiplicateur*.

La règle déjà donnée nᵒ 47 suffit dans ce cas, seulement les produits partiels se trouvent disposés en sens inverse.

Exemple : Soit à multiplier, par la gauche du multiplicateur, 2354 par 234.

En suivant la règle connue, on multiplie successivement 2354 d'abord par 2, puis par 3, puis par 4. On dispose chaque produit partiel de manière que ses unités simples soient sous le chiffre du multiplicateur qui a servi à le former, et l'opération se présente ainsi :

$$
\begin{array}{r}
2354 \\
234 \\
\hline
4708 \\
7062 \\
9416 \\
\hline
550836
\end{array}
$$

Puis faisant la somme des produits partiels, on trouve le produit total 550836, identique à celui que l'on obtiendrait en opérant par la droite du multiplicateur, car les produits partiels sont les mêmes, et leurs unités diverses sont disposées dans les mêmes colonnes ; il n'y a de changé que l'ordre des nombres à additionner, ce qui, on le sait, n'altère pas la somme.

(*h*) 2ᵉ CAS. *Multiplication par la gauche du multiplicande*.

Ici la règle connue n'est plus applicable, voici la règle à suivre.

RÈGLE : *Pour multiplier un nombre par un autre, en commençant par la gauche du multiplicande, on multiplie successivement tous les chiffres du multiplicande par chaque chiffre du multiplicateur, et dans chaque produit on n'écrit que les dizaines, s'il y en a, en retenant les unités pour les ajouter, d'après leur valeur relative, au produit suivant ; il ne reste plus qu'à disposer les produits partiels ainsi obtenus les uns au-dessous des autres, d'après l'ordre de leurs unités, et à en faire l'addition.*

(i) **3ᵉ Cᴀs.** *Multiplication par la gauche des deux facteurs.*

La règle du 2ᵉ cas est aussi applicable au 3ᵉ, *sauf que les produits partiels, qui seront les mêmes, seront disposés en sens inverse.* Un même exemple suffira donc pour ces deux cas.

Exemple : Soit à multiplier, par la gauche des deux facteurs, 6354 par 24.

L'opération étant disposée de la manière ordinaire :

$$\begin{array}{r} 6354 \\ 24 \\ \hline 12708 \\ 25416 \\ \hline 152496 \end{array}$$

on multiplie d'abord 6354 par 2, en disant 2 fois 6, 12 ; on n'écrit que 1, en le reculant de deux rangs vers la gauche, car 2 étant des dizaines, les dizaines du produit de 6 par 2 dizaines sont des centaines, et l'on retient 2, qui vaut 20 ; puis 2 fois 3, 6, et 20, 26 ; on n'écrit que 2, et l'on retient 6 qui vaut 60 ; puis 2 fois 5, 10, et 60, 70, on écrit 7 ; puis 2 fois 4, 8 ; alors, comme il n'y a point de retenue du produit précédent, et point de dizaines à celui-ci, on écrit 0 après le 7, puis 8. On multiplie de même 6354 par 4, ce qui donne le produit 25416, dont on dispose le premier chiffre d'après les considérations ci-dessus, et faisant la somme on trouve le produit final 152496.

Mais dans ce mode d'opération, comme dans l'addition par la gauche, se présente le cas d'un produit qui, avec la retenue, atteint ou dépasse 100, et oblige par suite à effacer et à récrire le chiffre déjà trouvé ; aussi doit-on donner toujours la préférence à la méthode par la droite des deux facteurs.

Division.

(*j*) On peut faire la preuve par 9 de la division comme celle de la multiplication.

RÈGLE : *Pour faire la preuve par 9 de la division, on soustrait le reste, s'il y en a un, du dividende, puis additionnant tous les chiffres de la différence obtenue, et retranchant 9 de cette somme chaque fois que possible, on conserve le résultat final, toujours moindre que 9. On fait la même opération sur le diviseur et le quotient, on multiplie l'un par l'autre les deux résultats qu'ils donnent, on fait la somme des chiffres de ce produit en en retranchant 9 chaque fois que possible, et le résultat que l'on obtient doit, si l'opération est exacte, être identique à celui fourni par le dividende diminué du reste de la division.*

Exemple : Ayant divisé 1842475 par 5387, on trouve 342 pour quotient, et 121 pour reste. Si l'on veut faire la preuve par 9, on retranche 121 de 1842475, ce qui donne pour reste 1842354, puis on dit : 1 et 8, 9, ôté 9, reste 0 ; 4 et 2, 6, et 3, 9, ôté 9, reste 0 ; 5 et 4, 9, ôté 9, reste 0. On en fait autant sur le diviseur, qui donne pour résultat 5, et sur le quotient, qui donne pour résultat 0 ; or, 0×5 donne 0 pour produit, et l'identité de ce résultat avec celui du dividende est une preuve de l'exactitude de la division.

(*k*) La division pourrait aussi se faire à la rigueur par la droite du dividende ; c'est-à-dire en cherchant d'abord les unités du quotient, mais on n'y parvient que par une suite de tâtonnements, qui consistent à retrancher du dividende les produits du diviseur par des nombres d'unités, de dizaines, de centaines les plus grands possibles, puis à recommencer encore de même sur le reste, et ainsi de suite, jusqu'à son extinction ou jusqu'à impossibilité ; mais comme les tâtonnements ne sont point des règles, nous nous abstiendrons d'en dire plus à ce sujet.

CHAPITRE V.

Plus grand commun diviseur et plus petit commun multiple.

DÉFINITIONS.

89. Lorsque de deux nombres l'un est exactement divisible par l'autre, le nombre diviseur est dit *un diviseur* de l'autre ; et le nombre dividende est dit *un multiple* du diviseur.

Ainsi les *diviseurs* d'un nombre sont tous les nombres qui le divisent exactement.

Tout nombre se divise lui-même et ne peut l'être par un plus grand que lui.

Les *multiples* d'un nombre sont tous les nombres qu'il divise exactement ; ils sont, par conséquent, les produits exacts de ce même nombre par divers autres.

Tout nombre est multiple de lui-même et ne peut en avoir de plus petit que lui.

Exemple : Les diviseurs de 48 sont 48, 24, 12, 8, 6, 4 et 2, car 48 est exactement divisible par chacun d'eux.

En même temps 48 est un multiple de chacun de ces nombres, car il est le produit exact de chacun d'eux par un autre nombre. Ainsi : $24 \times 2 = 48$; $8 \times 6 = 48$; $4 \times 12 = 48$, etc.

90. Deux ou plusieurs nombres peuvent à la fois avoir pour diviseur un même nombre ; celui-ci est dit alors un *diviseur commun* à tous ces nombres.

Ainsi les nombres 9, 33, 18, 15, ont tous les quatre le nombre 3 pour diviseur, 3 est un commun diviseur de tous ces nombres.

De même, deux ou plusieurs nombres peuvent avoir plusieurs diviseurs communs ; alors le plus grand de tous ces diviseurs communs est appelé leur *plus grand commun diviseur*.

Ainsi les nombres 90, 792 et 216 ont pour diviseurs communs les nombres 2, 3, 6, 9 et 18 ; dès lors 18, qui est le plus grand de tous, est le plus grand commun diviseur de 90, 792 et 216.

91. Mais il peut arriver que deux ou plusieurs nombres n'aient pas de diviseur commun, et, à plus forte raison, pas de plus grand commun diviseur; en ce cas les nombres sont dits *premiers entre eux*.

Néanmoins, tous les nombres étant exactement divisibles par 1, des nombres premiers entre eux ont toujours 1 comme diviseur commun; mais comme par le mot diviseur on entend toujours un nombre autre que 1, on doit dire que :

Deux ou plusieurs nombres sont *premiers entre eux*, lorsqu'ils n'ont pas d'autre diviseur commun que l'unité.

Ainsi 33 et 70 sont premiers entre eux, car 33 ayant pour diviseurs 3 et 11, 70 ayant pour diviseurs 2, 5, 7, ces deux nombres, on le voit, n'ont d'autre diviseur commun que 1.

Plus grand commun diviseur.

Théorie pratique.

92. On entend par *plus grand commun diviseur* de deux ou plusieurs nombres le plus grand des nombres qui les divisent tous exactement, c'est-à-dire sans reste.

Ainsi : 48, 60 et 36 peuvent être divisés exactement par 2, par 3, par 4, par 6 et par 12 ; mais 12 étant le plus grand de tous, sera le plus grand commun diviseur de tous ces nombres.

Dans la théorie qui va suivre, nous représenterons, pour abréger, le plus grand commun diviseur par les initiales P. G. C. D.

93. Pour trouver le p. g. c. d. entre deux nombres, on suit la règle ci-dessous :

RÈGLE : *Pour trouver le p. g. c. d. entre deux nombres, on divise le plus grand par le plus petit; si la division se fait exactement, le plus petit nombre est le p. g. c. d. cherché. Si elle donne un reste, on divise le plus petit nombre par ce reste, si cette division se fait sans reste, le diviseur, c'est-à-dire le premier reste, est le p. g. c. d. S'il y a un reste, on divise le premier reste par le second, et ainsi de suite, jusqu'à ce qu'un des restes successifs pris pour diviseurs donne une division exacte; ce dernier diviseur est alors le p. g. c. d. cherché.*

Exemple : Soit à chercher le p. g. c. d. entre 2992 et 510. On dispose l'opération comme il suit, de manière à écrire les diviseurs successifs à la suite les uns des autres ; on écrit alors les quotients au-dessus :

	5	1	6	2
2992	510	442	68	34
442	68	34	00	

L'on divise 2992 par 510, ce qui donne 5 pour quotient et 442 pour reste ; donc 510 n'est pas le p. g. c. d. Alors on divise 510 par 442, ce qui donne 1 pour quotient et 68 pour reste ; on divise ensuite 442 par ce second reste 68, ce qui donne 6 pour quotient et 34 pour reste ; enfin, divisant 68 par ce troisième reste 34, on trouve 2 pour quotient et 0 pour reste ; on en conclut que 34 est le p. g. c. d. demandé.

Il arrive souvent qu'après plusieurs divisions successives on trouve 1 pour reste ; en ce cas, les nombres n'ont pas de p. g. c. d., ou du moins n'ont que 1 pour diviseur commun.

94. RÈGLE : *Pour trouver le p. g. c. d. entre plusieurs nombres, on cherche par la règle précédente le p. g. c. d. entre les deux plus grands, puis le p. g. c. d. entre le p. g. c. d. trouvé et le troisième nombre, puis encore entre ce p. g. c. d. et le quatrième nombre, et ainsi de suite jusqu'au dernier, le p. g. c. d. final est celui que l'on cherche.*

Ainsi : soit proposé de chercher le p. g. c. d. des nombres 374, 51, 85 et 272.

On cherche le p. g. c. d. entre 374 et 272, on trouve 34 ; puis on cherche le p. g. c. d. entre 34 et 85, on le trouve égal à 17 ; enfin on le cherche entre 17 et 51, et comme 17 divise exactement 51, on en conclut que 17 est le p. g. c. d. cherché des quatre nombres donnés.

Si dans une de ces recherches on arrivait à avoir 1 pour reste d'une division, cela indiquerait que les nombres proposés n'ont pas de p. g. c. d.

Théorie raisonnée.

95. Quelques principes préalables sont nécessaires à la démonstration du plus grand commun diviseur, ce sont les suivants:

PRINCIPE I. *Tout diviseur de deux nombres est aussi diviseur de leur somme et de leur différence.*

Soient les nombres 18 et 27, tous deux ont pour diviseur 3, je dis que 3 doit aussi être diviseur de leur somme $18 + 27$ ou 45, et de leur différence $27 - 18$ ou 9.

En effet, puisque 3 divise exactement 18 et 27, on peut les considérer comme formés chacun d'un certain nombre exact de parties, toutes égales à 3; donc leur somme sera aussi formée d'un nombre exact de parties égales à 3, et sera divisible par 3, et il en sera de même de leur différence.

Pour fixer les idées, on pourrait écrire :

$$27 = 3 \times 9 \quad \text{ou contient} \quad 9 \text{ parties égales à } 3.$$
$$18 = 3 \times 6 \quad \text{ou contient} \quad 6 \text{ parties égales à } 3.$$

Leur somme $45 = 3 \times 15$ ou contient 15 parties égales à 3, et par suite est divisible par 3.

Leur différence $9 = 3 \times 3$ ou contient 3 parties égales à 3, et par suite est divisible par 3.

On démontrerait de même que tout diviseur de plusieurs nombres est aussi diviseur de leur somme.

96. PRINCIPE II. *Tout nombre diviseur d'un autre nombre est aussi diviseur de ses multiples.*

Soit le nombre 7, diviseur de 14, je dis qu'il sera aussi diviseur d'un multiple quelconque de 14, de 14×3 ou 42, par exemple.

En effet, 42 ou 14×3 n'est autre chose que :

$$14 + 14 + 14$$

ou la somme de 3 nombres dont 7 est un diviseur commun; donc, d'après le PRINCIPE I précédent, 7 est aussi diviseur de leur somme 42.

97. PRINCIPE III. *Si, divisant deux nombres l'un par l'autre, la division donne un reste, tout diviseur commun à ces deux nombres sera aussi diviseur du reste.*

Ainsi : divisant 612 par 99, on trouve pour reste 18, je dis que 9, par exemple, qui est diviseur commun de 612 et de 99, est aussi diviseur du reste 18.

En effet, 9 étant diviseur de 99, l'est aussi du produit de 99 par le quotient 6 de la division de 612 par 99 ; car, divisant 99, il divise aussi son multiple 99×6 (PRINCIPE II) ; donc, divisant 612 et 99×6, il est aussi diviseur de la différence 18 de ces deux nombres (PRINCIPE I), différence qui n'est autre que le reste de la division.

98. PRINCIPE IV. *Si, deux nombres étant donnés, le plus petit divise exactement le plus grand, le plus petit sera le plus grand commun diviseur de ces deux nombres.*

Soient les deux nombres 48 et 12, tels que 12 divise exactement 48, je dis que 12 est le plus grand commun diviseur de 48 et 12. En effet, 12 se divisant lui-même exactement, et divisant aussi 48, est bien un diviseur commun à 48 et à 12 ; de plus ces deux nombres ne sauraient avoir de diviseur commun plus grand que 12, car alors il ne diviserait pas celui-ci, donc 12 est bien le plus grand commun diviseur.

Ces principes posés, pour expliquer la recherche du p. g. c. d. entre deux nombres, prenons un exemple.

99. Soit à chercher le p. g. c. d. entre 2992 et 510.

	5	1	6	2
2992	510	442	68	34
442	68	34	00	

Si 510 divisait exactement 2992, il serait (PRINCIPE IV) le p. g. c. d. cherché ; c'est pourquoi l'on commence par diviser 2992 par 510 ; on obtient 5 pour quotient et 442 pour reste ; donc 510 n'est pas le p. g. c. d., mais cet essai ne nous sera pas pour cela inutile. En effet, le p. g. c. d., devant diviser 2992 et 510, doit (PRINCIPE III) diviser aussi 442, reste de leur division, donc il ne peut être plus grand que 442, et si 442 divisait exactement 510, il serait le p. g. c. d. cherché, car divisant 510 il diviserait (PRINCIPE II) son multiple 510×5, et divisant 510×5 et 442, il diviserait (PRINCIPE I) leur somme $510 \times 5 + 442$ ou 2992. C'est pourquoi l'on divise 510 par 442; on trouve 1 pour quotient et 68 pour reste, donc 442 n'est pas le p. g. c. d. Mais ce p. g. c. d. devant diviser 510 et 442, doit aussi (PRINCIPE III) diviser 68, reste de leur division, donc il ne peut être plus grand que 68, et si 68 divise 442, il sera le p. g. c. d. cherché, car divisant 442 et 68, il divisera $442 + 68$ ou 510, et par suite $510 \times 5 + 442$ ou 2992 (PRINCIPES II et I). Si l'on essaye la division de 442 par 68, on trouve 6 pour quotient et 34 pour reste, et en répétant les mêmes raisonnements que ci-dessus, on voit que le p. g. c. d. ne peut être plus grand que 34, et l'on est amené à diviser 68 par 34, division qui se fait exactement. Des raisonnements qui précèdent il résulte que si 34 est bien un diviseur *commun* de 2992 et 510, il sera leur p. g. c. d., car ce p. g. c. d. ne saurait être plus grand que 34, il reste donc à faire voir qu'il est bien diviseur commun.

En effet 34 divise 34 et 68, donc il divise 68×6 (PRINCIPE II), et aussi $68 \times 6 + 34$ (PRINCIPE I) ou 442;

Divisant 442 et 68, il divise aussi $442 \times 1 + 68$ (PRINCIPE I) ou 510;

Divisant 510 et 442, il divise 510×5 (PRINCIPE II) et aussi $510 \times 5 + 442$ (PRINCIPE I) ou 2992;

Donc 34 est bien diviseur commun de 2992 et 510, de plus il est le plus grand possible, donc il est bien leur plus grand commun diviseur.

100. Lorsque dans les divisions successives il arrive que l'on trouve 1 pour reste, on en conclut que les deux nombres n'ont point de plus grand commun diviseur et qu'ils sont premiers entre eux; en effet, dans la division suivante, le diviseur serait 1, le nouveau reste 0, et 1 serait ce p. g. c. d.

101. La règle d'opération pour trouver le p. g. c. d. entre plusieurs nombres repose sur le principe suivant :

PRINCIPE V. *Tout diviseur commun de deux nombres, et qui n'est pas leur p. g. c. d. est un diviseur de celui-ci.*

Soient les deux nombres 462 et 189, qui ont un diviseur commun 7, autre que leur p. g. c. d., lequel est 21, je dis que 7 doit diviser 21.

En effet, cherchons le p. g. c. d. entre 462 et 189, l'opération se présente ainsi :

		2		2		2
462		189		84		21
84		21		0		

Puisque 7 divise 462 et 189, il doit (PRINCIPE III) diviser aussi 84, reste de leur division ;

Divisant 189 et 84, il doit (PRINCIPE III) diviser aussi 21, reste de leur division. Or 21, comme le montre la division suivante, n'est autre chose que le plus grand commun diviseur entre 462 et 189.

102. Cela posé, proposons-nous de chercher le p. g. c. d. entre les nombres 374, 51, 85 et 272.

Le p. g. c. d. doit les diviser tous exactement, donc il ne saurait être plus grand que le p. g. c. d. entre deux quelconques d'entre eux, 374 et 272, par exemple. Cherchant ce p. g. c. d., on trouve 34. Si 34 divisait 51 et 85, il serait le p. g. c. d., mais il ne les divise pas ; or, le p. g. c. d. cherché, qui dès lors sera autre que 34, et qui doit diviser 374 et 272, doit (PRINCIPE v) diviser aussi 34 ; c'est pourquoi l'on cherche le p. g. c. d. entre 85 et 34, on trouve 17, et comme 17 divise aussi 51, il est le p. g. c. d. cherché.

Si un seul de ces p. g. c. d. successifs était 1, on en conclurait que les nombres sont premiers entre eux, mais dans leur ensemble, car ils pourraient fort bien ne pas l'être deux à deux.

Plus petit commun multiple.

Théorie pratique.

103. On entend par plus petit commun multiple de plusieurs nombres le plus petit de tous les nombres qui sont exactement divisibles, c'est-à-dire sans reste, par les nombres donnés, en d'autres termes le plus petit de leurs multiples communs.

Ainsi : étant donnés les nombres 60, 48 et 30, on reconnaît que 240, 480, 720, etc., sont exactement divisibles chacun par 60, 48 et 30, c'est-à-dire en sont les multiples, le plus petit de tous, 240, est dit le plus petit commun multiple de 60, 48 et 30.

Pour abréger dans ce qui suit nous représenterons le plus petit commun multiple par les initiales P. P. C. M.

La recherche du p. p. c. m. se fait par les règles suivantes :

104. RÈGLE. *Pour trouver le p. p. c. m. de deux nombres, on cherche d'abord leur p. g. c. d., puis on divise le plus petit des deux nombres par ce p. g. c. d., et on multiplie le plus grand par le quotient obtenu, le produit est le p. p. c. m. cherché.*

Exemple : Soit à trouver le p. p. c. m. des deux nombres 143 et 88. On cherche d'abord leur p. g. c. d. qui est 11, on divise le plus petit des deux nombres 88 par 11, ce qui donne 8 pour quotient, puis on multiplie 143 par 8, et le produit 1144 est le p. p. c. m. de 143 et 88.

105. RÈGLE : *Pour trouver le p. p. c. m. entre plusieurs nombres, on cherche par la règle précédente le p. p. c. m. entre deux de ces nombres ; puis le p. p. c. m. entre celui qu'on vient de trouver et le troisième nombre, puis entre ce second p. p. c. m. et le quatrième nombre, et ainsi de suite. Le dernier p. p. c. m. est celui que l'on cherche.*

Exemple : Pour trouver le p. p. c. m. entre 22, 187, 77 et 143, on cherche le p. p. c. m. entre 22 et 77, on trouve 154 ; on le cherche ensuite entre 154 et 187, ce qui donne 2618, puis entre 2618 et 143, ce qui donne 34034, qui est le p. p. c. m. cherché.

Lorsque deux nombres n'ont pas de p. g. c. d., leur plus petit commun multiple est le produit de ces deux nombres.

Ainsi : 13 et 17 n'ayant pas de diviseur commun, leur p. p. c. m. est 13×17 ou 241.

Ces deux nombres particuliers, le p. g. c. d. et le p. p. c. m., outre une application immédiate dans la théorie des fractions, comme nous le verrons dans le chapitre suivant, ont aussi quelques applications pratiques utiles, dont nous donnons des exemples dans les exercices pratiques à la suite de ce chapitre.

Théorie raisonnée.

La théorie du plus petit commun multiple repose sur les principes suivants :

106. PRINCIPE VI. *Si l'on multiplie ou si l'on divise deux nombres par un troisième, leur p. g. c. d. est aussi multiplié ou divisé par ce troisième nombre.*

Soient les deux nombres 48 et 32, dont le p. g. c. d. est 16, je dis que si l'on multiplie ou si l'on divise ces deux nombres par un troisième, par 4, par exemple, le p. g. c. d. 16 sera aussi multiplié ou divisé par 4.

En effet, dire que 48 et 32 ont 16 pour p. g. c. d., c'est dire qu'ils sont formés chacun d'un certain nombre exact de parties égales à 16 ; donc si on les multiplie ou si on les divise tous deux par 4, c'est-à-dire si on les rend chacun 4 fois plus grands ou plus petits, leur partie constituante 16 est aussi rendue 4 fois plus grande ou plus petite ; donc le p. g. c. d. est multiplié ou divisé par 4.

107. PRINCIPE VII. *Les quotients de deux nombres divisés par leur p. g. c. d. sont deux nombres premiers entre eux.*

Soient les nombres 24 et 16, leur p. g. c. d. est 8, je dis que si l'on divise 24 et 16 par 8, les deux quotients 3 et 2 sont des nombres premiers entre eux.

En effet, d'après le PRINCIPE VI ci-dessus, en divisant 24 et 16 par 8, leur p. g. c. d. 8 est aussi divisé par 8, et devient 1, donc les deux quotients 3 et 2 ont 1 pour p. g. c. d., et sont premiers entre eux.

108. PRINCIPE VIII. *Si deux nombres sont premiers entre eux, ils n'ont pas de multiple commun plus petit que leur produit.*

Soient les deux nombres 19 et 16, premiers entre eux, je dis qu'ils n'ont pas de multiple commun plus petit que leur produit 19×16. En effet, pour être divisible par 19, le multiple cherché devra être un multiple de 19, et pour être plus petit que 19×16 il sera le produit de 19 par un nombre plus petit que 16, par 15 par exemple. Or, si 19×15, qui est bien multiple de 19, est aussi multiple de 16, il doit être divisible par 16; or, pour diviser le produit 19×15 par 16, il suffit de diviser un de ses facteurs par 16; on ne peut diviser 19 par 16, ces deux nombres étant premiers entre eux, on est donc ramené à diviser 15 par 16, ce qui ne se peut; donc le multiple commun de 19 et 16 ne peut être plus petit que 19×16, et comme ce produit 19×16 est bien multiple à la fois de 9 et de 16, il est leur p. p. c. m.

109. Principe IX. *Si de deux nombres l'un est multiple de l'autre, il est le plus petit commun multiple.*

Soient les deux nombres 30 et 15; 30 étant multiple de 15, je dis que 30 est p. p. c. m. de 30 et de 15.

En effet, 30 est bien multiple de lui-même, car $30 = 30 \times 1$, il est de plus multiple de 15, et enfin le p. p. c. m. de 30 et 15 ne saurait être plus petit que 30.

110. Cela posé, la recherche du plus petit commun multiple entre deux nombres s'explique aisément.

Soit à chercher le p. p. c. m. entre 143 et 88; si 143 était multiple de 88, il serait (Principe IX) le p. p. c. m. cherché. Il ne l'est pas; il faut donc trouver un nombre qui soit à la fois multiple de 143 et de 88, et le plus petit possible. Le p. g. c. d. de ces deux nombres étant 11, on voit que $143 = 11 \times 13$, et $88 = 11 \times 8$; donc le p. p. c. m. doit être multiple de 13×11 et de 8×11; en d'autres termes, il doit renfermer 11 un certain nombre de fois, qui soit multiple, le plus petit possible, de 13 et de 8; or, 13 et 8 (Principe VII), quotients de 143 et 88 par leur p. g. c. d. 11, sont premiers entre eux, et par suite (Principe VIII) ont leur produit 13×8 pour p. p. c. m.; donc le nombre cherché est $8 \times 13 \times 11$, ou 8×143, ce qui explique la règle.

111. Un raisonnement analogue explique la recherche du p. p. c. m. de plusieurs nombres.

Soit à chercher le p. p. c. m. entre 22, 187, 77 et 143. Le p. p. c. m. cherché ne saurait être plus petit que celui entre deux quelconques de ces nombres, de 22 et 77 par exemple, qui est 154; on est donc conduit à chercher le p. p. c. m. entre 154 et 187, ce qui donne 2618, puis le p. p. c. m. entre 2618 et 143, on trouve 34034, qui est le p. p. c. m. cherché.

QUESTIONNAIRE.

89. Qu'entend-on par diviseur et multiple d'un nombre?

90. Qu'entend-on par diviseur commun et plus grand commun diviseur de plusieurs nombres?

91. Qu'entend-on par nombres premiers entre eux?

92. Qu'est-ce que le plus grand commun diviseur de deux ou plusieurs nombres?

93. Comment trouve-t-on le plus grand commun diviseur de deux nombres?

94. Comment trouve-t-on le plus grand commun diviseur de plusieurs nombres?

95. Qu'entend-on par plus petit commun multiple de deux ou plusieurs nombres?

96. Comment trouve-t-on le plus petit commun multiple entre deux nombres?

97. Comment trouve-t-on le plus petit commun multiple entre plusieurs nombres?

98. Démontrer que tout diviseur de deux nombres est aussi diviseur de leur somme et de leur différence.

99. Démontrer que tout diviseur d'un nombre est aussi diviseur de ses multiples.

100. Démontrer que tout diviseur commun à deux nombres divise aussi le reste de leur division.

101. Démontrer que si de deux nombres le plus petit divise le plus grand, il sera le plus grand commun diviseur.

102. Expliquez la recherche du plus grand commun diviseur de deux nombres.

103. Quand reconnaît-on que deux nombres sont premiers entre eux?

104. Démontrer que tout diviseur de deux nombres qui n'est pas leur plus grand commun diviseur est un diviseur de celui-ci.

105. Expliquez la recherche du plus grand commun diviseur entre plusieurs nombres.

106. Démontrer que si l'on divise ou multiplie deux nombres par un troisième, leur plus grand commun diviseur est divisé ou multiplié par ce nombre.

107. Démontrer que les quotients de deux nombres par leur plus grand commun diviseur sont premiers entre eux.

108. Démontrer que si deux nombres sont premiers entre eux, ils n'ont pas de multiple commun plus petit que leur produit.

109. Démontrer que si de deux nombres l'un est multiple de l'autre, il est le plus petit commun multiple.

110. Expliquez la méthode de recherche du plus petit commun multiple entre deux nombres.

111. Expliquez la recherche du plus petit commun multiple entre plusieurs nombres.

Exercices pratiques.

Chercher le plus grand commun diviseur entre les nombres :

23526 et 7254.	182, 1274, 134, 3808.
8197290 et 72630.	69, 115, 575, 92, 112, 560.
34034000 et 3094.	1573, 7865, 3553, 2002.
39083 et 3553.	3993, 33, 2057, 487.
5. 39325 et 143.	10. 209, 95, 475, 5225.

Chercher le plus petit commun multiple entre les nombres :

1274 et 133.	5225 et 209.
115 et 475.	3094 et 3353.

15. 429943 et 43923.
143, 112, 363, 122.
1274, 133, 2902, 209, 182.

198, 286, 450, 338.
9, 12, 60, 99, 264, 390.
20. 7, 21, 77, 105, 315, 49, 147.

Un teinturier a des pièces d'étoffe qui ont : 132, 660, 1155 mètres de long ; pour les teindre il voudrait les couper en morceaux égaux les plus longs possible, et tels qu'il y en ait un nombre exact dans chaque pièce ; quelle sera la longueur d'un de ces morceaux ?

Un marchand a des boîtes contenant des pains de savon égaux, les unes en contiennent 27, les autres 45, les autres 85, les autres enfin 39 ; il voudrait faire faire une caisse, la plus petite possible, où il pût emballer un nombre exact de ces boîtes, soit d'une espèce, soit de l'autre ; on demande combien elle contiendrait de pains de savon ?

On a des bouteilles de 8 litres, de 24 litres, de 12 litres et de 9 litres ; on demande la grandeur la plus petite possible d'un tonneau que l'on pourrait remplir avec un nombre exact de bouteilles de chacune des capacités ci-dessus ?

Quel est le plus petit nombre que l'on puisse payer avec un nombre exact de pièces de 20 francs, ou de 10, ou de 5, ou de 3, ou de 2 francs ?

25. On a deux sommes d'argent, 935 et 374 francs, payées chacune avec un même nombre de pièces d'argent, les mêmes pour la même somme, mais différentes pour chaque somme ; on demande quelles sont ces pièces et leur nombre ?

J'ai fait 6776 lieues dans le même nombre d'heures que mon ami, qui a fait 6600 lieues ; combien faisions-nous au moins de lieues par heure chacun ?

Quelle distance faut-il mettre, au plus, entre des arbres plantés en allées, pour qu'ils garnissent exactement des allées de 450, 270, 70 et 25 mètres, en les distançant tous également ?

28. Quelle est la longueur sur laquelle on pourrait porter un nombre exact de fois, et le plus petit possible, les longueurs suivantes : 2970, 210, 3150, 275.

Exercices théoriques.

1. Deux nombres peuvent-ils être divisibles exactement par d'autres nombres que leur plus grand commun diviseur ?

2. Deux nombres ont-ils d'autres multiples communs que leur plus petit commun multiple ?

3. On sait que deux nombres sont exactement divisibles par 5 ; leur plus grand commun diviseur le sera-t-il aussi et pourquoi ?

4. Le plus grand commun diviseur peut-il être plus grand que la moitié de l'un des nombres ?

5. Dans la recherche d'un plus grand commun diviseur on trouve pour un des restes 23, qui, on le sait, n'est divisible exactement par aucun nombre ; si 23 est reconnu ne pas être le plus grand commun diviseur, est-il nécessaire de continuer la recherche ?

6. Un des deux nombres dont on cherche le plus grand commun diviseur est 7, qui n'est divisible par aucun nombre et ne divise pas l'autre ; quel est alors le plus grand commun diviseur cherché ?

7. Un nombre en divise exactement deux autres ; divise-t-il aussi la somme de leur somme et de leur différence ?

8. La différence de deux nombres est 22 ; entre quels nombres est compris leur plus grand commun diviseur ?

9. 29 et 21 sont les quotients de deux nombres divisés par leur plus grand commun diviseur ; ces deux quotients peuvent-ils avoir un diviseur commun ?

10. Combien, au moins, le plus petit commun multiple de plusieurs nombres est-il plus grand que le plus grand d'entre eux, s'il ne lui est pas égal ?

11. Deux nombres sont, on le sait, exactement divisibles par 9 ; leur plus petit commun multiple doit-il l'être aussi ?

LIVRE II.

DES FRACTIONS.

CHAPITRE PREMIER.

NUMÉRATION DES FRACTIONS ORDINAIRES.

112. Les nombres que nous avons étudiés jusqu'ici sont tous plus grands que l'unité ou lui sont égaux, mais il arrive fréquemment dans le calcul d'avoir à considérer des quantités plus petites que l'unité. Ainsi toutes les longueurs que l'on mesure ne sont pas plus grandes que le mètre; unité des longueurs, un grand nombre lui sont inférieures; on peut aussi avoir à apprécier des parties d'un objet; il était donc nécessaire de former des nombres nouveaux destinés à représenter ces quantités inférieures à l'unité; ces nombres sont les *fractions.* Voici comment on les forme.

Supposons qu'une unité étant partagée en un certain nombre de parties égales, 25 par exemple, l'on forme un groupe de 8 de ces parties, ce groupe de 8 parties, dont il faut 25 pour faire une unité, est une fraction.

On peut donc dire : *Qu'une fraction est un nombre plus petit que l'unité, formé d'une ou plusieurs parties de l'unité partagée en parties égales.*

113. On écrit une fraction au moyen de deux nombres; l'un, que l'on appelle *dénominateur*, exprime en combien de parties égales l'unité est partagée; l'autre, nommé *numérateur*, indique combien la fraction renferme de ces parties. *On écrit le numérateur au-dessus du dénominateur, en les séparant par un trait horizontal.*

Ainsi la fraction ci-dessus s'écrira :

$$\frac{8}{25}$$

Une fraction formée de 32 parties de l'unité partagée en 108 parties égales s'écrirait :

$$\frac{32}{108}$$

114. *On lit une fraction en énonçant le nombre qui forme son numérateur, puis celui qui forme son dénominateur, en lui donnant la terminaison* ième.

Ainsi les deux fractions ci-dessus se liront : huit vingt-cinquièmes et trente-deux cent huitièmes.

On excepte de cette règle les fractions qui ont pour dénominateur un des nombres 2, 3, 4, comme $\frac{1}{2}$, $\frac{2}{3}$, $\frac{3}{4}$, qui se lisent un demi, deux tiers, trois quarts, et aussi les fractions dont le dénominateur est un très-grand nombre, et qu'on lit en énonçant les nombres numérateur et dénominateur en les séparant par l'adverbe *sur*.

Ainsi la fraction $\frac{92}{123895}$ se lit : quatre-vingt-douze sur cent vingt-trois mille huit cent quatre-vingt-quinze.

115. On voit, d'après la manière dont est formée une fraction, que le dénominateur n'est en somme qu'un signe rappelant en combien de parties on a partagé l'unité ; quelque grand ou quelque petit qu'il soit, il représente toujours 1 ; du numérateur seul dépend la valeur de la fraction, et l'on ne peut pas dire que $\frac{2}{3}$, par exemple, est plus petit que $\frac{91}{2832}$, parce que cette fraction est formée de nombres plus petits, car il est fort possible que $\frac{2}{3}$ s'approche beaucoup plus de la valeur totale de l'unité que $\frac{91}{2882}$; ce qu'il est facile de reconnaître du reste, car sur 3 parties de l'unité $\frac{2}{3}$ en renferme 2, c'est-à-dire qu'elle vaut plus de la moitié de l'unité ; tandis que sur 2832 parties, $\frac{91}{2832}$ n'en renferme que 91, c'est-à-dire bien moins de la moitié.

De même, deux fractions peuvent être égales en valeur, quoique formées de nombres très-différents ; ainsi les fractions $\frac{1}{2}$ et $\frac{15}{30}$ sont égales, car $\frac{1}{2}$ représente et vaut la moitié de l'unité, et $\frac{15}{30}$ aussi, puisque, l'unité étant partagée en 30 parties, cette fraction en renferme 15, qui est la moitié de 30.

Lorsque dans une fraction le numérateur et le dénominateur sont égaux, la fraction est égale à l'unité ;

Ainsi $\frac{89}{89}$ est égale à 1, puisqu'elle renferme toutes les parties en lesquelles l'unité a été partagée.

On rencontre aussi des fractions chez lesquelles le numérateur est plus grand que le dénominateur, ces expressions représentent par suite une valeur plus grande que l'unité ; on les nomme *expressions fractionnaires*. Elles jouissent du reste de toutes les propriétés des fractions, et se soumettent aux mêmes règles.

Ainsi $\frac{102}{72}$ est une expression fractionnaire, plus grande que 1, car l'unité étant partagée en 72 parties, elle en renferme 102.

116. Les fractions permettent de trouver le quotient exact d'une division qui donne un reste, et celui de la division, impossible jusqu'ici, d'un nombre plus petit par un nombre plus grand.

Ainsi, soit à diviser 3 par 5, par exemple ; pour avoir le quotient il suffit d'écrire la fraction $\frac{3}{5}$, dans laquelle le numérateur est le dividende, et le dénominateur le diviseur.

Lorsqu'une division donne un reste, on complète le quotient en lui ajoutant une fraction dont le numérateur est le reste, et le dénominateur le diviseur.

Ainsi, en divisant 27 par 6, on trouve pour quotient 4 et pour reste 3, le quotient exact sera $4+\frac{3}{6}$.

En effet, pour achever la division il aurait fallu diviser 3 par 6, ou $1+1+1$ par 6, opération que l'on peut encore écrire ainsi :

(1 divisé par 6)$+$(1 divisé par 6)$+$(1 divisé par 6).

Or, le quotient de 1 divisé par 6, est une quantité qui doit être contenue 6 fois dans 1, et n'est autre chose que le sixième de 1, ou que $\frac{1}{6}$, donc la série ci-dessus peut encore s'écrire : $\frac{1}{6}+\frac{1}{6}+\frac{1}{6}$, ou, en définitive, $\frac{3}{6}$.

Nous devons donc aussi considérer une fraction comme l'expression de la division du numérateur par le dénominateur, et comme représentant la valeur exacte du quotient.

PROPRIÉTÉS DES FRACTIONS.

Théorie pratique.

Simplification des fractions et réduction au même dénominateur.

117. Si l'on multiplie le numérateur d'une fraction par un nombre, ou si l'on divise son dénominateur par ce même nombre, on rend la fraction autant de fois plus grande qu'il y a d'unités dans ce nombre.

Exemple : Soit la fraction $\frac{11}{72}$; si je multiplie le numérateur 11 par 9, j'ai $\frac{99}{72}$, si je divise le dénominateur 72 par 9 j'ai $\frac{11}{8}$: ces deux fractions sont toutes deux plus grandes que $\frac{11}{72}$. Elles sont, en effet, toutes deux plus grandes que l'unité, et elles valent 9 fois la fraction primitive.

118. Si l'on divise le numérateur d'une fraction, ou si l'on multiplie son dénominateur par un même nombre, la fraction est rendue autant de fois plus petite qu'il y a d'unités dans ce nombre.

Ainsi, soit la fraction $\frac{24}{60}$; si je divise le numérateur 24 par 8, je trouve $\dfrac{3}{60}$, si je multiplie le dénominateur 60 par

8, je trouve $\dfrac{24}{480}$, ces deux fractions sont toutes deux 8 fois

plus petites que $\dfrac{24}{60}$.

119. Si l'on multiplie ou si l'on divise les deux termes d'une fraction à la fois par le même nombre, la fraction ne change pas de valeur.

Exemple : Soit la fraction $\dfrac{8}{12}$; si je multiplie ses deux ter-

mes par 3, elle devient $\dfrac{24}{36}$, si je les divise au contraire par

4, elle devient $\dfrac{2}{3}$, ces deux fractions sont égales entre elles

et à la première $\dfrac{8}{12}$.

Ces trois principes trouvent dans le calcul des fractions de nombreuses et utiles applications; ainsi les deux premiers fournissent les moyens de rendre une fraction exactement un certain nombre de fois plus grande ou plus petite. Pour la rendre plus grande, il suffit de diviser son dénominateur si la division peut se faire exactement, ou sinon de multiplier son numérateur; pour la rendre plus petite, il suffit de diviser son numérateur, ou, si cette division ne peut se faire exactement, de multiplier son dénominateur.

Le troisième principe permet de simplifier les fractions, et de les réduire au même dénominateur.

Simplification des fractions.

120. On a dû comprendre, par ce qui précède, que, tout en conservant la même valeur, une fraction peut avoir plusieurs formes différentes, suivant que ses deux termes sont des nombres plus ou moins grands. De toutes ces formes il en existe une où le dénominateur et le numérateur sont les plus petits possible, et qui est alors la plus simple de toutes. Ramener une fraction à cette forme s'appelle la *réduire à* *sa plus simple expression*, et la fraction ainsi réduite est dite alors *fraction irréductible*.

RÈGLE : *Pour réduire une fraction à sa plus simple expression, on cherche le plus grand commun diviseur de ses deux termes, puis on divise chacun d'eux par ce p. g. c. d.; les deux quotients forment les deux termes de la nouvelle fraction, dès lors irréductible.*

Ainsi, pour réduire à sa plus simple expression la fraction $\frac{1012}{1564}$, on cherche le p. g. c. d. de 1012 et 1564; on trouve 92, divisant alors ces deux nombres par 92, on arrive à la fraction $\frac{11}{17}$, la plus simple de toutes les fractions égales à la fraction proposée.

Si les deux termes n'avaient pas de p. g. c. d., cela signifierait que la fraction est irréductible, et ne saurait affecter une forme plus simple.

121. Une expression fractionnaire, c'est-à-dire plus grande que l'unité, peut être ramenée par la même méthode à une forme plus simple; mais on a souvent besoin de connaître sa valeur exacte en unités entières et fractions d'unités; cette recherche, que l'on appelle *extraction des entiers d'une expression fractionnaire*, se fait ainsi :

RÈGLE : *Pour extraire les entiers contenus dans une expression fractionnaire, on divise le numérateur par le dénominateur; le quotient exprime les entiers contenus dans cette expression, et y joignant la fraction formée du reste et du diviseur, on a la valeur exacte de cette expression fractionnaire.*

Ainsi, soit proposé d'extraire les entiers de l'expression fractionnaire $\frac{10882}{566}$; on divise 10882 par 566, on trouve 19 pour quotient, ce qui signifie que l'expression proposée contient 19 unités, et comme le reste est 128, la valeur exacte en entiers et fraction est $19 + \frac{128}{566}$.

Réduction au même dénominateur.

122. On a souvent besoin, soit pour leur faire subir certaines opérations, soit pour les comparer, que les fractions soient formées des mêmes parties égales de l'unité; c'est-à-dire qu'elles aient même dénominateur. On les y ramène par la méthode suivante :

RÈGLE : *Pour réduire des fractions au même dénominateur, on fait le produit de tous les dénominateurs, ce qui donne le dénominateur commun; puis, pour chaque fraction, on obtient le numérateur nouveau en multipliant le numérateur actuel par le produit des dénominateurs de toutes les autres fractions.*

Ou, si l'on prévoit que les dénominateurs de toutes les fractions peuvent avoir un plus petit commun multiple plus simple que leur produit, on cherche ce p. p. c. m., qui est le dénominateur commun; puis, pour avoir chaque numérateur, on divise le p. p. c. m. par l'ancien dénominateur, et l'on multiplie par le quotient trouvé le numérateur correspondant; le produit est le nouveau numérateur.

Exemple : Soit à réduire au même dénominateur par ces deux méthodes les fractions : $\dfrac{7}{22}, \dfrac{3}{66}, \dfrac{21}{143}, \dfrac{5}{121}$.

Par la première méthode, le dénominateur commun serait : $22 \times 66 \times 143 \times 121$, ou 25123956, et les numérateurs de chaque fraction deviendront successivement :

1° pour $\dfrac{7}{22}$ il sera $7 \times 66 \times 143 \times 121$ ou 7993980 $\qquad \dfrac{7993980}{25123956}$

$2^{\circ} \quad — \dfrac{3}{66} \quad — \quad 3 \times 22 \times 143 \times 121$ ou 1141998 $\qquad \dfrac{1141998}{25123956}$

$3^{\circ} \quad — \dfrac{21}{143} \quad — \quad 21 \times 22 \times 66 \times 121$ ou 3689532 $\qquad \dfrac{3689532}{25123956}$

$4^{\circ} \quad — \dfrac{5}{121} \quad — \quad 5 \times 22 \times 66 \times 143$ ou 1038180 $\qquad \dfrac{1038180}{25123956}$

et les fractions deviennent :

Par la seconde méthode, on cherche le p. p. c. m. entre les quatre dénominateurs, 22, 66, 143, 121 ; on trouve pour sa valeur 9438, qui sera le dénominateur commun ; on aura pour chaque numérateur :

1° pour $\dfrac{7}{22}$: 7×429 (quotient de 9438 par 22), et la fraction devient : $\dfrac{3003}{9438}$

2° — $\dfrac{3}{66}$: 3×143 (quotient de 9438 par 66),   — $\dfrac{429}{9438}$

3° — $\dfrac{21}{143}$: 21×66 (quotient de 9438 par 143),   — $\dfrac{1380}{9438}$

4° — $\dfrac{5}{121}$: 5×78 (quotient de 9438 par 121),   — $\dfrac{390}{9438}$

On remarque aisément combien les résultats obtenus par la seconde méthode sont plus simples que ceux de la première ; aussi, autant que possible, est-ce celle que l'on doit préférer, à moins que l'on ne soit sûr que les dénominateurs sont premiers entre eux.

Lorsque l'on n'a que deux fractions, il est néanmoins plus expéditif de multiplier les deux termes de chacune par le dénominateur de l'autre.

Il est aussi utile, avant de commencer la réduction au même dénominateur, de réduire toutes les fractions à leur plus simple expression ; le dénominateur commun sera un nombre beaucoup plus petit, et les calculs ultérieurs seront plus simples. Ce dénominateur est alors appelé le *plus petit dénominateur commun*.

Ainsi, les fractions $\dfrac{5}{35}$, $\dfrac{12}{56}$, $\dfrac{22}{231}$, $\dfrac{13}{182}$, réduites au même dénominateur par la première méthode, donneraient pour dénominateur commun 83130220 ; réduites par la seconde méthode, sans être au préalable ramenées à leur plus simple expression, on aurait pour dénominateur commun 120120 ; tandis qu'en les réduisant avant tout à leur plus simple expression, on aurait le dénominateur beaucoup plus simple 42.

123. On peut avoir quelquefois à transformer une fraction, sans changer sa valeur, de manière à la ramener à avoir un dénominateur donné. Il suffit, pour opérer cette transformation, de multiplier le numérateur de la fraction par le quotient du nouveau dénominateur divisé par l'ancien.

Ainsi, soit proposé de ramener la fraction $\dfrac{3}{12}$ à avoir pour dénominateur 60 ; divisant 60 par 12, on trouve 5 pour quotient, et multipliant 3 par 5, puis donnant au produit le dénominateur 60, on trouve $\dfrac{15}{60}$ pour la nouvelle fraction.

On ne doit, du reste, employer cette méthode que lorsque la division peut se faire exactement, ou lorsque l'on tient peu à une grande exactitude.

124. Tout nombre entier peut s'écrire directement sous forme de fraction, en lui donnant pour dénominateur l'unité, et l'on peut alors lui faire subir toutes les transformations dont les fractions sont susceptibles, car il a les mêmes propriétés ; on peut, par les mêmes règles, le réduire au même dénominateur que d'autres fractions, ou le ramener à avoir un dénominateur donné.

Ainsi, pour réduire 8 en fraction, il suffira d'écrire $\dfrac{8}{1}$; pour réduire ensuite $\dfrac{8}{1}$ et $\dfrac{2}{3}$ au même dénominateur, on multipliera 8 et 1 par 3, ce qui donne $\dfrac{24}{3}$; pour réduire $\dfrac{8}{1}$ à avoir 15 pour dénominateur, il suffira de multiplier 8 et 1 par 15, ce qui donnera $\dfrac{120}{15}$.

Théorie raisonnée.

125. *En multipliant le numérateur d'une fraction, ou en divisant son dénominateur par un même nombre, on rend la fraction ce même nombre de fois plus grande.*

En effet, soit la fraction $\dfrac{11}{72}$, multiplions le numérateur par 9, on obtient $\dfrac{99}{72}$; or, l'unité est ici, comme précédemment, divisée en 72 parties égales, mais au lieu d'en contenir 11, la nouvelle fraction en contient 11×9, ou neuf fois plus, donc elle est 9 fois plus grande.

Divisons, au contraire, le dénominateur par 9 ; on obtient $\dfrac{11}{8}$; ici l'unité n'est plus partagée qu'en 8 parties, au lieu de 72, dont chacune d'elles est 9 fois plus grande que les parties précédentes, et la fraction en contient toujours 11, donc elle est aussi 9 fois plus grande.

126. *En divisant le numérateur d'une fraction, ou en multipliant son dénominateur par un même nombre, on rend la fraction ce même nombre de fois plus petite.*

En effet, soit la fraction $\frac{24}{60}$; divisant le numérateur par 8, on trouve $\frac{3}{60}$; or, l'unité étant encore partagée en 60 parties égales, la nouvelle fraction en contient 8 fois moins que la première, donc elle est 8 fois plus petite.

Maintenant, multipliant le dénominateur par 8, on obtient $\frac{24}{480}$; ici l'unité est partagée en 8 fois plus de parties, donc elles sont chacune 8 fois plus petites que les précédentes, et la nouvelle fraction n'en renferme toujours que le même nombre, donc elle est huit fois plus petite.

127. *En multipliant ou divisant à la fois les deux termes d'une fraction par le même nombre, la fraction ne change pas de valeur.*

En effet, soit la fraction $\frac{3}{5}$; en multipliant d'abord le numérateur 3 par 7, par exemple, on rend la fraction 7 fois plus grande; puis en multipliant le dénominateur 5 par 7, on la rend 7 fois plus petite, donc on n'altère pas sa valeur. Si l'on divisait les deux termes par le même nombre le raisonnement serait identique.

Ce dernier principe suffit pour expliquer la réduction des fractions à leur plus simple expression, et leur réduction au même dénominateur.

RÉDUCTION À LA PLUS SIMPLE EXPRESSION.

128. Pour simplifier une fraction, c'est-à-dire la ramener à être formée de deux nombres plus petits, et cela sans changer sa valeur, la première idée qui se présente est évidemment de diviser ses deux termes par un même nombre qui les divise exactement tous deux, c'est-à-dire par un de leurs diviseurs communs; et pour que la fraction soit la plus simple possible, il faut que ce diviseur soit le plus grand possible, c'est-à-dire qu'il soit leur plus grand commun diviseur.

C'est pourquoi, si les deux termes n'ont pas de plus grand commun diviseur, on ne peut simplifier la fraction ; elle est irréductible.

L'extraction des entiers d'une expression fractionnaire est aussi une sorte de simplification, surtout dans le cas où le dénominateur divise exactement le numérateur, c'est-à-dire est lui-même le plus grand commun diviseur : elle s'explique aisément, puisque, nous l'avons déjà dit, la valeur *réelle* du dénominateur, quel qu'il soit, est toujours 1; donc autant de fois il sera contenu dans le numérateur, autant de fois l'expression fractionnaire contiendra d'unités entières.

RÉDUCTION AU MÊME DÉNOMINATEUR.

129. Soit les fractions $\dfrac{1}{3}$, $\dfrac{3}{4}$, $\dfrac{3}{5}$, $\dfrac{2}{7}$ à réduire au même dénominateur; en prenant, suivant la règle, pour dénominateur commun le produit $3\times4\times5\times7$ de tous les dénominateurs, les fractions auront bien le même dénominateur; de plus la valeur d'une quelconque d'entre elles, $\dfrac{3}{4}$ par exemple, n'est pas altérée, puisque les deux termes, qui deviennent $3\times3\times5\times7$ et $4\times3\times5\times7$, sont multipliés par le *même nombre* ($3\times5\times7$) produit des dénominateurs de toutes les autres.

Supposons que l'on veuille, par la seconde méthode, réduire au même dénominateur les fractions $\dfrac{2}{3}$, $\dfrac{5}{6}$, $\dfrac{4}{9}$, on prend le plus petit commun multiple de tous les dénominateurs, c'est-à-dire 18 pour dénominateur commun; or, pour passer d'un quelconque des anciens dénominateurs au nouveau, il suffirait de le multiplier par le quotient du plus petit commun multiple divisé par ce dénominateur; ainsi, pour passer du dénominateur 3 à 18, il suffirait de multiplier 3 par 6, quotient de 18 par 3; donc, comme pour ne pas altérer la valeur de la fraction il faut multiplier ses deux termes par le même nombre, il faudra aussi multiplier le numérateur par ce quotient.

Le même raisonnement explique la manière de procéder pour ramener une fraction à avoir un dénominateur donné. Mais, il est facile de le comprendre, ce n'est qu'autant que le nouveau dénominateur est exactement divisible par l'ancien que l'on peut opérer suivant cette règle.

On comprend aussi, sans qu'il y ait besoin d'une démonstration, que si, préalablement à la recherche du dénominateur commun, on réduit chaque fraction à sa plus simple expression, les dénominateurs étant plus petits, leur plus petit commun multiple sera aussi plus petit, et par suite la nouvelle forme des fractions sera plus simple.

150. Pour mettre un nombre entier sous forme de fraction, on lui donne pour dénominateur 1; cela n'altère en rien la valeur du nombre entier, car l'expression $\frac{8}{1}$, par exemple, d'après la première origine des fractions (112) signifie que l'unité est partagée en *une* partie, c'est-à-dire reste entière, et que $\frac{8}{1}$ en contient 8, c'est-à-dire vaut 8 unités. D'après la seconde origine (116) $\frac{8}{1}$ exprime la valeur du quotient de 8 par 1; donc la valeur de cette expression est bien encore 8 unités.

151. Ces transformations de fractions au même dénominateur ou à un dénominateur donné, et celle des entiers en fractions, sont utiles toutes les fois que l'on veut combiner ensemble des fractions de dénominateurs différents, ou des fractions et des entiers; car, nous le savons, on ne peut combiner ou comparer que des quantités de la même espèce; or, des tiers et des quarts, ou des cinquièmes et des entiers, ne sont pas de la même espèce; mais réduits au même dénominateur, c'est-à-dire exprimant des parties identiques de l'unité, ces nombres deviennent comparables et peuvent se combiner entre eux.

Ainsi, pour en donner un exemple, supposons que l'on

veuille savoir laquelle des deux fractions $\frac{4}{6}$ et $\frac{3}{4}$ est la plus grande ; il est évident qu'au premier coup d'œil on ne peut s'en rendre un compte exact, mais réduisons-les au même dénominateur, elles deviennent $\frac{16}{24}$ et $\frac{18}{24}$, on voit alors de suite que la fraction $\frac{18}{24}$ ou $\frac{3}{4}$ est plus grande que $\frac{16}{24}$ ou $\frac{4}{6}$, et la dépasse exactement de $\frac{2}{24}$.

QUESTIONNAIRE.

112. Qu'est-ce qu'une fraction ; comment se forment les fractions?

Comment se nomment les deux termes d'une fraction, qu'exprime chacun d'eux?

113. Comment écrit-on une fraction?

114. Comment lit-on une fraction?

115. Duquel de ses deux termes dépend la grandeur d'une fraction?

116. Comment trouve-t-on le quotient d'un nombre plus grand par un plus petit, et comment complète-t-on le quotient d'une division qui donne un reste?

Quelle est la seconde origine des fractions?

117-118-119. Quelles variations subit la valeur d'une fraction suivant que l'on multiplie ou que l'on divise ses deux termes par un même nombre, d'abord séparément, puis ensemble?

120. Comment simplifie-t-on une fraction, et la réduit-on à sa plus simple expression? Qu'est-ce qu'une fraction irréductible?

121. Comment extrait-on les entiers d'une expression fractionnaire?

122. Comment réduit-on des fractions au même dénominateur?

Quelles sont les deux méthodes que l'on peut employer?

123. Comment ramène-t-on une fraction à avoir un dénominateur donné?

124. Comment transforme-t-on un nombre entier en fraction, et en fraction ayant un dénominateur donné?

125. Démontrer qu'en multipliant le numérateur, ou en divisant le dénominateur d'une fraction par un nombre, on la rend ce nombre de fois plus grande.

126. Démontrer qu'en divisant le numérateur ou en multipliant le numérateur d'une fraction par un nombre, on la rend ce même nombre de fois plus petite.

127. Démontrer qu'en multipliant les deux termes d'une fraction par un nombre on ne change pas sa valeur.

128. Expliquez la simplification des fractions.

129. Expliquez la réduction au même dénominateur.

130. Expliquez la transformation d'un nombre entier en fraction.

131. Faites voir l'utilité de ces diverses transformations, et comment on doit faire pour comparer des fractions.

Exercices pratiques.

Réduire à leur plus simple expression les fractions :

$$\frac{2}{14}, \frac{6}{27}, \frac{30}{66}, \frac{90}{126}, \qquad (5)\ \frac{18}{45}, \frac{240}{240}, \frac{54}{72}, \frac{270}{540}, \frac{330}{242},$$

$$(10)\ \frac{594}{792},\ \frac{2970}{2700},\ \frac{3632}{6050}, \qquad \frac{1658}{1988},\ \frac{2312}{3854},\ (15)\ \frac{1430}{2866}.$$

Réduire au même dénominateur, par la première méthode, les fractions :

$$\frac{8}{12},\ \frac{3}{145}; \qquad \frac{92}{136},\ \frac{71}{88},\ \frac{36}{50}; \qquad \frac{634}{982},\ \frac{365}{854},\ \frac{3}{6},\ \frac{9}{11}; \qquad \frac{1}{8},\ \frac{4}{5},\ \frac{3}{4},\ \frac{6}{11},\ \frac{7}{9},\ \frac{3}{7};$$

$$(20)\ \frac{2}{22},\ \frac{3}{31},\ \frac{5}{7},\ \frac{8}{9},\ \frac{4}{33},\ \frac{6}{21},\ \frac{5}{11}.$$

Réduire au même dénominateur, par la deuxième méthode, les fractions :

$$\frac{2}{14},\ \frac{8}{210},\ \frac{92}{2310},\ \frac{14}{330}; \qquad \frac{9}{66},\ \frac{92}{242},\ \frac{3}{44},\ \frac{8}{30},\ \frac{4}{45};$$

$$\frac{11}{18},\ \frac{9}{54},\ \frac{111}{270},\ \frac{300}{594},\ \frac{1008}{2970};$$

$$\frac{49}{120},\ \frac{3}{90},\ \frac{2}{27},\ \frac{28}{792},\ \frac{1}{9},\ \frac{100}{135},\ \frac{92}{510};$$

$$(25)\ \frac{1}{135},\ \frac{2}{425},\ \frac{3}{81},\ \frac{6}{42},\ \frac{5}{135},\ \frac{2}{162},\ \frac{3}{2379},\ \frac{9}{192}.$$

Réduire les nombres suivants en fractions ayant pour dénominateur respectivement les nombres entre parenthèses qui suivent chacun d'eux :

8 (12),	582 (11),
78 (8),	608 (1380),
87 (9),	990 (484),
105 (25),	3634 (1413),
(30) 504 (18),	(35) 2999 (23454).

Exercices théoriques.

1. Une barre d'argent a été partagée en 300 morceaux égaux ; pour ma part j'en ai pris 12, un de mes amis en a pris 18, et un autre 36 ; quels sont les nombres qui représentent la part de chacun de nous ?

2. Une fraction a pour dénominateur 25 ; combien de valeurs différentes peut avoir le numérateur, la fraction devant toujours rester plus petite que l'unité ?

3. Quelle est la forme la plus simple possible de la fraction $\frac{27}{27}$?

4. Pourquoi la fraction $\frac{1}{2}$ est-elle égale à la fraction $\frac{2}{4}$?

5. Pourquoi l'expression $\frac{182}{100}$ est-elle plus grande que 1 ?

6. Si, au lieu d'écrire $\frac{3}{6}$ on écrivait $\frac{6}{3}$, quelle est la valeur de l'erreur que l'on ferait ?

7. Pourquoi le quotient de 2 par 3 doit-il être une fraction ?

8. Changerait-on la valeur d'une fraction en ajoutant le même nombre à ses deux termes? La changerait-on en l'ajoutant terme à terme à elle-même ?

9. Si j'ajoute ou je supprime un même nombre de zéros à la droite aux deux termes d'une fraction change-t-elle de valeur ?

10. Quelle est la fraction qui est 5 fois plus grande que $\frac{2}{25}$?

11. A quoi reconnaît-on qu'une expression fractionnaire contient des entiers ?

12. Lui et moi avons la même fortune; j'ai mangé les $\frac{7}{12}$ de la mienne, lui les $\frac{92}{123}$ de la sienne; comment feriez-vous pour savoir auquel des deux il reste le plus?

13. Pourquoi est-il utile de réduire les fractions au même dénominateur ?

14. Combien de fois $\frac{8}{1}$ est-il plus grand que $\frac{1}{8}$?

15. Comment trouver une fraction égale à la moitié de $\frac{3}{192}$?

CHAPITRE II.

DES QUATRE OPÉRATIONS DES FRACTIONS.

Théorie pratique.

Addition.

152. RÈGLE : *Pour faire l'addition des fractions, on les réduit au même dénominateur, puis on additionne, d'après les règles des nombres entiers, tous les numérateurs; on obtient* *ainsi le numérateur de la fraction somme, on lui donne pour dénominateur le dénominateur commun.*

Ainsi, soit à additionner les fractions :

$$\frac{2}{3} \quad \frac{4}{5} \quad \frac{1}{4} \quad \frac{2}{6}$$

réduites au même dénominateur elles deviennent :

$$\frac{240}{360} \quad \frac{288}{360} \quad \frac{90}{360} \quad \frac{120}{360}$$

additionnant les numérateurs, on a pour somme 738 ; la fraction somme est alors : $\dfrac{738}{360}$.

RÈGLE : *Pour additionner des fractions et des nombres entiers, on transforme ces entiers en fraction en leur donnant pour dénominateur 1, et l'on opère comme ci-dessus.*

Ainsi, pour additionner ensemble :

$$5 \quad 8 \quad \frac{3}{4} \quad \frac{2}{3}$$

on écrit :

$$\frac{5}{1} \quad \frac{8}{1} \quad \frac{3}{4} \quad \frac{2}{3}$$

on les réduit au même dénominateur, ce qui donne :

$$\frac{60}{12} \quad \frac{96}{12} \quad \frac{9}{12} \quad \frac{8}{12}$$

et la somme est : $\dfrac{173}{12}$.

On rencontre quelquefois des nombres complexes, formés d'un nombre entier et d'une fraction ; si l'on veut les introduire dans les calculs, ils amènent des complications difficiles ; aussi faut-il toujours réduire le tout par l'addition en une expression fractionnaire, et les employer sous cette forme jusqu'à la fin des calculs.

Ainsi, supposons que l'on ait à introduire dans un calcul le nombre complexe $2\,\frac{4}{7}$, il faudra avant tout le réduire en une expression fractionnaire, ce qui donnera $\dfrac{18}{7}$, l'employer sous cette forme, puis à la fin des calculs, si le résultat est une expression fractionnaire, on pourra en extraire les entiers.

Ce que nous disons ici, à propos de l'addition des fractions, s'applique également aux trois autres opérations.

Soustraction.

133. RÈGLE : *Pour soustraire deux fractions l'une de l'autre, on les réduit au même dénominateur; on fait la soustraction des numérateurs, et l'on donne au reste le dénominateur commun.*

Ainsi, soit à soustraire deux fractions l'une de l'autre, par exemple $\frac{3}{8}$ de $\frac{9}{11}$, on les réduit au même dénominateur, ce qui donne :

$$\frac{33}{88} \qquad \frac{72}{88}$$

On retranche 33 de 72, le reste est 39, on lui donne pour dénominateur le dénominateur commun 88, et le reste cherché est :

$$\frac{39}{88}.$$

RÈGLE : *Pour soustraire une fraction d'un nombre entier, on réduit l'entier en fraction de même dénominateur, et l'on opère suivant la règle ci-dessus.*

Ainsi, pour soustraire $\frac{3}{5}$ de 2, on transforme 2 en fraction ayant pour dénominateur 5, on a ainsi les deux fractions :

$$\frac{3}{5} \qquad \frac{10}{5}$$

retranchant 3 de 10, et donnant au reste le dénominateur 5, on a pour reste définitif $\frac{7}{5}$ ou $1\frac{2}{5}$.

Multiplication.

134. RÈGLE : *Pour faire le produit de deux ou plusieurs fractions, on multiplie les numérateurs entre eux et les dé-*

nominateurs entre eux; ces deux produits donnent le numérateur et le dénominateur du produit cherché.

Ainsi, pour multiplier $\frac{3}{4}$ par $\frac{7}{9}$, on multiplie 3 par 7, ce qui donne 21, puis 4 par 9, ce qui donne 36, et le produit est $\frac{21}{36}$.

RÈGLE : *Pour multiplier un nombre entier par une fraction, et réciproquement, on multiplie par l'entier le numérateur de la fraction, ou, si cela est possible exactement, on divise le dénominateur par le nombre entier.*

Ainsi, pour multiplier $\frac{5}{12}$ par 4, on peut, ou multiplier 5 par 4, ce qui donne $\frac{20}{12}$, ou diviser 12 par 4, ce qui donne $\frac{5}{3}$; résultats parfaitement équivalents, quoique différents de forme.

Division.

155. RÈGLE : *Pour diviser deux fractions l'une par l'autre, on multiplie le numérateur du dividende par le dénominateur du diviseur, et le dénominateur du dividende par le numérateur du diviseur, ou, autrement dit, on multiplie la fraction dividende par la fraction diviseur retournée.*

Ainsi, pour diviser $\frac{5}{7}$ par $\frac{2}{3}$, on multiplie 5 par 3 et 7 par 2, ou, ce qui revient au même, on multiplie $\frac{5}{7}$ par $\frac{3}{2}$; le quotient est $\frac{15}{14}$.

RÈGLE : *Pour diviser une fraction par un nombre entier, on divise, si cela peut se faire exactement, son numérateur par ce nombre entier, ou sinon, on multiplie son dénominateur par le nombre entier.*

Exemple : Pour diviser $\frac{15}{21}$ par 3, on divisera 15 par 3, et l'on trouvera pour quotient $\frac{5}{21}$; mais si 15 n'était pas exactement divisible par 3, on multiplierait 21 par 3, et l'on trouverait pour quotient $\frac{15}{63}$.

RÈGLE : *Pour diviser un nombre entier par une fraction, on multiplie ce nombre par le dénominateur de la fraction, ce qui donne le numérateur du quotient, auquel on donne pour dénominateur le numérateur de la fraction, ou, autrement dit, on multiplie ce nombre par la fraction renversée.*

Exemple : Soit à diviser 3 par $\frac{5}{6}$, on multiplie 3 par 6, et le quotient est $\frac{18}{5}$, ce qui revient à multiplier 3 par $\frac{6}{5}$.

Du reste, toutes les opérations entre fractions et nombres entiers peuvent se faire d'après les règles des opérations des fractions entre elles, il suffit de mettre le nombre entier sous forme de fraction en lui donnant 1 pour dénominateur; une seule règle suffira alors pour chaque opération.

Théorie raisonnée.

ADDITION.

136. L'addition des fractions, comme celle des nombres entiers, a pour but de trouver une fraction qui contienne exactement à elle seule toutes les parties constitutives des fractions données.

Ainsi, additionner $\frac{3}{4}$ et $\frac{5}{7}$, c'est chercher une fraction renfermant à elle seule 3 parties dont il y ait 4 dans l'unité, et 2 parties dont il y ait 7 dans l'unité.

Mais des septièmes et des quarts ne sont pas des quantités de même grandeur et de même espèce ; donc, pour pouvoir les réunir ensemble, il faut les ramener à exprimer des parties de même nature de l'unité ; voilà pourquoi la règle exige de réduire avant tout les fractions au même dénominateur. Il suffit ensuite d'additionner les numérateurs seuls, car ce sont eux qui constituent les valeurs des fractions ; quant au dénominateur, il doit rester le même, car il n'indique que le nombre des parties en lesquelles l'unité a été partagée, nombre qui est le même pour toutes les fractions, et le même pour leur somme.

Le même raisonnement explique l'addition des fractions avec des nombres entiers.

SOUSTRACTION.

137. La soustraction des fractions a pour but d'ôter à une fraction autant de parties de l'unité qu'il y en a dans une autre fraction.

Ainsi, soustraire $\frac{1}{7}$ de $\frac{3}{5}$, c'est ôter à $\frac{3}{5}$ $\frac{1}{7}$ de l'unité.

Or, comme on ne peut retrancher l'une de l'autre que des quantités de la même espèce, il faut avant tout les réduire au même dénominateur, et à la différence des numérateurs il faudra donner le dénominateur commun.

MULTIPLICATION.

138. La multiplication des fractions a pour but de trouver une fraction produit, qui soit formée avec une fraction multiplicande de la même manière que la fraction multiplicateur est formée avec des parties de l'unité.

Ainsi, multiplier $\frac{4}{5}$ par $\frac{2}{3}$, c'est chercher une fraction qui soit formée avec $\frac{4}{5}$ comme $\frac{2}{3}$ l'est avec l'unité. Or, $\frac{2}{3}$ étant formé de deux parties de l'unité partagée en trois, le produit devra être formé de deux parties de $\frac{4}{5}$ partagé en trois parties ; une de ces parties sera $\frac{4}{5}$ rendu 3 fois plus petit, ou $\frac{4}{5\times3}$, car (118) on rend une fraction 3 fois plus petite en multipliant son dénominateur par 3, et comme le produit doit contenir 2 de ces parties, il sera 2 fois plus grand que $\frac{4}{5\times3}$ ou $\frac{4\times2}{5\times3}$, car (117) on rend une fraction 2 fois plus grande en multipliant son numérateur par 2.

Ainsi s'explique la règle de multiplier les numérateurs entre eux et les dénominateurs entre eux.

On démontre de même le cas où un des facteurs est un nombre entier, en lui donnant pour dénominateur 1.

De la définition même de la multiplication il suit que, le multiplicateur étant formé de parties de l'unité et plus petit qu'elle, le produit doit être formé de parties du multiplicande et être plus petit que lui, ce qu'il est aisé de vérifier ; et comme l'on peut, sans changer le produit, intervertir l'ordre des facteurs (66), il en résulte que le produit de deux fractions est toujours plus petit que chacun des facteurs.

Ainsi le produit de $\frac{2}{3}$ par $\frac{4}{5}$ sera les *quatre cinquièmes* de $\frac{2}{3}$ et les *deux tiers* de $\frac{4}{5}$, et sera plus petit par suite que $\frac{2}{3}$ et que $\frac{4}{5}$.

Multiplier une fraction par une autre, c'est, en somme, *prendre une fraction de fraction.*

DIVISION.

159. La division des fractions a pour but, connaissant le produit de deux fractions, et l'une d'elles, de trouver l'autre fraction.

Ainsi diviser $\frac{4}{9}$ par $\frac{2}{3}$, c'est chercher la fraction qui, multipliée par $\frac{2}{3}$, a produit $\frac{4}{9}$.

Si le diviseur, au lieu d'être $\frac{2}{3}$, était 2 seulement, la fraction cherchée serait deux fois plus petite que $\frac{4}{9}$ ou $\frac{4}{9\times2}$ (118), mais le diviseur n'est pas 2, mais $\frac{2}{3}$, c'est-à-dire une quantité 3 fois plus petite que 2, donc le quotient $\frac{4}{9\times2}$ est trois fois trop petit, puisque le diviseur 2 était 3 fois trop

5.

grand; donc le vrai quotient est $\dfrac{4}{9\times2}$ rendu trois fois plus grand, ou $\dfrac{4\times3}{9\times2}$; ce qui explique la règle de multiplier la fraction dividende par la fraction diviseur renversée.

Le cas où le dividende ou le diviseur sont des nombres entiers s'explique de même en leur donnant 1 pour dénominateur.

Puisque le dividende est supposé être le produit de deux fractions, il doit être plus petit que le diviseur et le quotient; s'il en était autrement, c'est-à-dire si le dividende était plus grand que le diviseur, cela annoncerait que le quotient doit être plus grand que 1, et être une expression fractionnaire. Mais, dans tous les cas, le quotient sera toujours plus grand que le dividende, puisque multiplié par une fraction il doit le reproduire. On voit donc que pour les fractions l'idée de la division, comme recherche d'un nombre un certain nombre de fois plus petit qu'un autre, n'est pas applicable, non plus que l'idée de division d'un nombre en parties égales; et, de même que dans la multiplication des fractions on ne doit pas s'étonner d'arriver à un résultat moindre que chaque fraction, dans la division on doit s'attendre à un résultat plus grand que le dividende.

QUESTIONNAIRE.

132. Comment fait-on l'addition des fractions?

Comment additionne-t-on des fractions et des nombres entiers?

133. Comment fait-on la soustraction des fractions?

Comment soustrait-on un entier d'une fraction?

134. Comment fait-on le produit d'une ou plusieurs fractions?

Comment multiplie-t-on un entier par une fraction et réciproquement?

135. Comment divise-t-on une fraction par une fraction?

Comment divise-t-on un entier par une fraction, ou une fraction par un entier?

136. Qu'est-ce que l'addition des fractions? Pourquoi les réduit-on au même dénominateur? Expliquez la règle.

137. Qu'est-ce que la soustraction des fractions? Expliquez la règle.

138. Qu'est-ce que la multiplication des fractions? Expliquez la règle, dans le cas de deux fractions, dans le cas d'une fraction et d'un nombre entier.

Pourquoi le produit est-il plus petit que chaque fraction?

139. Qu'est-ce que la division des fractions?

Expliquez la règle d'opération pour deux fractions; pour un entier divisé par une fraction, pour une fraction divisée par un entier.

Pourquoi le quotient est-il plus grand que le dividende?

Exercices pratiques.

Additionner les fractions :

$$\frac{8}{18}+\frac{15}{34}; \qquad \frac{72}{998}+\frac{5}{125}+\frac{9}{99}; \qquad \frac{3}{4}+\frac{2}{15}+\frac{3}{14}+\frac{4}{21}+\frac{7}{18}$$

$$\frac{1}{46}+\frac{9}{69}+\frac{6}{39}+\frac{2}{22}+\frac{8}{34}+\frac{3}{37}; \quad (5)\ \frac{6}{33}+\frac{8}{57}+\frac{8}{38}+\frac{13}{26}+\frac{15}{30}+\frac{10}{14}.$$

Soustraire les fractions :

$$\frac{168}{933}-\frac{54}{8172}; \qquad \frac{92}{12348}-\frac{330}{918936}; \qquad \frac{1928}{3856}-\frac{181213}{362426};$$

$$\frac{14344}{13720}-\frac{2172}{10860}; \qquad (10)\ \frac{168981}{289734}-\frac{56328}{173428}.$$

Multiplier les fractions, puis les fractions et les entiers suivants :

$$\frac{32}{64}\times\frac{8}{16}; \qquad \frac{163}{2882}\times\frac{89}{103}; \qquad \frac{2372}{3680}\times\frac{48}{963}; \qquad \frac{12345}{67891}\times\frac{54321}{987653};$$

$$(15)\ \frac{3}{5}\times\frac{5}{7}\times\frac{9}{11}\times\frac{3}{21};$$

$$\frac{48}{99}\times 8; \qquad \frac{632}{880}\times 633; \qquad \frac{2897}{5632}\times 829; \qquad \frac{1289}{1367}\times 492.$$

Faire les divisions suivantes :

$$(20)\quad \text{Diviser}\quad \frac{292}{930}\quad \text{par}\quad \frac{180}{676};$$

$$-\quad \frac{8}{9}\quad -\quad \frac{12356}{96736};$$

$$-\quad \frac{13692}{14703}\quad -\quad \frac{8990}{9988};$$

$$-\quad 129\quad -\quad \frac{54}{72};$$

$$-\quad 3682\quad -\quad \frac{12356}{78908};$$

$$(25)\quad -\quad \frac{92}{136}\quad -\quad 1028;$$

$$-\quad \frac{1}{2}\quad -\quad 108909.$$

J'ai fait hier les $\frac{7}{33}$ de ma route, aujourd'hui j'en ferai les $\frac{23}{128}$, demain les $\frac{4}{21}$; quelle fraction de ma route aurai-je faite, et quelle fraction m'en restera-t-il à faire?

J'ai mangé d'abord $\frac{1}{4}$ de ma fortune, puis $\frac{2}{23}$, puis $\frac{3}{72}$, puis $\frac{5}{82}$; quelle fraction m'en reste-t-il, en supposant que j'eusse au début 1087436 francs, et combien ai-je mangé?

Vous avez 75000 francs, donnez-m'en les $\frac{3}{5}$; vous qui avez 81000 francs, donnez-m'en $\frac{2}{9}$; vous qui avez 8910 francs, donnez-m'en $\frac{2}{45}$, et j'aurai en tout les $\frac{3}{8}$ de ma fortune actuelle; combien ai-je?

30. Mon âge est les $\frac{3}{4}$ des $\frac{7}{9}$ du vôtre qui est 72 ans; quel est mon âge?

J'ai vendu en divers marchés $\frac{1}{3}$ de mes œufs; puis $\frac{1}{2}$ du restant; puis $\frac{4}{5}$ du restant, et il me reste 20 œufs; combien en avais-je?

On a payé 90 francs pour les $\frac{3}{11}$ d'un certain ouvrage; quel est le prix de l'ouvrage entier?

Par quel nombre faut-il multiplier $8\frac{72}{80}$ pour obtenir $28\frac{36}{40}$?

Dans une fête j'ai payé les $\frac{23}{132}$ de la dépense, et cela m'a coûté 46 francs; quelle était la dépense totale?

35. Nous vivons plusieurs à frais communs; je paye pour moi les $\frac{8}{70}$, pour mon fils les $\frac{3}{60}$ et cela monte par jour à 6 francs $\frac{3}{4}$; quelle est la dépense commune?

Les $\frac{2}{3}$ des $\frac{4}{9}$ des $\frac{3}{11}$ des $\frac{28}{42}$ d'une somme font 50 francs; quelle est cette somme?

Les $\frac{7}{10}$ d'une marchandise ont coûté 259 francs, combien payera-t-on pour le reste, et combien pour les $\frac{3}{20}$ et les $\frac{8}{22}$?

Deux hommes ont à se partager une somme de 11904 francs; le premier doit avoir les $\frac{3}{4}$ des $\frac{3}{12}$ des $\frac{3}{8}$ de cette somme; quelle est la part de chacun?

Quel est le nombre dont les $\frac{2}{3}$ des $\frac{3}{4}$ font autant que les $\frac{7}{11}$ des $\frac{4}{5}$ de 90?

40. Quel est le nombre qui, multiplié par $72\frac{2}{3}$, puis divisé par $8\frac{1}{9}$, donne $99\frac{3}{4}$?

On a payé 365 francs $\frac{6}{9}$ pour 11 douzaines $\frac{1}{2}$ de chapeaux; quel est le prix d'un chapeau?

Exercices théoriques.

1. Pour additionner 2 et une fraction quel changement suffit-il de faire subir au numérateur?

2. Si, ayant réduit deux fractions au même dénominateur, on additionne les numérateurs entre eux, le résultat est-il plus grand ou plus petit que les fractions données?

3. Quelle est la valeur du résultat si les deux fractions sont égales?

4. Pourquoi pour multiplier deux fractions n'a-t-on pas besoin de les réduire au même dénominateur?

5. La multiplication des fractions pourrait-elle, comme celle des nombres entiers, se faire par une addition?

6. Dans quel cas le produit peut-il être plus grand que le multiplicande, mais alors est-il plus grand que le multiplicateur?

7. Le quotient de deux fractions peut-il être jamais inexact?

8. Pourquoi n'est-il pas besoin de réduire deux fractions au même dénominateur pour les diviser?

8. Dans quel cas prévoit-on que le quotient de deux fractions doit être un nombre fractionnaire, c'est-à-dire plus grand que 1?

10. Si l'on divise une fraction par elle-même quel est le quotient?

11. Quel est le quotient de l'unité divisée par une fraction?

12. Par quel nombre faut-il multiplier une fraction pour avoir 1 pour produit?

13. Si l'on opère sur des expressions fractionnaires, quelle sera la grandeur du produit ou du quotient relativement aux facteurs?

CHAPITRE III.

DES FRACTIONS DÉCIMALES.

Numération.

140. *On appelle fractions décimales des fractions dont le dénominateur est l'unité suivie de un ou plusieurs zéros.*

Ainsi les fractions $\dfrac{8}{1000}$, $\dfrac{11}{100}$, $\dfrac{3}{10000}$, sont des fractions décimales.

Nous savons que dans notre système de numération tout chiffre écrit à la droite d'un autre exprime des unités 10 fois plus petites; il suit de là que si, à la droite du chiffre des unités on écrivait un autre chiffre, celui-ci devrait exprimer des quantités 10 fois plus petites que l'unité, c'est-à-dire des dixièmes; si à la droite de celui-ci on écrit un second chiffre, il devra représenter des unités 10 fois plus petites que des dixièmes, c'est-à-dire des centièmes, de même un nouveau chiffre à droite exprimerait des millièmes, un autre des dix-millièmes, et ainsi de suite.

Cette remarque permet d'écrire les fractions décimales d'une manière plus simple, et qui les assimile aux nombres entiers.

En effet, soit à écrire la fraction $\dfrac{8}{10}$; cette fraction renfermant des quantités 10 fois plus petites que l'unité, le chiffre qui la représentera devrait s'écrire immédiatement à la droite de l'unité; mais comme il n'y a point ici de chiffre des unités, on convient de le remplacer par un 0, et, pour bien indiquer la place des unités, place d'où dépend la valeur des chiffres suivants, on la marque par une virgule, dès lors la fraction proposée peut s'écrire ainsi : 0,8. De même les fractions $\dfrac{9}{100}$, $\dfrac{32}{10000}$ pourront s'écrire 0,09, 0,0032, en plaçant, dans la première, le chiffre 9 au second rang après la virgule, car les centièmes sont dix fois plus petits que les dixièmes, que l'on remplace ici par un zéro, et, dans la seconde, en écrivant le 2 au quatrième rang, place des dix-millièmes, et le 3 au troisième rang, place des millièmes, parce que 30 dix-millièmes ou 3 fois 10 dix-millièmes valent 3 millièmes. De là la règle :

141. RÈGLE : *Pour écrire une fraction décimale, on écrit son numérateur comme s'il était un nombre entier, puis, remarquant l'espèce des parties décimales exprimées par le dénominateur, on place le dernier chiffre à droite après l'expression 0, à autant de rangs qu'il y a de zéros dans le dénominateur. S'il y a dans le numérateur écrit moins de chiffres qu'il n'en faut pour occuper tous les rangs, on les complète par des zéros placés entre la virgule et ce numérateur.*

Ainsi, pour écrire les fractions $\dfrac{282}{1000}$, $\dfrac{28}{100000}$, on écrira : 0,282, 0,00028.

On voit dans la seconde que pour que le 8 occupe le cinquième rang, rang des cent-millièmes, on a dû mettre trois zéros entre la virgule et le 2.

Si l'on doit écrire une fraction décimale dictée, la règle est la même, car une fraction ordinaire ou la fraction décimale correspondante se lisent de même ; en effet :

142. RÈGLE : *Pour lire une fraction décimale, on lit le nombre écrit après la virgule, comme si c'était un nombre entier, en donnant au dernier chiffre à droite le nom de l'unité décimale représentée par l'unité suivie d'autant de zéros qu'il y a de chiffres dans la fraction après la virgule, et on lui donne la terminaison ième.*

Ainsi les fractions 0,028, 0,000036, se liront :

Vingt-huit millièmes ; trente-six millionièmes.

Et l'on voit que l'on ne lirait pas autrement les fractions ordinaires correspondantes : $\dfrac{28}{1000}$, $\dfrac{36}{1000000}$.

143. Lorsqu'une quantité a une valeur exprimée par un nombre entier, plus une fraction décimale, on écrit l'entier et la fraction sous la forme d'un seul nombre, en plaçant une virgule à la suite des unités simples du nombre entier, et écrivant après la fraction décimale.

Ainsi la quantité représentée par 28 plus 0,063, s'écrira en un seul nombre 28,063.

Ces nombres ainsi formés d'un entier et d'une fraction décimale s'appellent nombres décimaux. Ils se prêtent au calcul aussi aisément que les nombres entiers, et comme ils jouissent aussi de toutes les propriétés des fractions décimales, tout ce que nous dirons désormais sur celles-ci s'appliquera également aux nombres décimaux.

Propriétés des fractions décimales.

Théorie pratique.

144. On multiplie une fraction décimale ou un nombre décimal par 10, 100, 1000, en un mot par l'unité suivie de zéros, en avançant la virgule vers la droite d'autant de rangs qu'il y a de zéros dans le multiplicateur.

Ainsi, pour multiplier par 1000 la fraction 0,00082, on n'aura qu'à avancer la virgule de trois rangs vers la droite, ce qui donne 0,82; pour multiplier par 10000 la fraction 0,02638, on l'avancera de quatre rangs, ce qui donne le nombre décimal 263,8.

145. On divise une fraction décimale ou un nombre décimal par 10, 100, 1000, en un mot par l'unité suivie de zéros, en reculant la virgule vers la gauche d'autant de rangs qu'il y a de zéros dans le diviseur; au besoin on complète ces rangs par des zéros.

Ainsi, pour diviser par 1000 la fraction 0,62, on recule la virgule de trois rangs, en plaçant trois zéros entre elle et le chiffre 6, la fraction devient 0,00062. Pour diviser par 100 le nombre décimal 142,25, on recule vers la gauche la virgule de deux rangs, ce qui donne 1,4225.

146. Cette règle permet de diviser exactement par 10, 100, 1000, etc., un nombre entier quelconque; il suffit, en effet, de séparer sur sa droite, à l'aide d'une virgule, autant de chiffres qu'il y a de zéros dans le diviseur.

Ainsi, pour diviser 6887 par 100, il suffit de séparer par une virgule deux chiffres à sa droite, et 68,87 sera le quotient *exact* cherché.

La formation des nombres décimaux permet aussi de calculer, avec autant d'exactitude qu'on le veut, le quotient de deux nombres lorsque la division donne un reste.

147. RÈGLE. *Lorsque la division de deux nombres donne un reste, et que l'on veut avoir une expression plus exacte de la valeur vraie du quotient, on ajoute un zéro à la droite du reste, ce qui suffit en général pour qu'il puisse contenir le diviseur, on divise, et l'on écrit le chiffre résultant à la droite du quotient déjà trouvé, en l'en séparant par une virgule; à droite du nouveau reste on ajoute encore un zéro, on divise par le diviseur, et l'on écrit le nouveau chiffre trouvé au quotient, à la suite du premier; on continue de même, jusqu'à ce que l'on ait obtenu un nombre de chiffres décimaux jugé suffisant pour l'exactitude du résultat. Si un zéro ajouté au reste n'est pas suffisant pour qu'il puisse contenir le diviseur, on écrit 0 au quotient, et l'on ajoute au reste un second zéro, et ainsi de suite, jusqu'à ce que la division soit possible.*

Ainsi soit proposé de diviser 27 par 14 :

$$
\begin{array}{r|l}
27 & 14 \\
130 & 1,925 \\
40 & \\
80 & \\
10 &
\end{array}
$$

En divisant 27 par 14 d'après la méthode connue, on trouve 1 pour quotient, et 13 pour reste, alors on ajoute un 0 au reste, qui devient 130, on écrit une virgule après le quotient 1, et l'on divise 130 par 14, on trouve 9 pour quotient, on l'écrit à la droite de la virgule, et l'on a pour reste 4; on y ajoute un 0, et l'on divise 40 par 14 ; on écrit à la suite du 9 le nouveau quotient 2, puis ajoutant un nouveau zéro au reste 8, et divisant 80 par 14, on obtient pour quotient 5, on l'écrit à la suite du chiffre déjà trouvé, et on a pour reste 10.

On pourrait continuer encore de même et trouver de nouveaux chiffres. Remarquons que le nouveau quotient 1,925 est beaucoup plus exact que le premier quotient 1, aussi doit-on employer ce procédé toutes les fois que les calculs exigent une certaine exactitude. Quant à la limite à laquelle on peut s'arrêter, elle dépend à la fois du degré d'exactitude désiré, et aussi de l'espèce de quantité que le quotient représente ; nous traiterons, du reste, cette question dans le chapitre des Approximations.

148. Un nombre décimal ne change pas de valeur si l'on ajoute à sa droite un certain nombre de zéros.

Ainsi, le nombre décimal 8,923 conservera la même valeur si l'on ajoute trois zéros à sa droite, ainsi : 8,923000.

Théorie raisonnée.

149. *On multiplie une fraction ou un nombre décimal par 10, 100, 1000, etc., en avançant la virgule vers la droite de un, deux, trois, etc., rangs.*

En effet, soit la fraction 0,872 à multiplier par 100 ; d'après la règle il suffira d'écrire 87,2, car 8, qui exprimait des dixièmes, exprime maintenant des dizaines, c'est-à-dire des unités cent fois plus fortes, de même 7 centièmes sont devenus 7 unités, et 2 millièmes 2 dixièmes ; donc, chaque partie étant devenue cent fois plus grande, la fraction tout entière est bien multipliée par 100.

On peut encore démontrer cette vérité en se souvenant des règles connues de la multiplication des fractions ordinaires ; en effet, 0,872 s'écrirait en fraction ordinaire $\frac{872}{1000}$; pour la multiplier par 100, il suffirait de diviser par 100 son dénominateur 1000 ; elle devient alors $\frac{872}{10}$, qui, écrite en fraction décimale, donne 87,2.

150. *On divise une fraction ou un nombre décimal par 10, 100, 1000, etc., en reculant la virgule vers la gauche de un, deux, trois, etc., rangs.*

En effet, soit le nombre décimal 634,28 à diviser par 100 ; d'après la règle il suffira d'écrire 6,3428, car 6, qui exprimait des centaines, n'exprime plus que des unités, c'est-à-dire est devenu cent fois plus petit ; de même 3 exprimait des dizaines, il exprime maintenant des dixièmes, et ainsi des autres ; en un mot chaque partie est devenue cent fois plus petite, donc la fraction est bien divisée par 100.

De même encore 634,28 écrit en fraction ordinaire serait $\dfrac{63428}{100}$; pour la diviser par 100, il suffirait de multiplier par 100 son dénominateur, elle deviendrait alors $\dfrac{63428}{10000}$, ou en fraction décimale : 6,3428.

151. Pour expliquer la règle de la recherche de chiffres décimaux pour compléter le quotient d'une division, prenons un exemple.

Soit à diviser 27 par 8.

$$
\begin{array}{r|l}
27 & 8 \\
\hline
30 & 3{,}37 \\
60 & \\
4 &
\end{array}
$$

Effectuant la division, on trouve 3 au quotient et 3 pour reste, que l'on ne peut plus diviser par 8 ; si l'on ajoute un 0 à 3, la division devient possible, mais par l'addition de ce 0 on multiplie 3 par 10 ; donc le nouveau dividende 30 est 10 fois trop grand, et le quotient trouvé sera 10 fois plus grand que sa véritable valeur, et pour l'y ramener il faudra le rendre 10 fois plus petit ; au lieu d'exprimer des unités il ne devra exprimer que des dixièmes, c'est pourquoi le séparant du premier chiffre par une virgule, on l'écrit au rang des dixièmes. De même le reste 6 est lui aussi 10 fois trop grand ; si pour continuer la division on lui ajoute un nouveau zéro, il devient alors 100 fois trop grand, et le quotient 7, de 60 par 8, devra exprimer des quantités cent fois plus petites que des unités, c'est-à-dire des centièmes; aussi l'écrit-on au deuxième rang après la virgule. Le même raisonnement se répéterait pour chaque nouveau chiffre.

152. *Une fraction ou un nombre décimal ne change pas de valeur si l'on ajoute des zéros à sa droite.*

En effet, soit le nombre 0,89, sa valeur restera la même après l'adjonction de deux zéros à sa droite, car ce nombre 0,8900, au lieu d'exprimer des centaines exprimera des dix-millièmes, mais au lieu de 89 centièmes, il exprime 8900 millièmes; c'est-à-dire que si ses parties sont cent fois plus petites, il en contient 100 fois plus; donc sa valeur n'a pas changé.

Par les fractions ordinaires la démonstration est encore plus simple, 0,89 écrit en fraction ordinaire devient $\frac{89}{100}$; or, on peut, sans changer sa valeur, multiplier par 100 les deux termes de cette fraction, qui devient alors $\frac{8900}{10000}$, ou, en fraction décimale, 0,8900.

QUESTIONNAIRE.

140. Qu'appelle-t-on fraction décimale?

Sur quel principe est fondée l'écriture des fractions décimales?

141. Comment écrit-on une fraction décimale?

142. Comment lit-on une fraction décimale?

143. Qu'est-ce qu'un nombre décimal? Comment écrit-on un nombre décimal?

144. Comment multiplie-t-on une fraction décimale par 10, 100, 1000, etc.?

145. Comment divise-t-on une fraction décimale par 10, 100, 1000, etc.?

146. Comment trouve-t-on le quotient exact d'un nombre divisé par 10, 100, 1000, etc.?

147. Comment complète-t-on le quotient d'une division au moyen de chiffres décimaux?

148. Change-t-on la valeur d'une fraction décimale en ajoutant des zéros à sa droite?

149. Démontrer la règle de multiplication d'une fraction décimale par 10, 100, 1000, etc.

150. Démontrer la règle de division d'une fraction décimale par 10, 100, 1000, etc.

151. Démontrer la règle de recherche de chiffres décimaux pour compléter le quotient d'une division.

152. Démontrer qu'une fraction décimale ne change pas de valeur si l'on ajoute des zéros à sa droite.

Exercices pratiques.

Écrire les fractions décimales :

Six centièmes — huit millièmes — cinq dix-millièmes —

deux cent cinq cent-millièmes — (5) huit mille neuf cent vingt-cinq cent-millièmes — huit centièmes trois cent-millièmes — soixante-sept mille huit cent quatre-vingt-treize cent-millièmes — vingt-cinq dix-millionièmes — neuf centièmes vingt cent-millièmes quatre dix-millionièmes — (10) soixante-dix-huit millions neuf cent soixante-trois mille cinq cent quarante-deux cent-millionièmes.

Écrire les nombres décimaux :

Cent vingt-huit, cinq dixièmes — deux cent vingt-quatre, quatre-vingt-neuf dix-millièmes — huit, deux cent huit cent-millièmes — vingt-cinq, deux millionièmes — (15) huit, trois millions cinquante mille six cent sept dix-millionièmes — dix-sept, deux cent quatre-vingt-neuf mille sept cent soixante-cinq millionièmes — vingt-huit, neuf millions vingt-mille trois cent quatre dix-millionièmes — mille huit cent quatre-vingt-deux, quatre cent millionièmes — mille, un millième — (20) un million, un millionième.

Lire les fractions et les nombres décimaux suivants :

0,0000005	0,80980305	953,13255638
8983,0000003	0,200004	0,0000020003
0,0000020003	29,0089000	1,00100205
0,80980305	8983,00000003	102,8956332
0,0000005	(30) 1000,1002001003	(35) 108,2000000

Calculer les quotients suivants :

	30	divisé par	7, jusqu'aux	millièmes.
	25	—	19,	— cent-millièmes.
	3728	—	2905,	— dix-millièmes.
	12148	—	9635,	— millionièmes.
(40)	1	—	8,	— millionièmes.
	4	—	15,	— cent millièmes.
	17	—	13,	— billionièmes.
	1893	—	2692,	— millionièmes.
	1896374	—	2963542,	— dix-millionièmes.
	1111	—	111,	— millionièmes.

Exercices théoriques.

1. Par quoi, dans une fraction décimale, est remplacé le dénominateur ?

2. Dans un système de numération où les unités diverses vaudraient chacune 7 fois la précédente, quelles sont les fractions que l'on pourrait écrire en fractions décimales ?

3. Si, dans un nombre décimal, on efface la virgule, quel changement lui fait-on subir ?

4. Dans un nombre décimal écrit, on intercale un 0 entre la virgule et la partie entière, ou entre la virgule et la partie décimale; quel changement fait-on subir au nombre dans les deux cas ?

5. Un nombre divisé par un autre devait donner un seul chiffre au quotient, on met trois zéros à la droite du dividende, quelle unité devra exprimer le premier chiffre à droite du nouveau quotient pour qu'il soit exact ?

6. Tout nombre entier et toute fraction décimale sont-ils toujours exactement divisibles par 10, 100, 1000, et pourquoi ?

7. On calcule un certain quotient qui doit représenter des sacs de noisettes, chaque sac en contient dix mille, et l'on voudrait ne négliger que moins de dix noisettes, jusqu'à quelle unité décimale doit-on calculer le quotient ?

8. Combien faut-il de millièmes pour faire une centaine ?

9. Combien faut-il d'unités pour valoir un million de centièmes ?

10. Si, en respectant leur valeur relative, on prenait le millième pour unité, à quel rang devraient s'écrire les centaines ?

CHAPITRE IV.

DES QUATRE OPÉRATIONS DES FRACTIONS DÉCIMALES.

Théorie pratique.

Addition.

153. RÈGLE : *L'addition des nombres décimaux se fait comme celle des nombres entiers; on écrit les nombres les uns au-dessous des autres, de manière que les virgules et les unités pareilles se correspondent dans les mêmes colonnes verticales, puis on additionne, comme pour les nombres entiers, et à la somme on écrit la virgule au rang qu'elle occupe dans l'opération.*

Ainsi, soit à additionner les nombres décimaux : 2,205, 82,8, 963,00027, 368,0567897 ; on dispose l'opération de la manière suivante :

$$2,205$$
$$82,8$$
$$963,00027$$
$$368,0567897$$
$$\overline{1416,0620597}$$

on additionne comme à l'ordinaire, en commençant par la droite, et, la somme trouvée, on écrit la virgule au rang qu'elle occupe dans les nombres donnés, le total est alors 1416,0620597.

Soustraction.

154. *La soustraction des nombres décimaux se fait comme celle des nombres entiers, en plaçant le plus petit nombre sous le plus grand, de manière que les virgules et les unités de même ordre se correspondent dans les mêmes colonnes verticales, puis on opère la soustraction, et au reste on écrit la virgule au rang qu'elle occupe dans l'opération. Si dans la partie décimale un chiffre inférieur se trouvait ne pas avoir de chiffre supérieur correspondant, on supposerait un zéro en place de ce chiffre, et on opérerait comme pour les nombres entiers.*

Ainsi, soit à soustraire 88,230567 de 103,1987.

Ayant disposé l'opération de la manière suivante :

$$103,1987$$
$$88,230567$$
$$\overline{14,968133}$$

on dira, en supposant un 0 au-dessus du 7, 7 ôté de 10 reste 3, et je retiens 1, puis, supposant un autre 0 au-dessus du 6, 6 et 1 de retenue 7, ôté de 10 reste 3, et je retiens 1, puis 5 et 1 de retenue 6, ôté de 7 reste 1, etc. Le reste de l'opération se fait suivant la règle ordinaire, et, le résultat obtenu, on place la virgule au rang qu'elle occupe dans les deux nombres, on trouve ainsi pour reste 14,968133.

Multiplication.

155. *La multiplication des nombres décimaux se fait comme celle des nombres entiers, sans tenir compte de la vir-*

gule ; mais au produit on sépare par une virgule, et à partir de la droite, autant de chiffres décimaux qu'il y en a dans les deux nombres. Si le produit n'avait pas assez de chiffres pour cela, on ajouterait à la gauche du produit autant de zéros qu'il en faudrait pour compléter ce nombre de chiffres.

Ainsi soit à multiplier 38,05262 par 0,013 ; ayant disposé l'opération suivant la règle des nombres entiers :

$$
\begin{array}{r}
38{,}05262 \\
0{,}013 \\
\hline
11415786 \\
3805262 \\
\hline
0{,}49468406
\end{array}
$$

on multiplie les deux nombres l'un par l'autre sans tenir compte de la virgule, et comme si c'étaient deux nombres entiers, puis, le produit obtenu, on sépare à partir de la droite huit chiffres décimaux, car il y en a trois dans le multiplicateur et cinq dans le multiplicande. Le produit définitif est alors 0,49468406.

Soit encore à multiplier 0,0357 par 0,05 ;

$$
\begin{array}{r}
0{,}0357 \\
0{,}05 \\
\hline
0{,}001785
\end{array}
$$

on trouve, en multipliant sans tenir compte de la virgule, 1785, et comme il faut retrancher six chiffres décimaux, et que le produit n'en a que quatre, on ajoute deux zéros à sa gauche ; le produit définitif est alors 0,001785.

On remarquera ici, comme dans la multiplication des fractions ordinaires, que le multiplicateur étant une fraction, le produit est plus petit que les deux facteurs.

Division.

156. RÈGLE : *Pour diviser deux nombres décimaux l'un par l'autre, on commence par les ramener à avoir tous deux le même nombre de chiffres décimaux, au moyen de zéros que l'on ajoute à la droite de celui qui a le moins de chiffres, puis supprimant la virgule de part et d'autre, on divise sui—*

vant la règle des nombres entiers, le quotient obtenu est le quotient cherché.

Ainsi, soit à diviser 102,8 par 2,2456238 ;

On commence par ramener 102,8 à avoir sept chiffres décimaux, puis effaçant la virgule dans les deux nombres, on obtient deux nombres entiers 1028000000 et 22456238 que l'on divise l'un par l'autre, on trouve 45 pour quotient; ce quotient n'étant pas exact, on pourrait encore, si l'on voulait, chercher, par la règle connue, des décimales pour le compléter.

Soit encore à diviser 0,007 par 0,0003522; par les transformations indiquées par la règle, ces deux fractions deviennent successivement :

$$0,0070000 \qquad 0,0003522$$

puis : $$70000 \qquad 3522$$

et la division de ces deux nombres donnerait 19 pour quotient.

On remarque dans ce cas que, comme dans la division des fractions ordinaires, le quotient est plus grand que le dividende et le diviseur.

La règle ci-dessus est générale, et s'applique aussi aux cas où l'on aurait à diviser un nombre entier par une fraction décimale, ou une fraction ou un nombre décimal par un nombre entier.

Ainsi, pour diviser 28 par 0,007, on diviserait 28000 par 7, pour diviser 8,0895 par 12, on diviserait 80895 par 120000.

157. Quant aux quatre opérations de l'arithmétique entre des nombres entiers et des fractions décimales, ou entre des fractions ordinaires et des fractions décimales, elles ne présentent aucune difficulté nouvelle, car on agit dans tous les cas d'après les règles déjà connues pour les nombres entiers et les fractions ordinaires.

Ainsi, pour additionner $\frac{3}{4}$ et 0,12, on écrirait $\frac{0,12}{1}$, ou mieux $\frac{12}{100}$, et l'on ferait l'addition de la manière ordinaire.

Pour multiplier $\frac{2}{3}$ par 0,36, on multiplierait 2 par 0,36, et le produit serait $\dfrac{0,72}{3}$, ou $\dfrac{72}{300}$, en multipliant par 100 les deux termes.

Pour diviser $\dfrac{4}{5}$ par 0,236, le quotient sera $\dfrac{4}{5\times 0,236}$, ou $\dfrac{4}{1,180}$ ou $\dfrac{4000}{1180}$ en multipliant par 1000 les deux termes.

Théorie raisonnée.

ADDITION ET SOUSTRACTION.

158. *L'addition des nombres décimaux se fait comme celle des nombres entiers, en plaçant au total la virgule au rang qu'elle occupe dans l'opération.*

En effet, en appliquant strictement aux fractions décimales les règles données pour les fractions ordinaires, le résultat démontre et confirme cette règle.

Soit à additionner 0,025, 0,0036 et 0,26 ; écrites en fractions ordinaires, ces fractions deviennent :

$$\frac{25}{1000}, \quad \frac{36}{10000}, \quad \frac{26}{100} ;$$

il faut les réduire au même dénominateur, et 10000 peut être ce dénominateur commun ; elles deviennent alors :

$$\frac{250}{10000}, \quad \frac{36}{10000}, \quad \frac{2600}{10000} ;$$

la somme serait $250+36+2600$ avec 10000 pour dénominateur, ou $\dfrac{2886}{10000}$, ou enfin 0,2886 ; et l'on voit que dans l'addition des numérateurs on a dû opérer absolument de même que si, écrivant au-dessus les unes des autres les fractions décimales données, on eût fait correspondre dans la même colonne verticale leurs unités pareilles ; enfin le dénominateur 10000 revient à placer au total la virgule au rang qu'elle occupe dans l'opération.

Du reste cette règle se comprend encore très-bien sans qu'il soit besoin de remonter jusqu'aux fractions ordinaires. En effet pour n'additionner entre elles que des quantités pareilles, il faut faire correspondre dans une même colonne verticale les chiffres qui représentent les mêmes unités, puis, l'addition faite, pour marquer la place des unités simples, il faut placer une virgule à leur droite. Or il est évident que les unités simples se trouvent à la colonne où sont les unités simples de tous les nombres additionnés.

Des raisonnements identiques expliquent la règle de la soustraction.

MULTIPLICATION.

159. *Pour multiplier deux nombres décimaux l'un par l'autre, on opère comme s'ils étaient des nombres entiers, et l'on sépare au résultat autant de chiffres décimaux qu'il y en a dans les deux facteurs.*

En effet, soit à multiplier 27,82 par 5,843; écrits en fractions ordinaires, ces nombres seraient : $\dfrac{2782}{100}$, $\dfrac{5843}{1000}$, et, opérant la multiplication suivant la règle connue pour les fractions ordinaires, le produit aurait pour numérateur 2782×5843, et pour dénominateur 100×1000, ou serait $\dfrac{16255226}{100000}$, qui, écrit en fraction décimale, devient 162,55226, résultat qui justifie parfaitement la règle.

DIVISION.

160. *Pour diviser l'un par l'autre deux nombres décimaux, on les ramène, à l'aide de zéros, à avoir le même nombre de chiffres décimaux, puis effaçant les deux virgules, on opère comme s'ils étaient des nombres entiers.*

En effet, soit à diviser 2,63 par 0,854, d'après la règle il suffirait de diviser 2630 par 854. Or, écrits en fractions ordinaires, ces nombres décimaux seraient $\dfrac{263}{100}$ et $\dfrac{854}{1000}$; pour les diviser l'un par l'autre, suivant la règle des fractions ordinaires, il faudrait multiplier $\dfrac{263}{100}$ par $\dfrac{1000}{854}$, fraction diviseur renversée, ce qui donnerait $\dfrac{263000}{85400}$; cette fraction peut être simplifiée en divisant par 100 ses deux termes, c'est-à-dire en effaçant deux zéros à chacun d'eux, on obtient alors pour quotient $\frac{2630}{854}$, nombre fractionnaire, dont la valeur, qui est le quotient cherché, sera donnée en divisant 2630 par 854, ce qui vérifie la règle.

La démonstration serait la même si un des nombres était entier, en lui donnant 1 pour dénominateur.

QUESTIONNAIRE.

153. Comment fait-on l'addition des nombres décimaux ?

154. Comment fait-on la soustraction des nombres décimaux ?

155. Comment fait-on la multiplication des nombres décimaux ?

156. Comment fait-on la division des nombres décimaux ?

157. Comment se font les quatre opérations de l'arithmétique entre des entiers et des fractions décimales ou des fractions décimales et ordinaires ?

158. Expliquez la règle de l'addition et de la soustraction des nombres décimaux.

159. Expliquez la règle de la multiplication des nombres décimaux.

160. Expliquez la règle de la division des nombres décimaux.

Exercices pratiques.

Faire les additions suivantes :

$$0,008+0,0356+8,9+102,0005+72,963792.$$
$$112,58+0,00003567+85,96+3,009005+1228,09673.$$
$$8,00000053+0,62+0,857+108,96+0,0005+1022,0935.$$
$$1282,7+128,27+12,827+1,2827+0,12827+0,012827$$
$$+0,0012827.$$
$$(5)\ 0,000000089+0,00067+0,085+0,0000009+0,00006$$
$$+0,0000057+0,62+0,4.$$

Faire les soustractions suivantes :

$$0,967352 - 0,796894; \qquad 12,89536 - 9,9897.$$
$$1,00232 - 0,98768; \qquad 3,2 - 1,634257.$$
$$(10)\ 0,900605 - 0,46532897.$$

Faire les multiplications suivantes :

$$0,9627 \times 0,853; \qquad 0,056432 \times 0,7893;$$
$$12,6789 \times 0,00567; \qquad (15)\ 0,000693742 \times 0,0000331;$$
$$121,00096342 \times 0,0000057; \qquad 12342 \times 0,0085754;$$
$$0,00679423 \times 0,96975.$$

Faire les divisions suivantes, et les pousser jusqu'aux millièmes :

$$
\begin{array}{rcl}
112,125 \text{ div. par} & & 15.00678. \\
0,8 & — & 0,000026387. \\
(20) \quad 182,98 & — & 122,09673825. \\
14896 & — & 2,9700006. \\
0,8075634 & — & 0,72. \\
3 & — & 0,000000789. \\
0,09 & — & 0,00968439.
\end{array}
$$

25. J'avais 2800 francs de fortune ; j'en ai perdu les 0,9987, combien me reste-t-il?

J'ai dans les mains les 0,43 de ce que vous avez de francs, et j'ai 210 francs ; combien avez-vous?

Le reste d'une soustraction est 436,40, en faisant la preuve par l'addition, on trouve 849,675; quel est le plus petit nombre?

Quel nombre faut-il ajouter aux $\frac{2}{3}$ de 2,6784, pour avoir 85?

Quel est le nombre qui est égal à 7 fois la dix-millième partie de $\frac{1267}{289}$? $\left(\text{à } \frac{1}{100000}.\right)$

30. Une machine fabrique par jour pour 248,95 francs d'étoffe; elle dépense en frais de main-d'œuvre 79,25 par jour ; quel sera le bénéfice au bout de 38 jours?

Quel est le nombre dont les 0,097 des $\frac{8}{9}$ font 122,695? $\left(\text{à } \frac{1}{1000}.\right)$

On voudrait partager une bande d'étoffe, longue de 286,72 mètres, en morceaux ayant chacun 17,92 de long? combien pourra-t-on couper de morceaux?

On voudrait avoir un nombre qui surpasse les $\frac{7}{8}$ de 1028,75 des 0,205 de leur valeur; quel est ce nombre? $\left(\text{à } \frac{1}{1000}.\right)$

Trouver un nombre dont les 0,2, plus les 0,08, plus les 0,0025 fassent 921,587? $\left(\text{à } \frac{1}{100}.\right)$

35. Trouver un nombre dont les $\frac{3}{4}$ fassent autant que les 0,126 de 1000.

Je retranche 0,024 de 3,864 autant de fois que possible; combien puis-je faire de soustractions?

J'ai 8 fr. 25, vous 18 fr. 05, vous 4 fois plus que nous deux ensemble, en mettant notre avoir en commun, combien pourrons-nous acheter de livres à 3 fr. 25?

38. 0,1 plus 0,025 de ce que j'ai font autant que les 0,135 de ce que vous avez, et vous avez les $\frac{3}{75}$ de 10000 francs, combien ai-je?

Exercices théoriques.

1. Pourquoi faut-il, pour additionner deux nombres décimaux, que les unités de même ordre se correspondent dans la même colonne verticale; à quelle opération sur les fractions ordinaires cela correspond-il?

2. Pourquoi, dans la soustraction, pour la rendre possible, ajoute-t-on 10 et retient-on un, pour les fractions décimales comme pour les nombres entiers?

3. Pourquoi le produit de deux fractions décimales est-il plus petit que chaque fraction, tandis que le produit de deux nombres décimaux est plus grand?

4. Pourquoi faut-il au produit séparer autant de chiffres décimaux qu'il y en a dans les deux facteurs?

5. Que suffit-il de faire pour multiplier de suite un nombre par 0,1, 0,01, 0,001, etc.?

6. Pourquoi, lorsque le nombre des chiffres du produit est plus petit que le nombre des chiffres décimaux à séparer, ajoute-t-on les zéros à sa gauche et non à sa droite?

7. Pourquoi le quotient de deux fractions décimales peut-il être un nombre entier?

8. Que suffit-il de faire pour diviser de suite un nombre par 0,1, 0,01, etc.?

9. Comment les transformations que l'on fait subir à deux fractions décimales avant de les diviser n'altèrent-elles pas la valeur du quotient?

10. Peut-on, au moyen des fractions décimales, faire la multiplication de certains nombres entiers par une division, et leur division par une multiplication?

CHAPITRE V.

CONVERSION DES FRACTIONS ORDINAIRES EN DÉCIMALES ET RÉCIPROQUEMENT.

Théorie pratique.

161. On a dû comprendre par ce qui précède combien les calculs sont plus simples et plus aisés en employant les fractions décimales en place des fractions ordinaires, aussi est-il utile de savoir transformer les fractions ordinaires en fractions décimales équivalentes ; et, quoique nous ayons indiqué (157) comment l'on doit opérer pour combiner ensemble dans les calculs ces deux espèces de fractions, il vaudra néanmoins toujours mieux, quand ce cas se rencontrera, transformer en décimales les fractions ordinaires, et opérer ainsi sur une même espèce de nombres.

RÈGLE : *Pour transformer une fraction ordinaire en fraction décimale équivalente, on effectue la division du numérateur par le dénominateur, en employant le procédé déjà connu pour compléter un quotient par des chiffres décimaux.*

Ainsi, soit à transformer $\frac{8}{25}$ en fraction décimale, on divise 8 par 25, ce qui se présente ainsi :

$$\begin{array}{c|c} 80 & 25 \\ 50 & \overline{0{,}32} \end{array}$$

et l'on trouve que la fraction décimale 0,32 est équivalente à la fraction ordinaire $\frac{8}{25}$.

162. Mais tous les cas ne sont pas aussi simples, et l'on ne trouve pas toujours une fraction décimale exacte représentant la fraction ordinaire.

Ainsi, si l'on veut transformer en décimale la fraction $\frac{3}{7}$, on trouve 0,428571428571....., etc., à l'infini, la fraction

$\frac{2}{3}$ donne 0,6666.....; dans ces deux cas, en prenant un plus grand nombre de chiffres décimaux au quotient on peut bien approcher de plus en plus de la valeur exacte de la fraction ordinaire, mais sans pouvoir espérer de jamais l'atteindre.

Il en résulte que si l'emploi des fractions décimales est toujours plus simple, dans certains cas il est moins exact.

Dans cette transformation la fraction décimale résultante peut affecter trois formes, suivant lesquelles elle porte différents noms.

1° Elle peut se terminer exactement après un certain nombre de chiffres, et donner alors une valeur exacte de la fraction ordinaire.

Tel est le cas de la fraction $\frac{8}{25}$, qui donne 0,32.

2° Elle peut ne pas se terminer, et donner lieu à une suite infinie de chiffres, mais dans ce cas il y a toujours une certaine série de chiffres qui se reproduisent toujours les mêmes et dans le même ordre, et que l'on désigne sous le nom de *période*.

Telle est la fraction $\frac{7}{11}$, qui, réduite en décimales, donne 0,636363....., où les chiffres 63 se reproduisent sans cesse; la période est ici 63.

La période peut commencer immédiatement après la virgule; la fraction est dite alors *périodique simple*.

Telle est la fraction ci-dessus 0,636363.....

Ou bien la période ne commence qu'après un certain nombre de chiffres non périodiques, la fraction est dite alors *périodique mixte*.

Telle est la fraction 0,416666... provenant de la conversion de $\frac{5}{12}$; la période 6 ne commence qu'après les deux chiffres non périodiques 41.

163. Il arrive quelquefois dans le calcul que l'on ait besoin de transformer une fraction ordinaire en une autre ayant un dénominateur donné.

Ainsi, supposons que l'on ait à diviser 7 heures par le nombre 12, le quotient sera $\frac{7}{12}$; mais on peut désirer que cette fraction d'heure soit exprimée en minutes, par exemple, et comme la minute est la soixantième partie de l'heure, cela revient à transformer cette fraction en une autre ayant 60 pour dénominateur, on opère de la manière suivante.

RÈGLE : *Pour transformer une fraction en une autre ayant un dénominateur donné, on multiplie par ce dénominateur le numérateur de la fraction, puis on effectue la division du produit par l'ancien dénominateur, le quotient est le numérateur de la nouvelle fraction.*

Ainsi, reprenant l'exemple ci-dessus, pour transformer $\frac{7}{12}$ en minutes ou soixantièmes, on multiplie 7 par 60, ce qui donne 420, et l'on divise par 12 ; le quotient 35 exprime $\frac{35}{60}$ d'heure, ou 35 minutes.

164. Si l'on veut transformer une fraction décimale en fraction ordinaire, ou retrouver la fraction ordinaire qui lui a donné naissance, on procède différemment, suivant que cette fraction affecte une des trois formes précédentes.

1re RÈGLE : *Si la fraction décimale est terminée, c'est-à-dire n'est pas périodique, on l'écrit en numérateur, en supprimant la virgule, et on lui donne pour dénominateur l'unité suivie d'autant de zéros qu'il y a de chiffres après la virgule. Il ne reste plus qu'à réduire à sa plus simple expression la fraction ordinaire résultante.*

Ainsi, la fraction 0,375 devient $\frac{375}{1000}$, et enfin $\frac{3}{8}$, réduite à sa plus simple expression.

2e RÈGLE : *Si la fraction décimale est périodique simple, on écrit la période comme numérateur, et on lui donne pour dénominateur autant de 9 que cette période contient de chiffres; on réduit la fraction résultante à sa plus simple expression.*

Ainsi la fraction périodique simple 0,714285714285.....

devient $\dfrac{714285}{999999}$, qui, réduite à sa plus simple expression,

donne $\dfrac{5}{7}$.

3° RÈGLE : *Si la fraction est périodique mixte, on retranche du nombre formé par la partie non périodique et la première période la partie non périodique, cette différence forme le numérateur, auquel on donne pour dénominateur autant de 9 qu'il y a de chiffres dans la période, suivis d'autant de zéros qu'il y a de chiffres dans la partie non périodique. Il ne reste plus qu'à réduire cette fraction à sa plus simple expression.*

Ainsi la fraction 0,416666... transformée en fraction ordinaire aura pour numérateur 416 — 41 ou 375, et pour dénominateur 900; elle deviendrait $\dfrac{375}{900}$, ou, réduite à sa plus simple expression, $\dfrac{5}{12}$.

Théorie raisonnée.

165. *Pour transformer une fraction ordinaire en décimales, il suffit d'effectuer la division du numérateur par le dénominateur.*

En effet, soit à transformer $\dfrac{3}{8}$ en décimales; nous savons qu'une fraction ordinaire est la représentation de la division du numérateur par le dénominateur, donc le quotient de cette division effectuée sera bien égal en valeur à la fraction donnée. Si, pour rendre cette division possible, nous rendons le numérateur par exemple 1000 fois plus grand, en y ajoutant trois zéros, le quotient 375 de sa division par 8 sera 1000 fois trop grand, et, pour le ramener à sa véritable valeur, il faudra le diviser par 1000, c'est-à-dire lui faire exprimer des millièmes au lieu d'unités simples, le vrai quotient sera donc 0,375.

Comme l'on ne sait jamais d'avance après quel nombre de chiffres au quotient la division se terminera, on ne peut non plus savoir combien il faut ajouter de zéros au numérateur, c'est pourquoi on lui en ajoute d'abord un, en l'écrivant en dividende, puis successivement un autre à chacun des restes, ce qui revient évidemment à descendre des zéros que l'on aurait écrits d'avance à la droite du dividende.

166. *Pour transformer une fraction ordinaire en une autre ayant un dénominateur donné, il suffit de multiplier son numérateur par ce nouveau dénominateur, puis d'effectuer la division du produit par l'ancien dénominateur, le quotient sera le numérateur de la nouvelle fraction.*

Le même raisonnement démontre cette règle ; en effet, soit la fraction $\frac{2}{3}$ à transformer en une autre ayant 60 pour dénominateur, si l'on multiplie le numérateur 2 par 60, puis qu'on divise le produit 120 par le dénominateur 3, le dividende étant rendu 60 fois trop grand, le quotient sera 60 fois trop fort ; donc, pour le ramener à sa véritable valeur, il faudra le diviser par 60, c'est-à-dire lui donner 60 pour dénominateur.

167. Quant à la transformation des fractions décimales en fractions ordinaires, l'explication du 1er cas n'offre aucune difficulté, l'origine même des fractions décimales suffisant pour l'expliquer ; la démonstration des deux autres cas sortirait du cadre de cet ouvrage.

QUESTIONNAIRE.

161. Comment transforme-t-on une fraction ordinaire en fraction décimale ?

162. Qu'est-ce qu'une fraction périodique ? périodique simple, périodique mixte ? Qu'est-ce que la période ?

163. Comment transforme-t-on une fraction ordinaire en une autre ayant un dénominateur donné ?

164. Comment repasse-t-on d'une fraction décimale à la fraction ordinaire qui l'a formée ?

1° Dans le cas où la fraction décimale est terminée ;

2° Dans le cas où elle est périodique simple ;

3° Dans le cas où elle est périodique mixte ?

165. Expliquez la règle de transformation d'une fraction ordinaire en décimale.

166. Expliquez la règle de transformation d'une fraction ordinaire en une autre ayant un dénominateur donné.

167. Expliquez la simple transformation d'une fraction décimale en fraction ordinaire, seulement pour le cas où la fraction décimale est terminée.

Exercices pratiques.

Transformer en décimales les fractions :

$$\frac{7}{8} \quad \frac{11}{16} \quad \frac{9}{25} \quad \frac{47}{625} \quad (5) \quad \frac{1207}{2048} \quad \frac{777}{1280} \quad \frac{973}{15625}$$

$$\frac{57}{47025} \quad \frac{24}{37} \quad (10) \quad \frac{19}{96} \quad \frac{79}{192} \quad \frac{85}{112} \quad \frac{242}{484} \quad \frac{19}{962} \quad (15) \quad \frac{15}{39}$$

Transformer les fractions ordinaires suivantes en fractions ayant pour dénominateur le nombre qui les suit immédiatement :

$$\frac{2}{7} \quad 77 \quad \frac{4}{5} \quad 125 \quad \frac{5}{6} \quad 792 \quad \frac{8}{15} \quad 1020 \quad (20) \quad \frac{11}{30} \quad 2730$$

Réduire en fractions ordinaires les fractions décimales :

0,0046 — 0,8064 — 0,0003695 — 0,008763584 — (25) 0,96353264
  0,631432432... — 0,000435135... — 0,198737272...
0,8123123... — (30) 0,51231212312... — 0,6969... — 0,819819...
0,41134113... — 0,00090009... — (35) 0,32214907232211907272...
    0,631231263123‌12.

Exercices théoriques.

1. Ne pourrait-on pas employer le procédé indiqué (163) pour réduire des fractions au même dénominateur, et pour que les numérateurs des fractions soient exacts, quel dénominateur commun faut-il choisir?

2. Pourquoi une fraction que l'on réduit en décimales et qui ne donne pas un résultat exact, doit-elle être périodique?

3. Peut-on prévoir, au plus, le nombre de chiffres de la période?

4. Une fraction ordinaire pourrait-elle avoir pour numérateur ou pour dénominateur un nombre décimal?

5. Quelle est la valeur de la fraction $\frac{32}{99}$ écrite en décimales?

6. La fraction $\frac{2}{11}$, réduite en décimales, donne une fraction périodique simple dont la période a deux chiffres, peut-on écrire de suite cette fraction décimale?

7. Comment transformer de suite la fraction $\frac{3}{25}$ en décimales sans faire la division?

LIVRE III.

SYSTÈME MÉTRIQUE.

CHAPITRE PREMIER.

NOTIONS PRÉLIMINAIRES.

168. On ne peut, nous l'avons déjà dit, arriver à une conception claire et complète de la grandeur d'une quantité, qu'en la comparant à une autre quantité bien connue et de la même espèce.

L'enfant dit qu'un objet est grand ou petit, suivant qu'il le trouve plus haut ou plus petit que lui. L'homme qui veut exprimer une longueur, la compare, à défaut d'autre chose, à la longueur de son bras, de son doigt, etc. En agissant ainsi, l'homme et l'enfant *mesurent,* c'est-à-dire comparent une quantité à une autre. Mais ce mode de mesure, suffisant tout au plus dans la conversation, ne saurait être employé dans la plupart des actes de la vie, les quantités dont nous faisons usage ou qui sont l'objet des transactions commerciales demandant en général une appréciation plus rigoureuse, et surtout moins variable. De là la nécessité reconnue de tout temps d'avoir un système d'unités fixes, servant à mesurer toutes les diverses espèces de quantités ; autrement dit, d'avoir un *système de mesures.*

169. Nous savons déjà que l'on ne saurait rationnellement comparer que des quantités de même espèce, c'est-à-dire des longueurs avec des longueurs, des poids avec des poids, faute de quoi le résultat de la comparaison n'aurait aucun sens ; par conséquent, autant il y a d'espèces différentes de quantités, autant aussi il faut avoir d'unités différentes.

Les espèces de quantités que l'on est appelé à mesurer dans les divers actes de la vie peuvent se réduire à sept, qui sont : les *longueurs*, les *surfaces*, les *volumes* ou *grosseurs*, les *poids*, les *contenances* ou *capacités* des vases, les *valeurs* et les *temps* ou *durées*. Tout système de mesures devra donc, pour être complet, renfermer sept unités différentes, savoir : *unité de longueur*, *unité de surface*, *unité de volume*, *unité de poids*, *unité de capacité*, *unité de valeur*, et *unité de temps*.

170. Un système de mesures doit en outre remplir certaines autres conditions. On peut avoir à mesurer des quantités très-grandes, de telle sorte que, contenant l'unité de mesure un très-grand nombre de fois, l'esprit ne puisse concevoir aisément cette grandeur, ou s'en souvenir avec facilité ; ou bien, la quantité à mesurer est beaucoup plus petite que l'unité, de sorte que la comparaison est malaisée, et que le résultat est exprimé par une fraction, dont l'esprit se fait difficilement une idée. Il est donc nécessaire, en somme, que l'unité de comparaison soit toujours proportionnée en grandeur avec celle de la quantité à mesurer ; donc tout système de mesures doit présenter pour chaque espèce d'unité des unités secondaires plus grandes et d'autres plus petites ; on les désigne sous le nom de *multiples* et de *sous-multiples* de l'unité principale, à laquelle elles doivent se rattacher par une loi uniforme, aussi simple que possible, et la même pour les unités des diverses espèces.

Un système de mesures doit aussi être stable, c'est-à-dire que les unités doivent être choisies de telle sorte qu'elles ne puissent varier ni s'altérer avec le temps, et que, si elles venaient à disparaître, on puisse toujours les reconstruire telles qu'elles étaient.

Enfin un système de mesures doit pouvoir être général, c'est-à-dire qu'il doit pouvoir être employé dans toutes les localités, toutes les provinces d'un même pays, et mieux encore par toutes les nations du globe ; car, nous le répétons, la grandeur d'une quantité ne peut être appréciée qu'autant que l'unité est bien connue ; il faut donc éviter qu'un déplacement quelconque, nous mettant en présence d'unités nouvelles, renverse d'un seul coup toutes nos notions de grandeur, et nous expose par suite à être victimes soit d'erreurs, soit de fraudes.

Ces conditions sont toutes remplies par notre système actuel de mesures, que l'on appelle système métrique, parce que l'unité fondamentale de ce système, d'où toutes les autres découlent, s'appelle *mètre*.

Nous allons l'exposer en détail, en le faisant précéder d'un historique succinct des motifs pour lesquels on l'a préféré à tout autre, et des noms des savants auxquels nous en sommes redevables.

171. On a de tout temps reconnu la nécessité d'avoir pour chaque espèce de quantité une unité correspondante servant à la mesurer ; c'est-à-dire que, bien avant le système métrique, la France avait un système, ou plutôt un ensemble de mesures. Mais ces mesures ne répondaient nullement aux conditions rapportées plus haut, et que tout bon système doit remplir. Ainsi, chaque unité avait bien des multiples et des sous-multiples, mais ils ne se rattachaient par aucune loi uniforme à l'unité principale ; par exemple, dans les mesures de longueur, le *pied*, qui en était l'unité, avait pour sous-multiple le *pouce*, qui en était $\frac{1}{12}$; et pour multiples la *toise*, qui valait 6 pieds, le *mille* qui valait 1000 toises, et la *lieue* qui valait 2 milles. De plus, dans des localités différentes, et souvent fort rapprochées, ces mesures n'étaient pas les mêmes ; la livre se subdivisait ici en 12 onces, plus loin en 16 ; le boisseau d'une province n'était pas le même que celui d'une autre, de là une confusion incessante et fâcheuse. Enfin ces mesures n'étaient pas stables, car les diverses unités ayant été choisies pour ainsi dire au hasard, sans avoir une base fixe et permanente, rien n'était plus variable que la grandeur d'une même unité, suivant l'époque, le lieu, ou l'atelier d'où elle provenait.

172. Frappée de ces graves inconvénients, l'Assemblée nationale rendit, le 8 mai 1790, un décret par lequel l'uniformité des poids et mesures fut décidée, et le roi Louis XVI supplié de nommer une commission de savants chargés de créer un système uniforme et général. Cette commission, formée de savants français et étrangers, arrêta que l'unité fondamentale du nouveau système serait choisie de manière à avoir une liaison intime avec les dimensions du globe ; que toutes les autres unités découleraient de celle-là, et que toutes, dans la formation de leurs multiples et sous-multiples, suivraient la loi de formation des nombres dans le système décimal. Cette commission chargea alors Delambre et Méchain de mesurer avec exactitude la longueur de l'arc de méridien compris entre Dunkerque et Barcelone. Après sept ans de travaux, ces deux savants revinrent apportant les dimensions exactes de cette fraction du méridien, d'où l'on déduisit ensuite la longueur totale d'un méridien terrestre. (On sait que l'on appelle méridien un grand cercle qui entoure toute la terre en passant par les deux pôles.) Cette longueur fut divisée par 40000000, et la longueur résultante fut prise pour base du nouveau système. On la nomma mètre, d'un mot grec qui signifie mesure, puis on construisit, avec toutes les précautions nécessaires pour assurer une rigoureuse exactitude, une règle en platine d'une longueur égale au mètre. Elle fut déposée en lieu sûr, et destinée à servir de modèle et de régulateur à tous les mètres que l'on construirait à l'avenir. Mais le système métrique eut à soutenir une longue et pénible lutte contre la routine, l'indifférence, ou la mauvaise foi, qui trouvait son avantage dans la variabilité des anciennes mesures ; il fallut, de la part du gouvernement, une insistance infatigable et une grande sévérité pour arriver à en généraliser l'usage. Aujourd'hui il est employé dans toute la France, et le marchand qui ferait usage dans son commerce d'autres unités que celles du système métrique, ou de mesures autres que celles vérifiées et poinçonnées par les agents du gouvernement, s'exposerait à une sévère mais utile pénalité.

Mesures de longueur.

Théorie pratique.

173. L'unité de longueur est le *mètre*, qui vaut, comme on l'a vu ci-dessus, $\dfrac{1}{40000000}$ du méridien terrestre, ou $\dfrac{1}{10000000}$ du quart de ce méridien.

Les multiples et sous-multiples suivent la loi décimale, c'est-à-dire qu'ils se forment comme nous avons formé dans la numération décimale, les dizaines, les centaines, les mille, etc., et les dixièmes, les centièmes, les millièmes, etc.

Ainsi, le mètre a des multiples dont la longueur est successivement 10 mètres, 100 mètres, 1000 mètres, etc., etc., et des sous-multiples dont la longueur est $\frac{1}{10}$ du mètre, $\frac{1}{100}$ du mètre, $\frac{1}{1000}$ du mètre.

174. Pour former les noms des multiples et des sous-multiples, on fait précéder le mot mètre des syllabes :

Déca,	qui veut dire	10	Déci,	qui veut dire	$\frac{1}{10}$
Hecto,	—	100	Centi,	—	$\frac{1}{100}$
Kilo,	—	1000			
Myria,	—	10000	Milli,	—	$\frac{1}{1000}$

175. De sorte que l'ensemble des mesures de longueur présente, en noms et valeurs, le tableau suivant :

MULTIPLES.	Myriamètre, qui vaut	10000	mètres	ou 10 kilom.
	Kilomètre,	—	1000	—	ou 10 hectom.
	Hectomètre,	—	100	—	ou 10 décam.
	Décamètre,	—	10	—	
	MÈTRE.				
SOUS-MULTIPLES. . .	Décimètre,	—	$\frac{1}{10}$	—	
	Centimètre,	—	$\frac{1}{100}$	—	ou $\frac{1}{10}$ du décim.
	Millimètre,	—	$\frac{1}{1000}$	—	ou $\frac{1}{10}$ du centim.

176. RÈGLE : *Pour écrire un nombre quelconque de multiples et de sous-multiples du mètre, on opère comme pour écrire un nombre entier et décimal, c'est-à-dire que, écrivant les mètres au rang des unités, on écrit les décamètres au* *rang des dizaines, les hectomètres au rang des centaines, etc., et les décimètres, centimètres, etc., aux rangs des dixièmes, centièmes, etc., en remplaçant par des zéros les multiples et sous-multiples qui viendraient à manquer.*

Exemple : pour écrire huit myriamètres, trois hectomètres, quatre mètres, cinq décimètres, trois millimètres, on écrira :   80304,503.

En écrivant : 8 myriamètres au rang des unités de dix mille, un 0 pour remplacer les kilomètres, ou unités de mille ; 3 hectomètres au rang des centaines ; un 0 en place des décamètres ou dizaines ; 4 mètres au rang des unités, en le faisant suivre d'une virgule ; puis 5 décimètres au rang des dixièmes, un 0 en place des centimètres ou centièmes, et enfin 3 millimètres au rang des millièmes.

177. Mais il peut arriver que l'on prenne accidentellement pour unité un multiple ou un sous-multiple du mètre, suivant que l'on mesure des quantités très-grandes ou très-petites. Ainsi, s'il s'agit de mesurer la distance de deux villes, on prend habituellement pour unité le kilomètre ; si, au contraire, on mesure un objet très-petit, on prend le millimètre ; en ce cas, *le nombre s'écrit de même, c'est-à-dire que les diverses unités conservent leurs places relatives, seulement on écrit la virgule à la droite de la nouvelle unité.*

Ainsi, le même nombre 23875^{m},234 s'écrira successivement :

	Myriamètre.	2,3875234
	Kilomètre.	23,875234
En prenant	Hectomètre.	238,75234
pour	Décamètre.	2387,5234
unité le	Mètre.	23875,234
	Décimètre.	238752,24
	Centimètre..	2387523,4
	Millimètre.	23875234

Aussi, quand on écrit un nombre de mesures de longueur, a-t-on soin d'indiquer quel est le nom de l'unité choisie, en écrivant une abréviation de ce nom à droite et au-dessus du chiffre des unités.

Les abréviations usitées sont : *myriam., kilom., décam., m.* ou *mèt., décim., centim., millim.*

178. RÈGLE : *Pour lire un nombre de mesures de longueur, on peut procéder de deux manières :*

1° *On lit à la fois toute la partie entière, en la faisant suivre du nom de l'unité adoptée, puis, à la fois aussi toute la partie décimale, en la faisant suivre du nom du dernier sous-multiple qui s'y trouve représenté.*

Ainsi, le nombre : $1234^m,25$

se lira : mille deux cent trente-quatre mètres, vingt-cinq centimètres.

2° *On lit successivement chaque chiffre, en le faisant suivre du nom de l'unité métrique qu'il représente.*

Ainsi, le nombre : $38756^m,128$

se lira : trois myriamètres, huit kilomètres, sept hectomètres, cinq décamètres, six mètres, un décimètre, deux centimètres, huit millimètres.

179. On n'a point formé, on le voit, de multiples au-dessus du myriamètre, ni de sous-multiples au-dessous du millimètre ; il arrive souvent, pourtant, que l'on ait à considérer des grandeurs supérieures à 9 myriamètres, ou plus petites que un millimètre ; ces valeurs rentrent tout à fait dans la loi de la numération décimale écrite et parlée, c'est-à-dire que le chiffre exprimant des dizaines de myriamètres s'écrira à leur gauche et se lira avec eux, et que le chiffre exprimant des dixièmes de millimètres s'écrira à la droite de ceux-ci, et se lira après eux, en lui donnant le nom de la fraction décimale de millimètre qu'il représente. Il en sera de même si c'est une fraction ordinaire.

Ainsi, par exemple, la mesure d'une longueur nous a donné deux cent quatre-vingt-huit myriamètres, puis trois hectomètres, puis 5 mètres, on l'écrira

$$2880305$$

et on lira : deux cent quatre-vingt-huit myriamètres, trois hectomètres, cinq mètres ; ou, deux millions huit cent quatre-vingt mille trois cent cinq mètres.

Une autre mesure a donné trois centimètres, puis huit millimètres, puis encore sept dixièmes de millimètre, elle s'écrira : $0^m,0387,$

et se lira trois centimètres, huit millimètres et sept dixièmes, ou, encore, trente-huit millimètres et sept dixièmes.

180. Tous les multiples du mètre ne sont pas également employés; ainsi il n'y a guère aujourd'hui que le myriamètre et le kilomètre qui soient usités, les mesures inférieures s'estiment en mètres. Quant aux sous-multiples, ils sont tous également nécessaires si l'on veut mesurer une longueur avec exactitude.

Le myriamètre n'est employé comme unité que pour les longueurs très-grandes, comme les distances des continents ou des astres entre eux. On ne construit point de mesure égale à un myriamètre, et des longueurs de ce genre se calculent par des procédés en dehors de l'arithmétique.

Le kilomètre est usité pour mesurer les routes et les distances d'une ville à une autre; c'est à peu près le chemin qu'un homme peut parcourir d'un pas ordinaire en 10 minutes.

On ne construit pas non plus de mesure égale au kilomètre. Seulement, sur les bords des routes, on les marque au moyen de bornes portant un double numérotage, à l'aide duquel le voyageur peut apprécier la distance parcourue depuis la dernière ville, et la distance à parcourir jusqu'à la plus prochaine.

181. Le décamètre ne s'emploie guère comme unité, mais on construit pour l'arpentage, c'est-à-dire la mesure des champs, des terrains, etc., un instrument appelé chaîne d'arpenteur, dont la longueur est un décamètre.

Cette chaîne (fig. 1) est formée de 50 barrettes de fort fil

Fig. 1.

de fer, terminées par un crochet à chaque bout, et se joignant ensemble par des anneaux qui unissent les crochets deux à deux. De la moitié d'un anneau à la moitié du suivant il y a exactement deux décimètres; à chaque bout la chaîne porte une poignée servant à la manœuvrer et faisant partie de la longueur; enfin chaque mètre est marqué sur la chaîne par un anneau de cuivre jaune. On construit aussi, de la même manière et pour les mêmes usages, des doubles décamètres et des demi-décamètres; enfin l'on fait aussi quelquefois usage d'un ruban de 10 ou 5 mètres de long, sur lequel sont marqués les mètres et les décimètres, et qui, au moyen d'une manivelle, s'enroule dans une boîte pour plus de commodité; mais ces rubans, s'allongeant ou se raccourcissant aisément, à cause de l'élasticité de la matière qui les forme, ne sont pas des mesures autorisées par le gouvernement.

Les trois mesures précédentes, c'est-à-dire le myriamètre, le kilomètre et le décamètre, prennent le nom général de *mesures itinéraires*.

182. Le mètre sert pour mesurer les longueurs usuelles, les hauteurs des murs, les dimensions des appartements, les longueurs des pièces d'étoffe. On construit des mètres de diverses formes; les uns sont des règles plates en bois ou en métal, portant distinctement gravées des divisions numérotées correspondant aux décimètres, centimètres et millimètres; d'autres sont formés de 10 réglettes s'ajustant entre elles bout à bout et à charnière, et pouvant ainsi se plier aisément.

La loi autorise aussi la construction du double mètre et du demi-mètre.

183. Le décimètre est employé comme unité pour mesurer les quantités plus petites que le mètre: on construit des décimètres en métal, en bois, en ivoire, etc., portant des divisions correspondant aux centimètres et aux millimètres.

La loi autorise aussi la construction du double décimètre.

Quant au centimètre et au millimètre, quoique très-fréquemment usités pour mesurer les longueurs très-petites, leur dimension trop restreinte fait qu'on ne les construit pas, puisqu'ils sont, du reste, marqués sur les mètres, décimètres, etc.

Les quatre opérations de l'arithmétique s'effectuent sur les nombres de mesures de longueur suivant les règles déjà données pour les nombres entiers et décimaux; il faut seulement avoir soin, avant de combiner entre eux des nombres de mesures de longueur, de leur faire préalablement, par un déplacement convenable des virgules, exprimer la même unité.

Ainsi, avant d'additionner entre eux les nombres de mesures métriques suivants:

$$2^{m},982, \quad 3^{millim.},28, \quad 4^{kilom.},2857$$

on les transformerait ainsi, en les ramenant par exemple tous au mètre :

$$2^{m},982, \quad 0^{m},00328, \quad 4285^{m},7.$$

Théorie raisonnée.

184. Le mètre se rattache intimement par son origine aux dimensions du globe terrestre, et comme celles-ci ne varient jamais dans leur ensemble, il s'en suit que le mètre est invariable, et que si dans la suite des temps il venait, soit à disparaître, soit à être altéré, il serait toujours possible, en recommençant les calculs faits par Delambre et Méchain, de le retrouver parfaitement identique.

185. Les multiples et sous-multiples du mètre suivent la loi de formation décimale, c'est-à-dire que leurs valeurs vont en croissant ou en décroissant de 10 en 10 ; on a préféré cette loi à toute autre, parce que les multiples du mètre se formant comme se forment les dizaines, centaines, etc., et les sous-multiples comme se forment les dixièmes, centièmes, etc., on pouvait les écrire comme on écrit les nombres entiers et décimaux, et par suite y appliquer toutes les règles de calcul déjà connues.

Si, au contraire, on fût convenu de former des multiples, par exemple de 12 en 12 fois plus grands, proportion qui semble avoir surtout prévalu dans les anciennes mesures, il y eût eu peut-être un avantage, en ce que 12 pouvant être divisé exactement par 2, 3, 4 et 6, les mesures auraient pu se subdiviser exactement dans un plus grand nombre de cas que les mesures actuelles, 10 n'étant exactement divisible que par 2 et 5 ; mais aussi, pour écrire les multiples du mètre, il eût fallu écrire autant de nombres distincts, et pour écrire les sous-multiples on eût été obligé d'employer les fractions ordinaires, dont les calculs sont, nous le savons, assez longs et difficiles : ces raisons ont fait prévaloir le système décimal.

La manière d'écrire les nombres de mesures métriques s'explique donc suffisamment par leur similitude avec les nombres entiers et décimaux.

186. De même, un nombre de mesures métriques peut se lire, comme un nombre entier et décimal, en énonçant toute la partie entière, puis toute la partie décimale ; ou bien en énonçant successivement chacun des multiples, puis des sous-multiples du mètre que le nombre contient. La première méthode de lecture n'a pas d'autre explication que celle que l'on peut appliquer à la lecture des nombres ordinaires, car les mètres sont, après tout, des objets comme les hommes, les arbres, les francs, etc., et si le nombre de francs : 387,25 se lit trois cent quatre-vingt-sept francs vingt-cinq centièmes de francs, si ce nombre exprime des mesures métriques, c'est-à-dire des mètres, il se lira aussi trois cent quatre-vingt-sept mètres vingt-cinq centièmes de mètre ou vingt-cinq centimètres. Mais comme la dizaine de mètres, ou le décamètre, la centaine de mètres, ou l'hectomètre, sont aussi des unités et objets parfaitement réels et distincts, ce que ne sont pas les dizaines et centaines ordinaires ; on peut aussi énoncer chacune de ces unités en particulier, et lire trois hectomètres huit décamètres, sept mètres, deux décimètres, cinq centimètres.

Ces deux méthodes sont, du reste, également exactes, et toutes deux expriment bien le même nombre d'unités et de fractions d'unité.

Il est aisé de le faire voir :

Soit le nombre : 387^{m},253 :

$$
\text{Par la 2}^{\text{e}}\text{ méthode on lirait successivement :}
\begin{cases}
3 \text{ hectomètres,} & \text{qui valent} & 300 \\
8 \text{ décamètres,} & — & 80 \\
7 \text{ mètres,} & — & 7
\end{cases}
\text{mètres.}
$$

$$
\begin{cases}
2 \text{ décimètres,} & — & 0 \ ,200 \\
5 \text{ centimètres,} & — & 0 \ ,050 \\
3 \text{ millimètres,} & — & 0 \ ,003
\end{cases}
\text{millimètres.}
$$

$$
\overline{387^{\mathrm{m}},253 \text{ millim.}}
$$

Donc, lire de cette façon, ou lire le total 387 mètres, 253 millimètres, revient à exprimer le même nombre d'unités et de fractions de ces unités.

187. De l'existence comme unités réelles et distinctes du décamètre, de l'hectomètre, du décimètre, etc., il suit que l'on peut prendre pour unité celui que l'on veut.

Ainsi, soit le nombre 8763^{m},825 ; si nous voulons, par exemple, prendre l'hectomètre pour unité, les 8 kilomètres ne devront plus exprimer que des dizaines, car l'hectomètre valant 100 mètres, le kilomètre, qui en vaut 1000, vaut 10 hectomètres, les kilomètres devront donc descendre de deux rangs vers la droite. De même les 3 mètres, unités tout à l'heure, ne seront plus que des centièmes de l'unité actuelle, donc ils doivent descendre aussi de deux rangs vers la droite, et ainsi des autres; il suffira donc de déplacer la virgule de deux rangs vers la gauche, ou, en d'autres termes, comme la règle l'exige, de la placer à la droite de la nouvelle unité.

188. On a dû remarquer que les mesures métriques dont la loi autorise la construction pour les usages de la vie, outre le décamètre, le mètre, le décimètre, sont le demi-décamètre, le double mètre, ou $\frac{1}{5}$ du décamètre, le demi-mètre, le double décimètre, ou $\frac{1}{5}$ du mètre, et que l'on ne construit jamais de mesures égales à 3 mètres, à 4 mètres, à 2, 4, ou 6 décimètres; c'est que 10, base de notre système de numération, ne peut se diviser exactement que par 2 et par 5; c'est pour rester fidèle à la loi décimale que les mesures ci-dessus ne sont point autorisées; des peines sévères seraient même encourues par les commerçants qui en feraient usage.

NOTA. — Dans les chapitres suivants, nous avons cru pouvoir supprimer les questionnaires. Utiles dans la première partie, alors que, par la correspondance des numéros, ils désignaient à l'élève la réponse à telle ou telle question, ils ne feraient plus, dans cette nouvelle partie de l'ouvrage, qu'occuper une place mieux employée à coup sûr par d'utiles exercices.

Exercices pratiques.

Lire les mesures de longueur suivantes :

30^{m},25 — 408^{m},006 — 28$^{kilom.}$,028 — 12593^{m},02795

(5) 4$^{myriam.}$,026 — 128$^{myriam.}$,4385324 — 0$^{kilom.}$,00032

0^{m},000895 — 12789$^{millim.}$,005 — (10) 0$^{myriam.}$,4245297.

Prendre dans les nombres suivants, successivement pour nité, le myriamètre, le mètre et le millimètre :

327^{m},089 — 88753,^{m}02 — 326$^{kilom.}$,0080978 — 123$^{hectom.}$,25

(15) 89739décam.,275 — 0décim.,8973 — 0centim.,927 — 0kilom.,893

0décam.,0009 — (20) 1821centim.735.

Dans les problèmes suivants, l'élève devra toujours indiquer quelle est l'espèce d'unités que représente le résultat, et calculer les quotients au moins jusqu'aux millièmes.

J'ai marché 108 heures, je fais environ 1250m,975 par heure ; combien ai-je parcouru de mètres en tout ?

J'ai acheté 10897m,96 d'étoffes en 29 pièces égales ; quelle est la longueur d'une pièce ?

J'ai besoin de morceaux d'étoffe ayant 33m,125 de long ; combien en trouverai-je dans un pièce de 10898m,125 ?

J'ai à faire un voyage de 123kilom.1289 ; je ne puis faire par jour que 3067m,12 ; combien me faudra-t-il de jours pour faire ce voyage ?

25. J'ai des jetons qui ont exactement 0m,025 de large ; combien en faudra-t-il mettre côte à côte pour faire 1 mètre ?

35 ouvriers me font par jour chacun 16m,128 d'ouvrage ; ils travaillent 72 jours. 28 autres ouvriers font par jour chacun 13m,165 et travaillent 45 jours ; combien y a-t-il en tout d'ouvrage fait ?

Sur une longueur de 123m,009 j'ai porté 18 fois une règle de 0m,039 ; quelle longueur reste-t-il ?

Mon pas est exactement de 0m,987 ; combien dois-je faire de pas pour parcourir 2kilom.,999493 ?

Une roue de voiture a une circonférence de 2m,133 ; combien devrait-elle faire de tours pour parcourir tout un méridien ?

30. Un décimètre en ruban s'allonge, si on le tend, de 0centim.,282 ; de combien s'allongerait un double décamètre construit avec un ruban de la même espèce ?

Exercices théoriques.

1. Pourquoi a-t-on pris pour unité et base du système métrique une fraction des dimensions du globe, plutôt que toute autre longueur plus à la portée de tout le monde ?

2. Quel avantage y aurait-il à ce que toutes les nations du globe eussent le même système de mesures ?

3. On a multiplié un nombre de mètres par 1000 ; quelle unité métrique représente le résultat ?

4. Le déplacement de la virgule change-t-il la valeur d'un nombre de mesures de longueur, si l'on conserve aux divers chiffres le nom de l'unité que chacun représente ?

5. Combien de millimètres vaut le nombre 3kilom.,897592 ?

6. Qu'est-ce qui décide à prendre pour unité le myriamètre ou le kilomètre, le centimètre ou le millimètre ?

7. Pourquoi les multiples et sous-multiples du mètre sont-ils des unités réelles, et non des unités fictives comme les dizaines, centaines ?

8. Quel avantage y a-t-il à faire suivre aux mesures de longueur les lois de la numération décimale ?

9. Si, au lieu de 10, notre système de numération eût eu pour base un autre nombre, 12 par exemple, combien le décamètre eût-il valu de mètres, l'hectomètre de décamètres et de mètres ?

10. Dans ce cas, de quelles mesures le gouvernement eût-il pu autoriser la construction ?

CHAPITRE II.

MESURES DE SUPERFICIE.

Théorie pratique.

189. L'unité des mesures de superficie est le *mètre carré*.

Cette mesure, si on la construisait, serait un carré dont chaque côté aurait un mètre de long.

Pour mesurer une surface, c'est-à-dire pour savoir combien elle contient de mètres carrés, il faudrait porter sur cette surface le carré unité autant de fois que possible, et le nombre de fois serait la mesure de la surface. Mais ce procédé étant impraticable dans la plupart des cas, on emploie pour arriver à la mesure des surfaces des procédés géométriques ; ainsi l'on ne construit aucune mesure de superficie.

190. Le mètre carré a des multiples et des sous-multiples, comme le mètre longueur, mais ses multiples sont de 100 en 100 fois plus grands, et ses sous-multiples de 100 en 100 fois plus petits, c'est-à-dire que chaque unité vaut 100 fois celle qui la précède immédiatement.

En voici le tableau en noms et valeurs.

			MESURES AGRAIRES.
MULTIPLES.	Hectomètre carré, qui vaut	10000 mèt. carr.	Hectare.
	Décamètre carré, —	100	Se nomme aussi Are.
	MÈTRE CARRÉ.		Centiare.
SOUS-MULTIPLES.	Décimètre carré, —	$\dfrac{1}{100}$.	
	Centimètre carré, —	$\dfrac{1}{10000}$.	
	Millimètre carré, —	$\dfrac{1}{1000000}$.	

191. RÈGLE: *Les nombres de mesures de superficie s'é-crivent comme les nombres entiers et décimaux, en ayant soin de commencer à écrire les décamètres carrés au rang des centaines, les hectomètres carrés au rang des dix-mille, les décimètres carrés au rang des centièmes, et ainsi de suite: c'est-à-dire chaque multiple de deux rangs en deux rangs à la gauche de la virgule, et chaque sous-multiple de deux rangs en deux rangs à sa droite.*

Ainsi pour écrire : huit hectomètres carrés, deux décamètres carrés, sept mètres carrés, quatre décimètres carrés, cinq centimètres carrés, on écrira :

$$80207,0405$$

Ici, comme le nombre exprimant chaque espèce d'unité est d'un seul chiffre, l'on a dû mettre des zéros pour maintenir chaque unité à son rang, mais le nombre : vingt-six hectomètres carrés, soixante-trois décamètres carrés, vingt-huit mètres carrés, trente-cinq décimètres carrés, s'écrira :

$$266328,35$$

sans intercalation de zéros. puisque pour chaque unité les nombres sont de deux chiffres.

Comme pour les longueurs, on peut, dans un nombre de mesures de superficie, prendre pour unité celui des multiples ou des sous-multiples que l'on veut. Il suffit pour cela de placer la virgule à la droite du chiffre représentant la mesure que l'on prend pour unité, en ayant soin de l'indiquer par une abréviation de son nom écrite à sa droite et un peu au-dessus.

Ainsi le nombre 289763[m.car.],289752 s'écrira successivement :

	Hectomètre carré. . .	28[hect.car.],9763289752.
	Décamètre carré. . .	2897[déc.car.],63289752.
En prenant pour unité le	Mètre carré.	289763[m.car.],289752.
	Décimètre carré. . . .	28976328[décim.car.],9752.
	Centimètre carré. . .	2897632897[cent.car.],52.
	Millimètre carré.. . .	289763289752[millim.car.]

Mais, en général, on ne prend guère pour unité les multiples du mètre, excepté pour les mesures agraires. L'emploi des sous-multiples comme unité est au contraire fréquemment utile pour les petites surfaces.

192. RÈGLE : *Pour lire un nombre de mesures de surface, il faut, avant tout, si le nombre des chiffres décimaux n'est pas pair, le rendre tel par l'addition d'un zéro à sa droite. Cela fait, on peut lire de deux manières :*

1° On énonce à la fois toute la partie entière, en la faisant suivre du nom de l'unité adoptée, puis toute la partie décimale, en la faisant suivre du nom du dernier sous-multiple.

Exemple, soit à lire le nombre : 2897[m.car.],963.

On commencera par ajouter un zéro à la partie décimale, pour qu'elle contienne un nombre pair de chiffres ; le nombre devient :

$$2897,9630$$

On reconnaît que ce 0 représente des centimètres carrés, alors on lira : deux mille huit cent quatre-vingt-dix-sept mètres carrés, neuf mille six cent trente centimètres carrés.

2° Concevant le nombre partagé en tranches de deux chiffres, à droite et à gauche de la virgule, on énonce successivement chaque tranche, en lui donnant le nom du multiple ou sous-multiple qu'elle représente.

Ainsi, pour lire, par cette méthode, le nombre :

$$2863^{m.car.},965327$$

on le supposera partagé ainsi :

$$28\ 63,\ 96\ 53\ 27$$

et on lira : vingt-huit décamètres carrés, soixante-trois mètres carrés, quatre-vingt-seize décimètres carrés, cinquante-trois centimètres carrés, vingt-sept millimètres carrés.

Mais, si dans le nombre il se trouve des chiffres au-dessus des hectomètres carrés, ou au-dessous des millimètres carrés, ils rentrent dans la loi générale des nombres entiers et décimaux ; les premiers se liront avec les hectomètres carrés, et les seconds se liront en dixièmes, centièmes, etc. de millimètres carrés.

Ainsi, le nombre 22700000$^{\text{m.car.}}$,00002837 se lira :

Deux mille deux cent soixante et dix hectomètres carrés, vingt-huit millimètres carrés et trente-sept centièmes.

193. Nous avons vu ci-dessus que l'hectomètre carré, le décamètre carré et le mètre carré portent aussi les noms de : *hectare, are, centiare,* qui forment ce qu'on appelle les mesures agraires, c'est-à-dire employées à la mesure des terres cultivées. Le mètre carré étant trop petit pour mesurer les vastes étendues des terrains en culture, on a pris pour unité le décamètre carré et on l'a nommé *are.* Dès lors, l'hectomètre carré, qui vaut 100 décamètres carrés, ou 100 ares, est devenu l'hectare, et le mètre carré, qui n'est plus que la centième partie de l'are, est devenu le centiare.

Les mesures agraires n'ont point d'autres multiple et sous-multiple que l'hectare et le centiare ; quant à leur lecture et à leur écriture, elles suivent les règles ci-dessus.

Ainsi, vingt-huit hectares, trois ares, cinq centiares s'écriront :

$$2803^{\text{ar.}},05$$

et le nombre de mesures agraires 37307$^{\text{ar.}}$,25, se lira :

Trente-sept mille trois cent sept ares, vingt-cinq centiares, ou :

Trois cent soixante et treize hectares, sept ares, vingt-cinq centiares.

Pour transformer en ares un nombre de mètres carrés, il suffit de transposer la virgule de deux rangs vers la gauche, et réciproquement, pour écrire un nombre d'ares en mètres carrés, il suffit de la transposer de deux rangs vers la droite.

Ainsi, 9873$^{\text{m.car.}}$,29, écrit en ares devient 98$^{\text{ar.}}$,7329 ; et 97352$^{\text{ar.}}$,35 écrit en mètres carrés, devient 9735235$^{\text{m.car.}}$.

194. Le mètre carré est employé pour mesurer les surfaces de grandeur moyenne, comme l'emplacement d'une maison, la surface d'un mur; les menuiseries, les peintures s'estiment au mètre carré.

Comme nous l'avons dit, on ne construit pas le mètre carré, les procédés géométriques sont seuls employés pour trouver combien une surface contient de mesures de superficie.

Le décimètre carré, le centimètre carré, le millimètre carré sont employés pour mesurer les surfaces plus petites; ainsi la surface d'une table, d'une carte de géographie, etc. s'estimera en décimètres, centimètres carrés, etc.

L'are, unité des mesures agraires, serait un carré qui aurait 10 mètres de côté; on ne la construit pas, et comme en réalité une surface de 100 mètres carrés est assez restreinte, et même petite comme terrain cultivable, la véritable unité est l'hectare, carré de 100 mètres de côté. Les champs, les forêts, les lacs, s'estiment en hectares et ares.

Ces mesures étant encore trop restreintes pour exprimer les surfaces très-grandes, comme celles des mers, des continents, on fait quelquefois usage d'unités supérieures encore: ce sont le kilomètre carré, carré qui aurait 1000 mètres de côté, et 1000000 de mètres carrés de superficie, et le myriamètre carré, carré qui aurait 10000 mètres de côté, et 100000000 de mètres carrés de superficie, on les nomme *mesures topographiques.*

Les quatre opérations de l'arithmétique s'opèrent sur les nombres de mesures de superficie d'après les règles données pour les nombres entiers et décimaux. Il faut seulement, avant d'opérer, les ramener à la même unité; et quand, dans une division, le résultat doit donner des mesures de superficie, il importe de calculer toujours un nombre pair de chiffres décimaux.

Théorie raisonnée.

195. Par la manière même dont est construit le mètre carré, les mesures de superficie sont intimement liées aux mesures de longueur, de sorte que, celles-ci étant connues, on peut toujours sans difficulté construire celles-là.

On a choisi le carré pour forme de l'unité de surface pour certaines raisons que la géométrie enseigne, et aussi parce que c'est la figure que l'on peut le plus aisément construire exacte et régulière en connaissant son côté, et aussi celle qui se prête le mieux à la mesure.

196. Du moment que l'unité fondamentale était un carré, il fallait que ses multiples et sous-multiples, appelés à servir d'unités à leur tour, fussent aussi des carrés. Or il n'est pas possible de faire un carré valant exactement 10 mètres carrés, ou $\frac{1}{10}$ de mètre carré, on peut aisément s'en rendre compte, en découpant 10 carrés égaux, et essayant de les arranger de manière à former un carré ; on verra que l'on peut faire un carré avec 9, avec 16 autres carrés, mais jamais avec dix ; il fallait donc renoncer à faire croître les multiples de 10 en 10, et décroître les sous-multiples aussi de 10 en 10 ; alors on a pris pour multiples et sous-multiples les carrés ayant pour côtés les multiples et sous-multiples du mètre longueur, et l'on a ainsi formé le décamètre carré, etc., le décimètre carré, etc. Ces nouvelles unités suivent, du reste, aussi la loi décimale, puisque chacune d'elles vaut 100 fois, ou 10×10, l'unité précédente, ce qu'il est facile de démontrer :

Construisons (*fig.* 2) un carré qui représente le décamètre ou 10 mètres, marquons ces 10 mètres sur chacun des côtés, et joignons chaque point de division avec celui qui fait face ; chacun des petits carrés ainsi formés est un mètre carré. Or, les lignes verticales ont coupé le carré total en 10 bandes, les lignes horizontales ont partagé chacune de ces bandes en 10 mètres carrés, donc il y a bien en tout 10 fois 10 ou 100 mètres

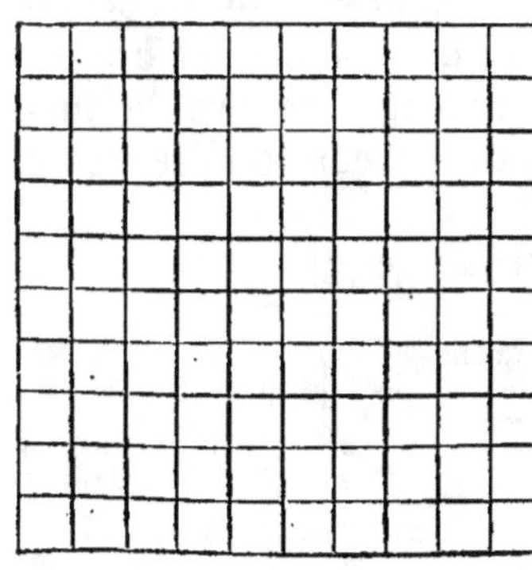

Fig. 2.

carrés. On démontrerait de même que chacune des unités de superficie vaut 100 fois l'unité inférieure précédente.

On voit par ce qui précède, qu'il faut bien se garder de

comprendre les mots décamètre carré, etc., décimètre carré, etc., comme exprimant des dizaines, centaines, etc., ou des dixièmes, centièmes, etc., du mètre carré, mais bien comme désignant des carrés ayant un décamètre, etc., un décimètre, etc. de côté.

197. Si les dizaines, mille, centaines de mille, etc., dixièmes, millièmes, etc., du mètre carré n'existent pas comme unité ou mesure carrée, ils existent néanmoins comme valeur; ainsi 10 mètres carrés seront une dizaine, 10 décamètres carrés seront un mille; $\frac{1}{10}$ du mètre carré sera un dixième, etc. C'est ce qui permet d'écrire les nombres de mesures de superficie comme les nombres entiers et décimaux.

Car les unités successives étant de 100 en 100 fois plus fortes, c'est-à-dire des centaines les unes des autres, devront s'écrire de deux en deux rangs, et les valeurs exprimant 10 d'une quelconque de ces unités s'écriront aux rangs intermédiaires libres, en les remplaçant par des zéros en cas d'absence.

198. Nous avons dit que l'on pouvait lire un nombre de mesures de superficie, soit en énonçant tout de suite toute la partie entière, puis toute la partie décimale en faisant suivre chacune d'elles du nom de sa plus basse unité, soit en énonçant successivement le nombre de chacune des unités.

En effet, ces deux manières de lire un nombre de mesures de superficie expriment d'une façon différente la même valeur.

Ainsi soit le nombre : 283627$^{\text{mèt. car.}}$ 5233.

```
                    ( 28 hectomètres carrés, qui valent 280000 )
Par la 2e méthode  { 36 décamètres carrés,       —      3600  } mètres carrés.
    on lirait      { 27 mètres carrés,           —        27  )
successivement :   { 52 décimètres carrés,       —         0  ,5200 ) centimètres
                    ( 33 centimètres carrés,     —         0  ,0033 )  carrés.
                                                          ─────────────────
                              283627m.c.,5233 cent. carrés.
```

Donc, lire par la deuxième méthode, ou lire le total 283627 mètres carrés 5233 centimètres carrés, revient à exprimer le même nombre d'unités et de fractions d'unités.

199. Quant à la règle d'ajouter un zéro pour rendre

pair le nombre des chiffres décimaux s'il est impair, elle se comprend aisément, en réfléchissant que le décimètre carré commençant au deuxième rang, le centimètre carré au quatrième, c'est-à-dire à un rang pair, et que les dixièmes et millièmes qui occupent le premier et le troisième rang n'ont pas de nom particulier, on ne pourrait, dans les mesures de superficie, nommer l'espèce d'unité représentée par un chiffre de rang impair. Il faut toujours se rapporter au rang pair qui le suit immédiatement, et c'est pour cela que l'on ajoute un zéro.

Ainsi, dans le nombre 0$^{\text{m. car.}}$238, 23 représente, on le sait, des décimètres carrés, mais 8 ne représente aucune unité, et si à la droite du 8 on ajoute un zéro, ce qui n'altère pas la valeur du nombre, on voit alors que 80 exprime des centimètres carrés.

C'est pour la même raison qu'il faut, dans une division, quand le quotient doit exprimer des mesures de superficie, calculer un nombre pair de chiffres décimaux, car le dernier chiffre trouvé donnera plus d'exactitude que le zéro qu'il faudrait ajouter pour lire le quotient.

Tout ce qui vient d'être expliqué s'applique également aux mesures agraires et topographiques, qui ne sont après tout, sous d'autres noms, que des multiples du mètre carré.

Exercices pratiques.

La peinture d'un mur est de 12$^{\text{mèt. car.}}$,123, on la paye à raison de 8 francs le mètre carré ; combien coûtera-t-elle ?

Un jardin a une superficie de 2$^{\text{hect.}}$,28, on le partage en 22 parties égales ; combien y aura-t-il de mètres carrés dans chacune ?

Je fais paver une cour de 125$^{\text{m. car.}}$,46754 avec des carreaux qui ont chacun 2$^{\text{décim. car.}}$,287 ; combien en faudra-t-il ?

J'ai une bande d'étoffe dont la superficie est de 1027$^{\text{m. car.}}$,125, je la coupe en 136 morceaux égaux ; quelle sera la superficie de chacun ?

5. Combien, dans une feuille de papier de 1235$^{\text{cent. car.}}$ pourrai-je tailler de carrés de 25$^{\text{millim. car.}}$,2736 ?

Mon jardin avait 127$^{\text{m. car.}}$,00287, j'en ai pris les $\frac{1}{4}$ pour bâtir ; quelle est la surface du jardin restant et de l'emplacement de la maison ?

La population de mon département est de 9856732 âmes, et sa

superficie de 1208^{kil.car.},0025367, combien y a-t-il d'habitants par hectare ?

18 ouvriers ont entrepris de défricher chacun 19^{hect.},7502 ; quelle est la surface totale à défricher ?

Combien faut-il de dalles de 0^{m.car.},02879, pour paver un espace de 2^{ar.},0797896 ?

10. Un menuisier a fait trois parquets, l'un de 12^{m.car.},1805, l'autre de 33^{m.car.},09, l'autre de 208^{décim.car.},508, on les lui paye à raison de 7 francs le mètre ; combien doit-il recevoir ?

Exercices théoriques.

1. Pourquoi ne peut-on pas mesurer une surface en y superposant le mètre carré autant de fois que possible ?

2. Pourquoi deux rangs sont-ils nécessaires pour écrire chacune des diverses unités de superficie ?

3. Peut-on, en changeant d'unité, déplacer la virgule d'un rang seulement ; qu'en résulterait-il ?

4. Quelle unité faut-il prendre pour que le mètre carré devienne un dix-millième de cette unité ?

5. Change-t-on la valeur réelle d'un nombre de mesures de superficie en déplaçant la virgule d'un certain nombre de fois deux rangs, mais conservant le même nom à l'ancienne unité ?

6. Combien y a-t-il de millimètres carrés dans un hectare ?

7. Pourquoi a-t-on choisi pour unité de superficie le mètre carré plutôt que toute autre surface ?

8. Pourquoi, ne pouvant pas faire les multiples de 10 en 10 fois plus grands, les a-t-on faits de 100 en 100, et non de 9 en 9, de 16 en 16 plus grands, ce qui était possible ?

9. Un jardin qui a 1000 mètres carrés peut-il être un carré régulier, c'est-à-dire ayant ses quatre côtés égaux ?

10. Mon salon est parfaitement carré, chacun de ses côtés a 5 mètres ; quelle est sa superficie ?

CHAPITRE III.

MESURES DE VOLUME.

Théorie pratique.

200. L'unité des mesures de volume est le *mètre cube*. On appelle cube un corps ayant la forme d'un dé à jouer.

Le mètre cube, si on le construisait, présenterait donc 6 faces, qui seraient toutes des carrés réguliers, égaux à un mètre carré, et formant par leur réunion 12 arêtes d'un mètre de longueur.

On ne saurait pour mesurer le volume d'un corps opérer comme pour mesurer une longueur, c'est-à-dire chercher combien de fois un mètre cube pourrait être contenu dans la matière qui forme ce corps, mais la géométrie donne des procédés par lesquels, connaissant les trois dimensions d'un corps, sa longueur, sa largeur, et sa hauteur, c'est-à-dire trois longueurs que l'on peut mesurer à l'aide du mètre, on trouve combien ce corps contient de mètres cubes.

201. Le mètre cube étant déjà par lui-même très-volumineux, on ne lui a pas donné de multiples, mais si on lui en donnait, ils devraient être de 1000 en 1000 fois plus grands. Les sous-multiples qui sont usités sont chacun $\frac{1}{1000}$ du précédent.

Voici le tableau du mètre cube avec ses sous-multiples et leurs valeurs :

MÈTRE CUBE ou stère.

SOUS-MULTIPLES.
- Décimètre cube, qui vaut $\frac{1}{1000}$ de mètre cube.
- Centimètre cube, — $\frac{1}{1000000}$.
- Millimètre cube, — $\frac{1}{1000000000}$.

202. RÈGLE : *On écrit les nombres de mesures de volume comme les nombres entiers et décimaux, en écrivant les divers sous-multiples de trois rangs en trois rangs à partir de la virgule, savoir : les décimètres cubes au rang des millièmes, les centimètres cubes au rang des millionièmes, etc., en remplaçant par des zéros les unités absentes.*

Ainsi, le nombre trois mètres cubes, soixante-cinq décimètres cubes, trois centimètres cubes, deux cent vingt-huit millimètres cubes s'écrira :

$$3^{\text{m.cub.}}065003228.$$

En écrivant 65 centimètres cubes, de manière que le 5 soit

au rang des millièmes ; 3 centimètres cubes, de manière qu'il occupe le rang des millionièmes, puis enfin 228 millimètres cubes sans intervalle de zéros, puisque, ce nombre étant composé de trois chiffres, le 8 se trouve naturellement au rang qu'il doit occuper.

On peut pour les mesures de volume, comme pour celles de longueur et de superficie, prendre pour unité, au lieu du mètre cube, celui de ses sous-multiples qu'il conviendra ; il suffit pour cela de transporter la virgule à la droite de la tranche de trois chiffres représentant la nouvelle unité adoptée, en indiquant son espèce par une abréviation de son nom.

Ainsi, le nombre 23$^{\text{mèt.cub.}}$,123009502 s'écrira :

En prenant pour unité le :	Mètre cube. . .	23$^{\text{m.cub.}}$,123009502.
	Décimètre cube. .	23123$^{\text{décim. cub.}}$,009502.
	Centimètre cube..	23123009$^{\text{cent.cub.}}$,502.
	Millimètre cube. .	23123009502$^{\text{millim. cub.}}$

203. RÈGLE : *Pour lire un nombre de mesures de volume, il faut avant tout le partager par la pensée en tranches de trois chiffres à partir de la virgule, vers la droite seulement si l'unité adoptée est le mètre cube, et à droite et à gauche si elle est un de ses sous-multiples, et si la dernière tranche à droite n'a que un ou deux chiffres, on la complète par l'addition de un ou deux zéros ; cela fait :*

1° On énonce d'un seul coup toute la partie entière, en la faisant suivre du nom de l'unité qu'elle représente, puis toute la partie décimale, en la faisant suivre du nom de la plus basse unité.

Exemple : Pour lire le nombre 40357$^{\text{déc.cub.}}$,8372, on commence par ajouter deux zéros à sa droite, pour que la partie décimale ait deux tranches de trois chiffres, le nombre sera alors 40357$^{\text{déc.cub.}}$,837200, et on lira :

Quarante mille trois cent cinquante-sept décimètres cubes, huit cent trente-sept mille deux cents millimètres cubes.

2° On lit séparément chaque tranche à partir de la gauche, en la faisant suivre du nom de l'unité qu'elle représente.

Ainsi le nombre ci-dessus, partagé par la pensée en tranches de trois chiffres, à partir des mètres cubes, se présente ainsi :

40   357$^{\text{déc.cub.}}$837   200

et se lira : quarante mètres cubes, trois cent cinquante-sept décimètres cubes, huit cent trente-sept centimètres cubes, deux cents millimètres cubes.

Quel que soit le nombre des chiffres au-dessus du mètre cube, comme il n'a pas de multiples, on les énonce tous ensemble, et s'il y a des chiffres après les millimètres cubes, on les lit après eux, et on les énonce en dixièmes, centièmes, etc., du mètre cube.

Ainsi le nombre $58362^{\text{m.cub.}},00000023652,$

se lira : cinquante-huit mille trois cent soixante-deux mètres cubes, deux cent trente-six millimètres cubes, cinquante-deux centièmes.

204. Le mètre cube s'emploie pour mesurer les terres, les pierres, les bois de construction dans les travaux de terrassement et d'architecture.

205. Mais on fait, pour la mesure des bois de chauffage, un fréquent usage du mètre cube, qui prend alors le nom de *stère*.

On a fait du stère une sorte d'unité spéciale, pour laquelle, en vue de la commodité, on a admis un multiple et un sous-multiple qui suivent la loi décimale, mais non la même proportion que les sous-multiples du mètre cube ; en voici le tableau en noms et valeurs :

MULTIPLE.	Décastère	vaut 10 stères.
	STÈRE ou mètre cube.	
SOUS-MULTIPLE.	} Décistère.	— $\frac{1}{10}$ de stère.

Mais le décastère et le décistère ne sont point des cubes, ni même des mesures logiques, nous le répétons, ce n'est qu'une raison de commodité qui les a fait adopter, et seulement pour le mesurage des bois de chauffage.

On écrit et on lit les nombres de stères absolument comme les nombres entiers et décimaux.

Ainsi, huit décastères, trois stères, cinq décistères s'écriront : $83^{\text{st.}},5$ et le nombre $13^{\text{st.}},7$ se lira : ou treize stères, sept décistères; ou bien: un décastère, trois stères, sept décistères.

206. On construit des châssis propres à mesurer les bois de chauffage, avec une exactitude suffisante pour cette espèce d'objet.

Un de ces châssis pour mesurer un stère de bois, consiste (fig. 3) en un cadre formé de deux montants A, B, plantés dans une pièce transversale ou sole DD, et consolidés par deux contre-fiches obliques E, E, puis réunis à la partie supérieure par une traverse C. La sole D et la traverse C doivent toujours avoir un mètre de long ; quant aux montants A et B, leur hauteur varie suivant que les bûches que l'on veut mesurer ont un mètre de long, ou plus, ou moins ; ainsi pour les bûches de 1 mètre, A et B auront 1 mètre; pour les bûches de $1^m,14$, comme celles de Paris, les montants auront $0^m,878$.

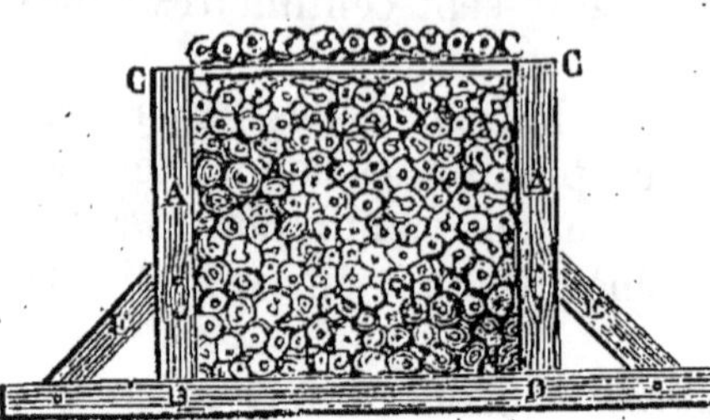

Fig. 3.

Pour mesurer le bois, on range les bûches dans l'intérieur de ce châssis, aussi régulièrement que possible, puis, quand il est plein, pour compenser les vides que les bûches laissent nécessairement entre elles, on superpose une rangée de bûches sur la traverse supérieure.

207. La loi autorise en outre la construction de châssis pour mesurer le demi-stère, le double stère, et cinq stères, ou demi-décastère ; pour celui-ci la sole a 3 mètres, et les montants $1^m,463$; pour le double stère, la sole a 2 mètres et les montants 1 mètre.

Les quatre opérations de l'arithmétique se font sur les nombres de mètres cubes d'après les règles des nombres entiers et décimaux, en ayant le soin préalable, avant d'opérer, de les rapporter à la même unité.

Dans une division, si le quotient doit exprimer des mesures de volume, il faut toujours calculer au quotient, s'il doit être un nombre décimal, un nombre de chiffres décimaux formé d'un nombre exact de tranches de trois chiffres.

Théorie raisonnée.

208. Le mètre cube, unité de volume, se rattache intimement par sa formation au mètre longueur. Il suffit de connaître celui-ci pour pouvoir construire un mètre cube.

On a choisi de préférence la forme cubique, pour des raisons géométriques, et aussi parce que, les trois dimensions de cette forme étant égales, le mètre longueur suffisait seul pour déterminer le mètre cube.

209. L'unité étant un cube, les sous-multiples devaient aussi être des cubes, car l'uniformité dans les lois de formation est, on le sait, une des conditions indispensables d'un bon système de mesures. Mais alors on ne pouvait faire que les sous-multiples du mètre cube fussent de 10 en 10 ou de 100 en 100 fois plus petits, car il est impossible de partager le mètre cube en 10 ni en 100 cubes égaux ; ce qu'il est aisé de vérifier en prenant 10 ou 100 cubes égaux, des dés à jouer par exemple, et essayant de les arranger de manière à former un cube. On pourra faire un cube avec 8, avec 27, avec 64 ou 125 cubes, mais jamais avec 10 ou avec 100. Mais comme l'on peut partager un cube en 1000 cubes égaux, et comme 1000 est égal à $10 \times 10 \times 10$ et suit la loi de formation des unités décimales, on a admis que les sous-multiples du mètre cube seraient de 1000 en 1000 fois plus petits.

210. On peut démontrer, du reste, que le mètre cube contient 1000 décimètres cubes, c'est-à-dire 1000 cubes ayant des arêtes de la longueur d'un décimètre, et des faces égales à un décimètre carré.

En effet, supposons que la figure 4 représente un mètre cube, chaque arête étant égale à un mètre peut se partager en 10 décimètres. Supposons que par le premier décimètre, au point A, on coupe dans le cube une tranche horizontale, d'une épaisseur partout égale, dont la section est indiquée par la ligne ABG. On voit de suite, que l'on peut dans le mètre cube couper 10 tranches en tout pareilles à la première. Maintenant, par le premier déci-

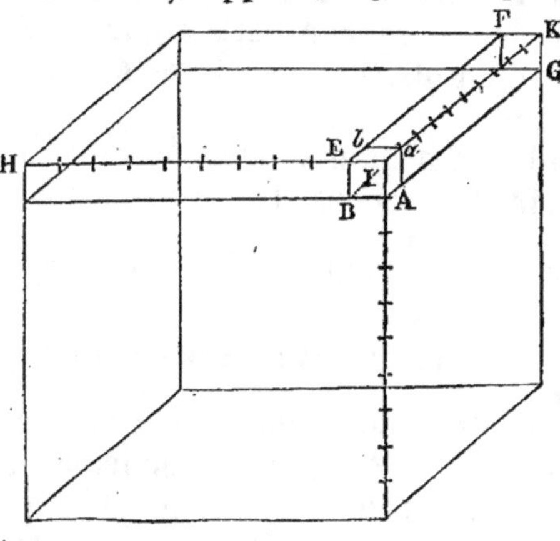

Fig. 4.

mètre de l'arête IH, au point E, coupons par une section verticale une partie de cette première tranche, d'une largeur partout égale à un décimètre, cette partie sera représentée par le solide allongé EBAFGK, et l'on voit que dans la première tranche on peut par le même procédé séparer 10 solides égaux ; donc le mètre cube contenant 10 tranches pareilles à la première, contient 10×10 ou 100 de ces solides. Enfin, si par chaque décimètre de l'arête IK, nous coupons par des sections pareilles à ab, le solide déjà formé, on voit qu'il sera partagé en 10 petits cubes égaux entre eux et qui seront des décimètres cubes, chacune de leurs arêtes ayant un décimètre de long. Or, dans chaque solide il y aura 10 de ces cubes, dans chaque tranche horizontale il y a 10 solides ; et dans le cube entier il y a 10 tranches, dont le cube entier contient $10 \times 10 \times 10$ ou 1000 décimètres cubes.

On voit donc aussi que les mots décimètre cube, centimètre cube, etc., ne signifient point dixième ou centième de mètre cube, mais bien des cubes ayant respectivement un décimètre, un centimètre, etc., de longueur d'arête.

211. Mais si les dixièmes, centièmes, dix-millièmes, etc., du mètre cube n'existent pas comme unité reconnue, ils n'en existent pas moins comme valeurs exprimant des fractions décimales du mètre cube. Ainsi, dans la figure 4 ci-dessus, la première tranche horizontale serait la représentation exacte d'un dixième de mètre cube, le solide allongé serait un centième de mètre cube.

De plus, on comprend aisément que puisque le mètre cube comprend 1000 décimètres cubes, 10 de ces décimètres vaudront $\frac{1}{100}$ du mètre cube, et que 100 décimètres en vaudront $\frac{1}{10}$; c'est pourquoi, en écrivant les sous-multiples du mètre cube, on écrit les décimètres cubes au troisième rang après la virgule, les centimètres cubes au sixième, et l'on réserve les premier et second, quatrième et cinquième, etc., rangs pour écrire les nombres exprimant les dizaines et centaines de décimètres et de centimètres cubes.

212. Quant aux deux manières de lire un nombre de

mesures cubiques, il est facile de démontrer qu'elles sont également exactes, car elles énoncent bien toutes deux la même valeur.

En effet, le nombre 0$^{\text{m.cub.}}$,125068009, se lirait :

Par la 2ᵉ méthode.
{
125 décimètres cubes, qui valent 125000000 millim. cub.
68 centimètres cubes, — 68000 —
9 millimètres cubes, — 9 —
}
$$\overline{125068009 \text{ millim. cub.}}$$

Donc, lire le nombre par la deuxième méthode, ou lire le total 125068009 millimètres cubes, revient à exprimer de deux façons différentes le même nombre de sous-multiples du mètre cube.

Pour lire un nombre de mesures cubiques, il faut, avons-nous dit, le partager en tranches de trois chiffres à partir du mètre cube, etc., et compléter par un ou deux zéros la dernière tranche de trois chiffres à droite ; c'est qu'en effet, dans le nombre 10$^{\text{m.cub.}}$,1282, par exemple, le 2 final n'a aucun nom, n'étant pas une mesure reconnue, mais en y ajoutant deux zéros il devient 200 centimètres cubes, et peut ainsi s'énoncer clairement.

213. Quant à la manière d'énoncer et de lire un nombre de stères, elle n'a besoin d'aucune explication nouvelle, car elle est la même que pour les nombres entiers et décimaux et les nombres de mesures de longueur.

214. Mais, ce qu'il ne faut pas oublier, c'est que le décastère et le décistère sont des mesures anormales, c'est-à-dire qui sortent de la loi commune et régulière qui régit la formation des multiples et sous-multiples, ce ne sont point des cubes, mais des corps irréguliers, et l'on doit en proscrire l'emploi, toutes les fois qu'il ne s'agit pas de bois de chauffage.

Ainsi, si un ouvrier a creusé 10 mètres cubes et un dixième de mètre cube de terre, ce serait une grande faute que de dire : il a creusé *un décastère et un décistère de terre*, quoique après tout cette phrase exprime exactement le volume creusé, il faut dire : 10 mètres cubes, 100 décimètres cubes.

215. Quant à la nécessité de calculer, si un quotient doit exprimer des mesures de volume, trois, six, ou neuf chiffres décimaux, on la comprend de suite, les derniers chiffres trouvés donnant plus d'exactitude que les zéros qu'il faudrait ajouter pour lire ce quotient.

Exercices pratiques.

Pour construire un mur on a employé 32$^{m.cub.}$,128002 de pierre; elle revient à 4 fr. le mètre cube; à combien revient ce mur?

Trois ouvriers ont creusé : l'un 17$^{m.cub.}$,182 de terre, l'autre 7893$^{décim.cub.}$,12, l'autre 72$^{m.cub.}$,0003; on les paye à raison de 5 francs le mètre cube; combien doit-on payer en totalité?

On sait que le marbre se paye 35 francs le mètre cube; combien y a-t-il de mètres cubes dans un bloc qui coûte 32500 fr. ?

J'ai des boîtes qui ont un volume de 52 centimètres cubes; quel volume aurait une caisse qui en contiendrait 7085?

5. Une machine travaillant 8 jours et pendant 12 heures chaque jour a extrait 285$^{m.cub.}$,12252 de terre; combien en extrait-elle par jour et par heure?

Le stère de bois coûte 43 francs; combien aura-t-on de stères pour 782 francs?

J'ai un bloc de bois dont le volume est 37325$^{décim.cub.}$,7; combien contient-il de décistères?

On emploie des ouvriers pour scier 283$^{stèr.}$,5 de bois, chacun d'eux en scie 25$^{stèr.}$,5; combien y a-t-il d'ouvriers?

Un charretier a conduit 45 voitures de bois, chacune contient 3$^{stèr.}$,8, on lui paye chaque stère transporté à raison de 2 francs; combien a-t-il porté de bois, et combien lui doit-on?

10. J'ai empilé dans ma cour et l'un sur l'autre : 1° cinq demi-décastères de bois; 2° six voitures d'un double stère chaque, et par-dessus le tout j'ai mis un tronc d'arbre dont le volume est 1$^{m.cub.}$,12807; quelle est en mètres cubes la place que tout cela occupe?

Exercices théoriques.

1. Quelle surface de papier faudrait-il pour recouvrir exactement un mètre cube?

2. Combien vaudrait un décamètre cube, pourquoi ne l'emploie-t-on pas?

3. Combien y aurait-il de décastères dans un décamètre cube?

4. Pourquoi, puisque l'on peut partager un cube en 16, 27, 64, 125 cubes égaux, n'a-t-on pas construit de multiples et sous-multiples d'après ces nombres?

5. Quelle fraction du mètre cube valent les centièmes de millimètre cube?

6. Combien y a-t-il de centimètres cubes dans un décistère?

7. On a seulement la longueur du mètre; comment faire pour construire, en carton par exemple, un mètre cube?

8. Combien pourrait-on scier de dés à jouer d'un centimètre cube chacun dans un bloc de pierre d'un demi-mètre cube?

9. L'unité adoptée dans un nombre écrit était le décimètre cube, on s'est trompé, et l'on a écrit mètre cube au chiffre des unités; quelle est la valeur de l'erreur commise?

10. J'ai un bloc de bois de 50 décimètres cubes, combien y en a-t-il de pareils dans un mètre cube?

CHAPITRE IV.

MESURES DE CAPACITÉ.

Théorie pratique.

216. L'unité des mesures de capacité ou de contenance est le *litre*.

On appelle litre la contenance d'un vase dont la cavité intérieure aurait exactement un décimètre cube.

Ainsi, supposons que l'on fasse en fer-blanc un décimètre cube, c'est-à-dire un cube dont chaque face aurait un décimètre carré, ce vase contiendrait exactement un litre.

217. Le litre, unité principale des mesures de capacité, a des multiples et des sous-multiples qui suivent dans leur formation la loi décimale; les multiples sont de 10 en 10 fois plus forts, et les sous-multiples de 10 en 10 fois plus petits. En voici le tableau en noms et valeurs :

MULTIPLES.	Kilolitre,	qui vaut 1000 litres et 10 hectol.
	Hectolitre,	— 100 — et 10 décal.
	Décalitre,	— 10 —
	LITRE.	
SOUS-MULTIPLES.	Décilitre,	— $\frac{1}{10}$ du litre.
	Centilitre,	— $\frac{1}{100}$ du litre et $\frac{1}{10}$ du décil.

218. RÈGLE : *Pour écrire un nombre de mesures de capacité, on opère comme pour écrire les nombres entiers et décimaux ; c'est-à-dire que, plaçant les litres au rang des unités, on écrit les décalitres au rang des dizaines, etc., les décilitres au rang des dixièmes, etc., en remplaçant par des zéros les unités absentes.*

Ainsi le nombre : huit hectolitres, cinq litres, trois décilitres, quatre centilitres, s'écrira : 805$^{lit.}$,34, en remplaçant par un zéro les décalitres absents.

219. RÈGLE : *Pour lire un nombre de mesures de capacité, on peut, ou bien lire toute la partie entière, en la faisant suivre du nom de l'unité adoptée, puis toute la partie décimale, en la faisant suivre du nom du plus bas sous-multiple qu'elle renferme ; ou bien lire successivement chaque chiffre, en le faisant suivre du nom de l'unité de capacité qu'il représente.*

Ainsi le nombre : 823$^{lit.}$,42 peut se lire, ou bien : huit cent vingt-trois litres, quarante-deux centilitres ; ou encore : huit hectolitres, deux décalitres, trois litres, quatre décilitres, deux centilitres.

On n'emploie pas de multiple au-dessus du kilolitre, qui, lui-même, est peu usité, ni de sous-multiple au-dessous du centilitre ; si donc l'on avait un nombre de mesures de capacité ayant un ou plusieurs chiffres au-dessus du kilolitre, et des chiffres au-dessous des centilitres ; on énoncerait les premiers avec les kilolitres, et les seconds après les centilitres, en nommant la fraction décimale de centilitres qu'ils représentent.

Ainsi le nombre : 389000$^{lit.}$,0325, se lira : trois cent quatre-vingt-neuf kilolitres, trois centilitres et vingt-cinq centièmes.

220. Les quatre opérations de l'arithmétique se font sur les nombres de mesures de capacité comme sur les nombres entiers et décimaux, en ayant soin, toutefois, avant d'opérer, de les ramener à la même unité.

221. Les mesures de capacité sont employées pour mesurer les liquides, les grains et les légumes secs. Ainsi les légumes au détail se vendent au litre ; en gros ils se vendent à l'hectolitre ; les blés, les avoines se vendent à l'hectolitre ; les haricots, les fèves, les pois, se vendent indifféremment à l'hectolitre, au décalitre ou au litre, suivant les quantités que l'on vend ou achète.

Comme on fait usage des mesures de capacité pour une foule de liquides ou de corps divers, la loi, pour éviter la fraude, et aussi l'altération possible des liquides dans certains vases, a réglementé en détail les matières dont les mesures doivent être faites, leurs dimensions et leur emploi.

Toutes les mesures de capacité sont de forme cylindrique, forme plus commode que la forme cubique ; on peut les diviser :

222. 1° En mesures de cuivre, fonte ou tôle pour les liquides ; leur profondeur doit être égale à leur diamètre, ce sont :

Mesures de Cuivre, fonte, tôle.		Diamètre et profondeur.	
	Double hectolitre.		633 millim.,9.
	Hectolitre.		503 ,1.
	Demi-hectolitre.		399 ,3.
	Double décalitre.		294 ,2.
	Décalitre.		233 ,5.
	Demi-décalitre.		185 ,3.

Toutes ces mesures doivent être étamées ; elles sont employées pour la vente en gros des liquides, tels que vernis, essences, vins, alcools, etc.

223. 2° Mesures en étain, leur hauteur est double de leur diamètre intérieur ; ce sont :

Mesures en étain.		Hauteurs.		Diamètres.	
	Double litre.		216 millim.,7.		108 millim.,4.
	Litre.		172 ,0.		86 ,0.
	Demi-litre.		136 ,6.		68 ,3.
	Double décilitre.		100 ,6.		50 ,3.
	Décilitre.		79 ,9.		39 ,9.
	Demi-décilitre.		63 ,4.		31 ,7.
	Double centilitre.		46 ,7.		23 ,4.
	Centilitre.		37 ,1.		18 ,5.

Ces mesures (fig. 5) servent pour la vente au détail de tous les liquides, comme l'étain est un métal d'une certaine valeur, chacune de ces mesures doit aussi avoir un poids réglementaire.

Fig. 5.

224. 3° Mesures en fer-blanc; leur hauteur est égale à leur diamètre.

Mesures en fer-blanc.	Double hectolitre.	Hauteur et diamètre.	633 millim.	,9.
	Hectolitre.		503	,1.
	Demi-hectolitre.		399	,3.
	Double décalitre.		294	,2.
	Décalitre.		233	,5.
	Demi-décalitre.		185	,3.
	Double litre.		136	,6.
Mesures en fer-blanc.	Litre.	Hauteur et diamètre.	108	,4.
	Demi-litre.		86	,0.
	Double décilitre.		63	,4.
	Décilitre.		50	,3.
	Demi-décilitre.		39	,9.
	Double centilitre.		29	,5.
	Centilitre.		24	,4.

Ces mesures (fig. 6) servent exclusivement pour la vente de l'huile et du lait; cependant pour le lait on fait usage surtout de la série du double litre au demi-décilitre.

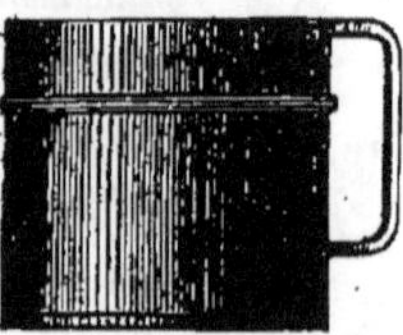

Fig. 6.

225. 4° Mesures en bois; leur hauteur est égale à leur diamètre, à moins que leur intérieur ne porte une potence pour les manier, en ce cas leur hauteur doit être augmentée en proportion.

Mesures en bois.	Double hectolitre.		Hauteur et diamètre.	633^{millim.},9.

			Hauteur et diamètre	
	Double hectolitre.			633millim.,9.
	Hectolitre.			503 ,1.
	Demi-hectolitre.			399 ,3.
	Double décalitre.			294 ,2.
Mesures	Décalitre.			233 ,5.
en bois.	Demi-décalitre.	Hauteur		185 ,3.
	Double litre.	et diamètre.		136 ,6.
	Litre.			108 ,4.
	Demi-litre.			86 ,0.
	Double décilitre.			63 ,4.
	Décilitre.			50 ,3.
	Demi-décilitre.			39 ,9.

Ces mesures (fig. 7) sont cylindriques, en bois mince de chêne ou de hêtre, garnies à leur bord supérieur d'une bande de tôle, qui ne permet pas d'en altérer la hauteur ; elles servent à mesurer les grains, les légumes secs, les pommes, les pommes de terre, etc.

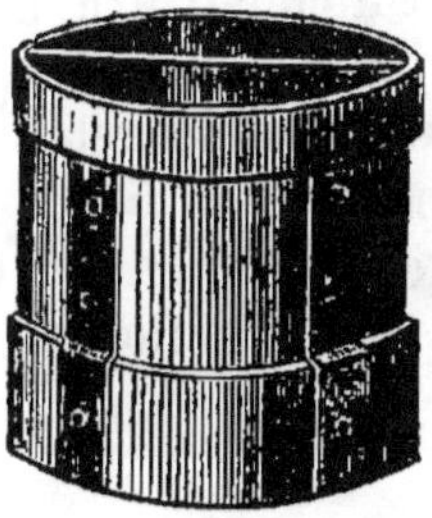

Toutes les mesures ci-dessus doivent porter en lettres apparentes et extérieures l'indication de leur valeur, et être poinçonnées, c'est-à-dire porter une marque qui

Fig. 7.

constate qu'elles ont été vérifiées et approuvées par les agents du gouvernement.

Théorie raisonnée.

226. L'unité des mesures de capacité dépend, on le voit, de la valeur du mètre, puisque le volume d'un litre de liquide est un décimètre cube.

Le litre est donc $\frac{1}{1000}$ du mètre cube ; mais là s'arrête la similitude, les multiples et sous-multiples du litre étant de 10 en 10 fois plus grands et de 10 en 10 fois plus petits n'ont plus d'équivalence avec les subdivisions du mètre cube. Seul, le kilolitre, à peu près inusité, serait égal à un mètre cube.

227. Les multiples et sous-multiples du litre se forment identiquement comme les dizaines, centaines, etc., et les dixièmes, centièmes, etc. La manière de les écrire et de les lire n'a donc besoin d'aucune explication nouvelle ; non plus que la manière de passer d'une unité à une autre, en transposant la virgule à la droite de celle-ci ; du reste, les raisonnements seraient les mêmes que pour les unités de longueur.

Les mesures autorisées sont nombreuses, on le voit, c'est qu'en effet elles avaient à répondre à une foule de nécessités ; mais aussi, restant fidèle à la base 10 du système, qui n'admet, on le sait, que 2 et 5 comme diviseurs, on n'a autorisé, outre chaque unité de capacité, que des mesures qui en forment exactement ou la moitié ou le cinquième, mais qui permettent néanmoins de mesurer toutes les quantités possibles. Quant à la forme cylindrique, on l'a substituée, comme plus commode à manier et à construire, à la forme cubique, qu'il n'était, du reste, pas possible d'employer pour celles de ces unités qui n'ont pas de relation exacte avec le mètre cube. Mais les diamètres des bases et les hauteurs ont été calculés de manière à donner un volume parfaitement égal au multiple ou à la fraction de la mesure unité.

Exercices pratiques.

J'ai acheté 192$^{\text{hectol.}}$25 de blé, 2897$^{\text{lit.}}$,25 d'avoine, 367$^{\text{décal.}}$,72 d'orge ; combien ai-je acheté de litres en tout ?

J'ai acheté pour 108 francs 24$^{\text{hectol.}}$,0728 de blé, et pour 92 fr. 2390$^{\text{lit.}}$,68 d'avoine ; quel est le prix du litre et de l'hectolitre de chaque ?

Pour 3 francs on a 28$^{\text{lit.}}$,295 de blé ; combien en aura-t-on pour 1800 francs ?

Un bassin contient 8097$^{\text{lit.}}$,25 d'eau ; une fontaine le remplit en 17 heures ; combien verse-t-elle d'eau par heure ?

5. Un cheval mange par jour 78$^{\text{décil.}}$,75 d'avoine, un mulet 2$^{\text{lit.}}$,13, un âne 195$^{\text{centil.}}$, j'ai 8 chevaux 5 mulets et 10 ânes ; combien me faut-il d'avoine par jour ?

Combien faudra-t-il de sacs de fèves, contenant chacun 78$^{\text{lit.}}$,9, pour remplir un tonneau de 3$^{\text{hectol.}}$,4560 ?

On a fait provision de 1184$^{\text{hectol.}}$,475 de blé ; combien faudra-t-il de sacs pour le renfermer, chaque sac contenant 12$^{\text{décal.}}$,75 ?

On a des flacons de 0$^{\text{lit.}}$,08 de capacité ; combien en faudra-t-il pour contenir tout le liquide d'un tonneau de 5120 litres ?

Une laitière vend son lait 40 centimes le litre, elle en a retiré 780 centimes ; combien avait-elle de lait ?

10. Un propriétaire récolte 1092$^{\text{hectol.}}$,462 de vin, il a pour le renfermer des barriques de 205$^{\text{lit.}}$,28 et de 3$^{\text{hectol.}}$,15 ; il veut en employer autant de chaque grandeur, combien lui en faut-il ?

Exercices théoriques.

1. Combien un mètre cube creux contient-il de décilitres?

2. Si le millilitre existait, à quelle fraction du mètre cube correspondrait-il?

3. Quel serait le multiple du litre qui vaudrait un décamètre cube?

4. Combien de fois faudrait-il le contenu d'un vase de $0^{lit.},10$ pour remplir un bassin d'un mètre cube?

5. On a un litre, on peut le remplir avec 2 décilitres d'eau et 80 billes de marbre; quel est le volume d'une de ces billes?

6. On a un vase de deux litres et mille dès à jouer, chacun d'un centimètre cube; comment mesurer exactement un litre d'eau?

7. De combien de rangs faut-il déplacer la virgule pour passer de l'hectolitre au décilitre?

8. Quel serait le volume du vase qui contiendrait un double décalitre, sept litres, huit décilitres?

9. On a un vase plein d'eau, et un système de mesures de capacité; peut-on avec cela mesurer le volume d'un corps!

10. Combien une fontaine devrait-elle verser de litres d'eau à l'heure pour vider en deux heures un bassin de 3 mètres cubes?

CHAPITRE V.

MESURES DE POIDS.

Théorie pratique.

228. L'unité des mesures de poids est le *gramme*.

Le gramme est le poids d'un centimètre cube d'eau distillée, pesée à 4 degrés et dans le vide.

Ainsi, supposons que l'on fasse un petit vase ayant exactement à l'intérieur le volume d'un centimètre cube, puis qu'on le remplisse d'eau distillée, à 4 degrés de température, le poids de cette eau sera le gramme.

ÉLÈVES.   8

229. Le gramme, unité principale, a des multiples, qui sont de 10 en 10 fois plus grands, et des sous-multiples, qui sont de 10 en 10 fois plus petits ; en voici le tableau en noms et valeurs :

Myriagramme, qui vaut 10000 grammes ou 10 kilog.
Kilogramme,   —   1000   —   ou 10 hectog.
Hectogramme,   —   100   —   ou 10 décag.
Décagramme,   —   10   —
GRAMME.

Décigramme,   — $\dfrac{1}{10}$ du gramme.

Centigramme,   — $\dfrac{1}{100}$ —   ou $\dfrac{1}{10}$ du décig.

Milligramme,   — $\dfrac{1}{1000}$ —   ou $\dfrac{1}{10}$ du centig.

Il faut y joindre deux mesures adoptées par l'usage et pour leur commodité, ce sont :

Tonneau de mer, qui vaut 1000 kilog. ou 1000000 grammes.
Quintal métrique, qui vaut 100 kilog. ou 100000 grammes.

250. RÈGLE : *Pour écrire un nombre de mesures de poids, on opère comme pour écrire les nombres entiers et décimaux ; c'est-à-dire que, plaçant les grammes au rang des unités, on écrit les décagrammes, hectogrammes, etc., au rang des dizaines, centaines, etc., et les décigrammes, centigrammes, etc., au rang des dixièmes, centièmes, etc., en remplaçant par des zéros celles de ces unités qui manquent.*

Ainsi le nombre : huit hectogrammes, cinq décagrammes, trois grammes, deux décigrammes, trois milligrammes, s'écrira : 853gram.,203.

On peut, pour les mesures de poids, comme pour les précédentes, prendre pour unité les multiples et sous-multiples que l'on veut ; il suffit alors, pour écrire le nombre d'après cette nouvelle unité, de transposer la virgule à la droite du chiffre qui la représente.

Ainsi le nombre 492gram.,252, pourra s'écrire :

49décag.,2252, ou 4hectog.,92252, etc.

251. RÈGLE : *Pour lire un nombre de mesures de poids, on peut, ou bien lire toute la partie entière, en la faisant suivre du nom de l'unité adoptée, puis toute la partie décimale, en la faisant suivre du nom du plus bas sous-multiple qu'elle contient ;*

Ou bien lire successivement chaque chiffre, en le faisant suivre du nom de l'unité qu'il représente.

Ainsi le nombre 1273$^{\text{gram.}}$,325 pourra se lire : ou bien,

Mille deux cent soixante et treize grammes, trois cent vingt-cinq milligrammes;

Ou bien : un kilogramme, deux hectogrammes, sept décagrammes, trois grammes, trois décigrammes, deux centigrammes, cinq milligrammes.

Il n'existe point de multiple régulier au-dessus du myriagramme, ni de sous-multiple au-dessous du milligramme ; les chiffres supérieurs au myriagramme ou inférieurs au milligramme s'énonceraient toujours, les premiers avec les myriagrammes, et les seconds après les milligrammes, et comme fractions décimales de ceux-ci.

Ainsi le nombre 378000$^{\text{gram.}}$,00533 se lira :

Trente-sept myriagrammes, huit kilogrammes, cinq milligrammes, trente-trois centièmes.

252. Les quatre opérations de l'arithmétique se font sur les nombres de mesures de poids d'après les règles données pour les nombres entiers et décimaux ; mais avant de les combiner entre eux, il faut avoir soin de les ramener à la même unité.

253. Les mesures de poids sont d'un usage extrêmement fréquent; toutes sont employées. Cependant, en général, les unités dont on fait le plus usage sont le kilogramme et ses multiples, pour les poids un peu considérables; le gramme et ses multiples jusqu'au kilogramme, pour les poids usuels et la vente au détail; quant aux sous-multiples du gramme, ils ne servent guère que pour peser les matières de grande valeur, ou pour les préparations chimiques ou pharmaceutiques.

La loi autorise la construction de nombreuses mesures de poids.

On peut, d'après leur valeur relative, les ranger en gros poids, qui vont du kilogramme à 50 kilogrammes ; poids moyens, du gramme au kilogramme, et petits poids, qui sont inférieurs au gramme.

Les poids se construisent en fonte, en cuivre, et en lames de laiton.

234. Parmi les poids en fonte, les uns, les plus gros, ont la forme d'une pyramide tronquée à base rectangulaire,

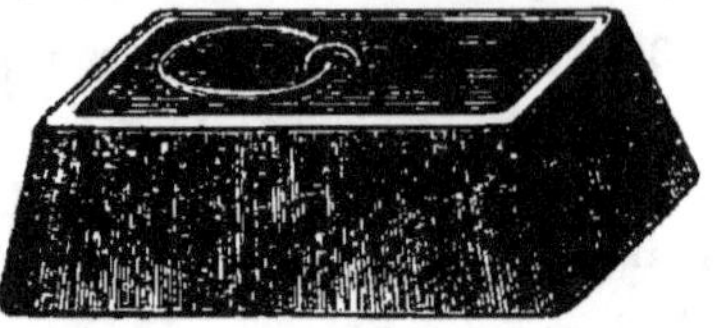

Fig. 8.

Fig. 9.

(fig. 8), et les autres, la forme d'une pyramide tronquée à base hexagonale (fig. 9); ils portent tous un anneau pour les manier, et l'indication en gros caractères de leur valeur. La hauteur de chacun est réglée par la loi, en voici le tableau :

Poids en fonte.		Hauteurs.	
	50 kilogrammes.		136 millim.
	20 kilogrammes.		100
	10 kilogrammes.		82
	5 kilogrammes.		66
	2 kilogrammes.		48
	1 kilogramme.		39
	$\frac{1}{2}$ kilogramme.		31
	2 hectogrammes.		23
	1 hectogramme.		18
	$\frac{1}{2}$ hectogramme.		14

235. Les poids en cuivre ont la forme cylindrique  (fig. 10) surmontée d'un bouton qui sert à les enlever; la hauteur du cylindre est égale au diamètre, excepté pour les poids très-petits, comme le poids d'un gramme et de deux grammes, pour lesquels le diamètre est double de la hauteur. La hauteur du bouton est moitié de la hauteur du cylindre.

Fig. 10.

Voici le tableau des poids en cuivre autorisés.

Poids en cuivre.		Hauteurs.
20 kilogrammes.		142millim.
10 kilogrammes.		114
5 kilogrammes.		90
2 kilogrammes.		56
1 kilogramme.		52
$\frac{1}{2}$ kilogramme.		43
2 hectogrammes.		32
1 hectogramme.		25
$\frac{1}{2}$ hectogramme.		20
2 décagrammes.		14
1 décagramme.		11
$\frac{1}{2}$ décagramme.		9
2 grammes.		4
1 gramme.		2,5

256. Les poids inférieurs au gramme se font en lames de laiton ou d'argent de forme carrée, et portant leur valeur imprimée sur le métal.

En voici le tableau avec la longueur du côté du carré.

Poids en lames de laiton.		Côté du carré.
$\frac{1}{2}$ gramme.		15millim.
2 décigrammes.		12
1 décigramme.		10
$\frac{1}{2}$ décigramme.		9
2 centigrammes.		7
1 centigramme.		6
$\frac{1}{2}$ centigramme.		5
2 milligrammes.		4
1 milligramme.		3,3

Il faut remarquer que pour pouvoir peser tous les corps, il est nécessaire d'avoir en double certains de ces poids; ainsi, pour pouvoir apprécier tous les poids de 1 gramme à 1 hectogramme, il faut avoir : 1 poids de 1 gramme, 2 poids de 2 grammes, 1 poids de 5 grammes, deux poids de

10 grammes, un poids de 50 grammes et un poids de 1 hectogramme. Les deux poids de 2 grammes sont nécessaires pour pouvoir former 4, 9, 14, 19, 24, 29, etc., grammes; les deux poids de 10 grammes sont utiles pour former les poids de 30, 40, etc., grammes.

Tous ces poids, soit en fonte, soit en cuivre, doivent porter l'indication de leur valeur et la marque du poinçon qui atteste leur exactitude.

Théorie raisonnée.

237. Le gramme, comme toutes les unités précédentes, a une intime liaison avec le mètre; puisqu'il est le poids d'un certain cube d'eau dont l'arête est une fraction de l'unité de longueur, et que l'on peut toujours construire connaissant celle-ci.

Pour que l'unité de poids eût la fixité et l'invariabilité, qui sont les conditions nécessaires d'un bon système de mesures, on a eu soin de prendre l'eau distillée, c'est-à-dire parfaitement pure; parce que les substances étrangères qui peuvent altérer la pureté de l'eau altèrent aussi son poids, et la rendent plus lourde ou plus légère. On a pris l'eau à la température de 4 degrés, parce que la chaleur ou le froid font subir à l'eau des dilatations ou des contractions qui changent aussi son poids; c'est pourquoi on a adopté cette température où l'eau est à ce que l'on appelle le maximum de densité, c'est-à-dire la plus lourde possible. On a fait la pesée dans le vide, parce que, comme l'enseigne la physique, tout corps pesé dans l'air pèse un peu moins que dans un espace complétement vide. Enfin on a choisi l'eau de préférence à tout autre liquide, parce que l'eau se trouve partout et toujours, et que l'on peut aisément se la procurer pure et dans les conditions nécessaires pour la détermination du gramme.

On doit remarquer que relativement à l'eau, et pour elle seule, il y a une liaison intime entre les unités de poids et les unités de volume, le même nombre exprimant le poids et le volume de l'eau. Cette remarque est fréquemment utile.

238. Les multiples et sous-multiples du gramme se formant identiquement comme les dizaines, centaines, etc., dixièmes, centièmes, etc., la manière de les écrire et de les lire n'a besoin d'aucune explication nouvelle, non plus que la manière de passer d'une unité à une autre, en transposant la virgule à la droite de la nouvelle unité. Les raisonnements seraient du reste les mêmes que ceux déjà présentés pour les unités de longueur.

Les mesures de poids étant appelées à répondre à une foule de besoins, et à peser une foule d'objets de poids très-divers, on a dû autoriser la construction d'un grand nombre de mesures de poids, tout en restant fidèle à la loi décimale, en n'autorisant, en outre des unités principales, multiples et sous-multiples du gramme, que les subdivisions par 2 et par 5 de chacune d'elles. Ce qui suffit du reste pour former tous les poids possibles, en en ayant quelques-uns en double.

Exercices pratiques.

Un kilogramme de savon coûtant 2 francs ; combien aura-t-on de savon pour 3875 francs ?

Un centimètre cube de fer pèse 7 grammes ; combien pèseront 3$^{\text{mèt.cub.}}$,128 ?

Combien faudrait-il de bouteilles pour contenir 18$^{\text{kilog.}}$,1257 d'huile, chaque bouteille pouvant en contenir 3$^{\text{décag.}}$,1898 ?

Un pain de savon pèse 12$^{\text{kilog.}}$,123578 ; combien pèseront 124 pains $\frac{3}{12}$?

25. J'ai trois tonneaux de suif, pesant, l'un 182$^{\text{kilog.}}$,10, l'autre 224$^{\text{kilog.}}$,13032, l'autre 545$^{\text{kilog.}}$,3 ; combien pourrai-je faire de chandelles avec ce suif, une chandelle pesant 32$^{\text{gram.}}$,72 ?

J'ai fondu ensemble trois lingots, l'un pèse 1842$^{\text{gram.}}$,125, l'autre 3$^{\text{kilog.}}$,5, l'autre 17$^{\text{kilog.}}$,092 ; à la fonte il s'en perd 5$^{\text{kilog.}}$,1297, je veux en faire 300 lingots ; quel sera en grammes le poids de chacun ?

J'ai payé 3875 francs pour 43 caisses égales de fruits, on sait que le kilogramme coûte 4 francs ; combien chaque caisse contient-elle de fruits en poids ?

J'ai mélangé ensemble 12 litres d'alcool, dont le litre pèse 925$^{\text{gram.}}$,1287, et 5 litres d'eau pesant 5$^{\text{kilog.}}$,02 ; combien pèsera un litre du mélange ?

J'ai 112 jetons en métal, qui pèsent exactement ensemble un kilogramme ; quel est le poids d'un jeton et combien en faudrait-il pour faire un poids de 4$^{\text{décag.}}$,464 ?

30. Je pesais autrefois 63$^{kilog.}$,75398, j'ai perdu, après une maladie, les $\frac{4}{11}$ de mon poids; combien pesé-je actuellement?

Exercices théoriques.

1. Quel est le poids d'un mètre cube d'eau distillée, à la température de 4 degrés?

2. J'ai une série complète de poids et de l'eau distillée, je voudrais savoir combien un vase contient de litres d'eau; comment faut-il faire?

3. J'ai une série de mesures de capacité, un vase complétement plein d'eau distillée; comment, avec cela, trouver le poids d'un corps 3 fois plus lourd que l'eau?

4. On sait, en mètres cubes, le volume intérieur d'un bassin, peut-on dire combien il contiendra de décagrammes d'eau?

5. On sait qu'un corps pèse 6 fois plus que l'eau; peut-on dire le poids de ce corps en connaissant son volume?

6. On a un litre et du sable; peut-on avec cela trouver combien un vase contiendrait de kilogrammes d'eau?

7. Sachant le poids d'un grain de blé et que le blé pèse $1\frac{1}{2}$ autant que l'eau, pourrait-on trouver combien il y a de grains de blé dans une mesure de capacité quelconque, en supposant que les grains ne laissent pas de vides entre eux?

8. De combien de rangs faut-il transposer la virgule pour passer du kilogramme au centigramme pour unité?

9. Quelle série de poids faut-il avoir pour peser tous les poids, de l'hectogramme au myriagramme?

10. Que faut-il savoir pour trouver le poids d'un corps lorsque l'on connaît son volume, et réciproquement?

CHAPITRE VI.

MESURES MONÉTAIRES.

Théorie pratique.

239. L'unité des mesures monétaires est le *franc*.

Le franc est la valeur de 5 grammes d'un métal formé de $\frac{9}{10}$ d'argent pur et de $\frac{1}{10}$ de cuivre.

Ainsi, si l'on fond ensemble, par exemple, 9 kilogrammes d'argent pur et 1 kilogramme de cuivre, puis que l'on prenne 5 grammes du métal ainsi formé, ce morceau, qu'il soit ou non sous forme de pièce de monnaie, vaut un franc.

240. Le franc n'a point de multiples ; on compte les francs comme tout autre objet, arbre, livre, homme, et l'on dit : dix francs, cent francs, et non un décafranc, un hectofranc.

Le franc a deux sous-multiples, qui sont de 10 en 10 fois plus petits. En voici le tableau :

FRANC.

$$\text{SOUS-MULTIPLES.} \begin{cases} \text{Décime,} & \text{qui vaut } \frac{1}{10} \text{ du franc.} \\ \text{Centime,} & - \quad \frac{1}{100} \quad - \quad \text{ou } \frac{1}{10} \text{ du décime.} \end{cases}$$

241. RÈGLE : *Pour écrire un nombre de francs, on agit comme pour écrire un nombre d'objets quelconques, c'est-à-dire d'après les règles de la numération écrite. On place toujours les francs au rang des unités simples, puis les décimes au rang des dixièmes, les centimes au rang des centièmes.*

Ainsi le nombre : mille huit cent trente-deux francs, cinq centimes, s'écrira :

$$1832^{\text{fr}}, 05.$$

Le franc seul se prend pour unité, et jamais le décime ni le centime. Le décime n'est même qu'un sous-multiple peu usité, si ce n'est pourtant pour la taxe des lettres dans l'administration des Postes. Aussi à la suite des francs on n'écrit jamais un nombre de décimes, mais on les transforme en centimes par l'addition d'un zéro. Ainsi, on n'écrira pas $3^{\text{fr}}, 8$, mais bien $3^{\text{fr}}, 80$.

De même on énonce quelquefois, lorsqu'il n'y a point de francs, les centimes comme si on les prenait pour unités, mais en ce cas il faut toujours les écrire à leur rang, en remplaçant par un 0 les francs absents. Ainsi cinq centimes devront s'écrire 0 ᶠʳ· ,05.

242. Règle : *Pour lire un nombre de francs, on énonce d'un seul coup toute la partie entière, en la faisant suivre du mot franc, puis la partie décimale, en la faisant suivre du mot centime. Si, cependant, la partie décimale renfermait plus de deux chiffres décimaux, c'est-à-dire des chiffres exprimant des fractions de francs inférieures aux centimes, on énoncerait d'abord les deux premiers chiffres à gauche, en les faisant suivre du mot centime, puis les chiffres suivants, en les faisant suivre du nom de la fraction décimale de franc qu'ils représentent.*

Ainsi le nombre 132 ᶠʳ·, 82 se lira :

Cent trente-deux francs, quatre-vingt-deux centimes.

Et le nombre 0 ᶠʳ·, 857 se lirait :

Quatre-vingt-cinq centimes sept millièmes de franc.

Dans les calculs très-exacts on tient habituellement compte des dixièmes de centimes ou millièmes de franc, et dans ce cas on leur donne le nom de *millimes*.

Le décime étant une unité peu usitée, on ne lit jamais une fraction de franc en énonçant séparément les décimes, puis les centimes, on énonce toujours toute la partie décimale en centimes.

Ainsi le nombre 3 ᶠʳ· ,25, ne se lira pas : trois francs deux décimes, cinq centimes, mais : trois francs vingt-cinq centimes.

243. Les monnaies adoptées comme représentation des mesures monétaires sont en or, en argent, et en bronze.

Celles d'or et d'argent ne sont pas formées avec ces métaux purs, elles contiennent toutes $\frac{1}{10}$ de leur poids de cuivre.

Celles de bronze prennent le nom de *monnaie de billon*.

Leurs poids et leurs diamètres ont des valeurs fixes, réglées par le gouvernement.

En voici le tableau :

	VALEUR.	POIDS.	DIAMÈTRE.
	fr. cent.	gram.	
Monnaies d'or.	100	32 ,258	35 millimètres.
	50	16 ,129	28
	20	6 ,452	21
	10	3 ,226	19
	5	1 ,613	17
Monnaies d'argent.	5	25 ,000	37
	2	10 ,000	27
	1	5 ,000	23
	0 ,50	2 ,500	18
	0 ,20	1 ,000	15
Monnaies de bronze.	0 ,10	10 ,000	30
	0 ,05	5 ,000	25
	0 ,02	2 ,000	20
	0 ,01	1 ,000	15

244. Les quatre opérations de l'arithmétique se font sur les nombres de mesures monétaires d'après les règles données pour les nombres entiers et décimaux.

Théorie raisonnée.

245. L'unité monétaire, le franc, se rattache indirectement au mètre par son poids de 5 grammes ; et lorsque le franc est sous forme de pièce de monnaie, il s'y rattache plus directement par son diamètre, 23 millimètres ; de sorte que, le mètre connu, le franc peut toujours être reconstruit avec un poids, des dimensions et, par suite, une valeur identiques.

246. Les pièces de monnaie supérieures au franc ne sont point en réalité des multiples du franc, car elles ne servent point d'unité à leur tour, et, sauf les pièces de 10 et 100 fr., elles ne suivent point la loi décimale. Ce sont des mesures monétaires dont la construction a été autorisée pour faciliter les transactions commerciales, de même que dans les mesures de capacité, par exemple, on a autorisé la construction des mesures de 2 et de 5 litres.

C'est la même raison de commodité qui a fait autoriser la construction des monnaies d'or et de bronze, qui, on le voit aisément, n'ont, comme poids, diamètre et nature de métal, aucune relation uniforme avec le franc.

247. La loi a admis et établi que l'or, à poids égal, a une valeur $15\frac{1}{2}$ fois plus grande que celle de l'argent, et le bronze une valeur 40 fois moindré; dès lors, pour avoir le poids d'or qui vaut autant qu'une pièce d'argent, il suffit de prendre un poids d'or $15\frac{1}{2}$ fois moindre que celui de cette pièce, et pour avoir en bronze l'équivalent de l'argent, il suffit de prendre un poids de bronze 40 fois plus grand. C'est ainsi que l'on a déterminé les poids des pièces d'or et de bronze.

248. L'or et l'argent ne s'emploient pas purs, mais contiennent toujours $\frac{1}{10}$ de leur poids de cuivre, ce que l'on exprime en disant que l'alliage monétaire est à $\frac{9}{10}$ de fin, c'est-à-dire contient $\frac{9}{10}$ de métal fin; c'est que, à l'état de pureté, ces métaux seraient trop mous pour résister sans se déformer aux chocs et aux frottements.

249. Les pièces de monnaie, or, argent ou bronze, ne sont pas des valeurs représentatives auxquelles l'effigie gouvernementale donne cours, mais bien des valeurs réelles; c'est-à-dire que dans une pièce de 100 francs en or, de 5 francs en argent, il y a bien pour cent francs d'or et pour cinq francs d'argent. L'alliage de cuivre est en plus et ne compte pas, et ces pièces fondues ou déformées à plaisir n'en vaudront pas moins 100 fr. et 5 francs (1).

250. Comme il était impossible d'arriver à faire un alliage contenant exactement $\frac{9}{10}$ d'or ou d'argent pur et $\frac{1}{10}$ de cuivre, la loi admet une tolérance, c'est-à-dire une irrégularité, mais très-petite, sur la proportion des métaux. De même, il est impossible de frapper des pièces ayant exac-

____

(1) Vendues chez un changeur, elles ne seront pourtant pas payées 100 fr. et 5 fr., c'est que le changeur retient la dépense probable d'une nouvelle fabrication, la valeur du déchet présumé, et encore le gain qu'il veut réaliser sur la revente; mais s'il est honnête, la somme de ces retenues et du prix payé doit être égale à 100 fr. ou à 5 francs.

tement le poids légal, il y a donc aussi une tolérance sur le poids. Pour les monnaies d'or elle est, en plus ou en moins, de 2 millièmes du poids de la pièce et d'environ 5 millièmes pour les pièces d'argent.

Avant d'être livrées à la circulation, toutes les monnaies sont, du reste, essayées. Leur titre, c'est-à-dire la proportion de métal fin et de cuivre, et leur poids sont scrupuleusement constatés, et ce n'est qu'autant qu'elles remplissent les conditions exigées par la loi qu'elles sont livrées au public.

On a construit, pour la commodité des transactions, des pièces de valeurs diverses, mais on a eu soin de rester fidèle à la loi décimale, qui n'admet pour chaque unité que des mesures intermédiaires égales à deux ou cinq fois cette unité, ou à sa moitié et son cinquième. Ainsi, la pièce de 100 francs étant admise, on admet aussi la pièce de 50 et de 20 francs; le franc étant construit, on admet aussi le double franc, la pièce de 5 francs, puis le demi-franc et le cinquième du franc, ou la pièce de $0^{fr},20$. Le décime construit, on admet le double décime ou cette même pièce de $0^{fr},20$, puis le demi-décime ou $0^{fr},05$, etc. C'est pour cette raison que l'on a retiré de la circulation la pièce de $0^{fr},25$ et la pièce de 40 francs qui s'écartaient de cette loi.

Les règles pour l'écriture et la lecture des nombres de mesures monétaires n'ont besoin d'aucune explication, puisqu'ils s'écrivent et se lisent comme les nombres entiers et décimaux.

251. Les pièces de monnaie se rattachant au mètre par leurs poids et leurs diamètres, peuvent, à défaut de mesures spéciales, servir à mesurer les longueurs et les poids. Comme leur emploi, dans ce but, peut être fréquemment utile, voici dans le tableau suivant quelques-unes des principales mesures que l'on peut réaliser à l'aide de pièces de monnaie.

On peut mesurer :

1 mètre avec
$\begin{cases} \text{25 pièces de 20 francs, et 25 de 10 francs.} \\ \text{20 pièces de 2 francs, et 20 de 1 franc.} \\ \text{40 pièces de } 0^{fr},05. \\ \text{50 pièces de } 0^{fr},02. \end{cases}$

$\frac{1}{4}$ de mètre avec $\begin{cases} \text{10 pièces de 0 fr. 05.} \end{cases}$

2 décimètres avec $\begin{cases} \text{10 pièces de } 0^{fr},02. \\ \text{4 pièces de } 0^{fr},05. \end{cases}$

On peut peser :

1 kilogramme avec { 40 pièces de 5 francs d'argent.
1 kilogramme avec { 100 pièces de 0^{fr},10.

1 hectogramme avec { 4 pièces de 5 francs argent.
1 hectogramme avec { 10 pièces de 0^{fr},10.

25 grammes avec | 1 pièce de 5 francs argent.

1 décagramme avec { 1 pièce de 2 francs.
1 décagramme avec { 1 pièce de 0^{fr},10.

5 grammes avec { 1 pièce de 1 franc.
5 grammes avec { 1 pièce de 0^{fr},05.

1 gramme avec { 1 pièce de 0^{fr},20.
1 gramme avec { 1 pièce de 0^{fr},01.

Exercices pratiques.

Un homme porte 25000 francs, moitié en or et moitié en argent ; quel poids porte-t-il ?

J'ai le même poids en monnaie d'or, d'argent et de cuivre ; j'ai en monnaie de cuivre 125^{fr},85 : combien ai-je en or, en argent, et en tout ?

Combien coûtent 8 milligrammes d'une substance que l'on vend à raison de 102^{fr},25 l'hectogramme ?

Combien faudrait-il de pièces de 5 francs d'argent, mises bout à bout pour aller de l'équateur au pôle ?

5. J'ai 12 kilogrammes d'or ; combien faut-il y allier de cuivre pour faire de la monnaie, et quelle somme aura-t-on ?

Combien faut-il de litres d'eau pour faire un poids de 635^{fr},25 d'argent ?

Quel est le poids d'argent pur qui vaut 1000 francs ?

Une pièce d'or usée par le frottement ne pèse plus que 5^{gr},972 ; quelle est sa valeur ?

Pour 18^{fr},33 on achète 10^{mèt},20 de ruban ; quel est le prix d'un mètre, et combien en aura-t-on pour 1895 francs ?

10. On sait que l'or pèse 19 fois plus que l'eau ; quelle serait la valeur d'un lingot d'or qui remplirait exactement la capacité d'un litre ?

L'or vieux et brisé se vend les $\frac{4}{5}$ de la valeur du même poids d'or monnayé ; une vieille chaîne de montre se vend 172^{fr},95, combien pèse-t-elle ?

Exercices théoriques.

1. Pourquoi, pour les monnaies, a-t-on employé trois métaux, et ne s'est-on pas contenté d'un seul?

2. Quel inconvénient présenterait la variation de valeur intrinsèque d'un de ces métaux, l'or, par exemple?

3. Que doit-on conclure de l'augmentation générale des prix de toute chose, lorsqu'il n'y a rareté d'aucune?

4. Pourquoi n'y a-t-il plus de pièces de 3 fr., de $0^{fr.}25$?

5. Combien le bronze vaut-il de moins que l'or?

6. On voudrait faire avec des pièces de monnaie une série de poids suffisants pour peser depuis 1 gramme jusqu'à un hectogramme ; quelles pièces faut-il, soit de bronze, soit d'argent?

7. Sachant que l'argent pèse 9 fois plus que l'eau ; combien faudrait-il jeter de pièces de 5 francs dans un vase plein d'eau, pour en faire sortir exactement un litre?

8. Comment faire pour mesurer un décilitre d'eau avec des pièces de $0^{fr.},20$?

9. Quel est le volume d'une pièce de 5 francs d'argent?

10. Quel est le volume d'un rouleau de pièces de cuivre de $0^{fr.},10$ contenant 700 pièces, sachant que le bronze est 7 fois plus lourd que l'eau?

CHAPITRE VII.

Mesures de temps, division de la circonférence et calcul des nombres complexes.

MESURES DE TEMPS ET DIVISION DE LA CIRCONFÉRENCE.

Théorie pratique.

252. L'unité des mesures de temps est le *jour*.

Le jour n'est pas, comme on l'entend vulgairement, le temps, très-inégal, pendant lequel le soleil éclaire notre hémisphére, mais le temps, toujours constant, que la terre met à effectuer sa rotation sur elle-même.

253. Le jour a des multiples et des sous-multiples, mais leur durée, comme celle du jour, étant donnée par des phénomènes naturels, on n'a pu les soumettre au système décimal, ni les assujettir à une valeur constante. Néanmoins, dans la plupart des calculs, soit financiers, soit industriels, on leur suppose une durée fixe et invariable, qu'ils n'ont pas tous en réalité. On peut en former le tableau suivant :

MULTIPLES.
{ Siècle, qui vaut 100 ans.
An, — 365 jours.
Mois, — 30 jours. }

Jour.

SOUS-MULTIPLES.
{ Heure, — $\frac{1}{24}$ du jour.
Minute, — $\frac{1}{60}$ de l'heure.
Seconde, — $\frac{1}{60}$ de la minute.
Tierce, — $\frac{1}{60}$ de la seconde. }

Le jour et ses sous-multiples ont des valeurs constantes et exactes, la durée du jour et de l'heure étant constamment les mêmes ; mais quant aux multiples, le mois, on le sait, a des valeurs variant de 28 à 31 jours ; l'année est de 365 ou 366 jours. Le siècle peut aussi, par suite, varier de quelques jours. Dans les calculs exacts, comme ceux de l'astronomie, ou les supputations chronologiques, il est important de tenir compte de ces valeurs variables. Mais comme ces calculs sortent en général du domaine de l'arithmétique, nous supposerons toujours, à l'avenir, aux mesures de temps les valeurs ci-dessus.

254. Les géomètres et les astronomes emploient fréquemment dans leurs mesures une ligne courbe particulière, appelée *circonférence*. C'est la ligne que trace un compas que l'on fait tourner complétement autour d'une de ses pointes fixée sur le papier, de telle sorte que tous les points de la ligne que trace l'autre pointe sont également distants de ce point intérieur.

Toute circonférence est supposée divisée en 360 parties égales que l'on nomme degrés, et le degré est l'unité adoptée pour mesurer les parties de la circonférence.

255. Le degré a des sous-multiples qui ne suivent point la loi décimale, mais qui, par analogie avec les mesures de temps portent les mêmes noms et ont les mêmes valeurs relatives. En voici le tableau.

Circonférence, qui vaut 360 degrés.
Degré.

Minute,   — $\dfrac{1}{60}$ du degré.

Seconde,   — $\dfrac{1}{60}$ de la minute.

Tierce,   — $\dfrac{1}{60}$ de la seconde.

256. RÈGLE : *Pour écrire un nombre de mesures de temps ou de circonférence on écrit successivement, l'un à côté de l'autre, chacun des nombres formés par les unités partielles; on les sépare par un petit trait horizontal, et l'on écrit à droite, et au-dessus de chacun, une abréviation du nom de l'unité qu'il représente.*

Ainsi pour écrire huit mois, douze jours, seize heures, sept minutes, trente-deux secondes, on écrira :

$$8^m\text{-}12^j\text{-}16^h\text{-}7^m\text{-}32^s.$$

Pour écrire 17 degrés, douze minutes, quinze secondes, vingt-deux tierces, on écrira :

$$17^d\text{-}12^m\text{-}15^s\text{-}22^t$$

Généralement on est convenu de représenter certaines unités par un signe écrit à droite et au-dessus; ce sont, pour :

Le degré	°	ainsi 8°
La minute	′	ainsi 7′
La seconde	″	ainsi 4″
La tierce	‴	ainsi 6‴

Et les nombres ci-dessus, écrits de cette manière, se-raient :

$$8^m\text{-}12^j\text{-}16^h\text{-}7'\text{-}32''$$
$$17°\text{-}12'\text{-}15''\text{-}22'''$$

257. RÈGLE : *On lit un nombre de mesures de temps ou de degrés en lisant successivement chaque nombre partiel, en commençant par celui qui exprime les plus fortes unités,*

*et les faisant suivre chacun du nom de l'unité qu'ils repré-
sentent.*

Ainsi, le nombre   16^l-8^h-15'-13",   se lira :

Seize jours, huit heures, quinze minutes, treize secondes.

Et le nombre   82°-26'-15"-18''',   se lira :

Quatre-vingt-deux degrés, vingt-six minutes, quinze secondes, dix-huit tierces.

258. On voit que ces nombres nouveaux sont en dehors
de tout ce que nous a appris la numération des nombres
entiers et décimaux ; on les désigne sous le nom de nombres *complexes*, c'est-à-dire formés d'unités diverses.

Leur nature particulière exige aussi des règles particulières pour effectuer sur eux les opérations de l'arithmétique ; mais, avant tout, il est nécessaire de savoir leur faire
subir les quatre transformations suivantes, et, pour abréger
l'exposition des règles à suivre, nous appellerons *rapport
de grandeur* le nombre qui exprime combien une unité
quelconque des nombres complexes vaut de fois l'unité
inférieure qui la précède immédiatement.

Ainsi, entre l'heure et le jour, le rapport de grandeur
est 24, le jour valant 24 heures ; entre l'heure et la minute,
le rapport de grandeur est 60, l'heure valant 60 minutes.

Cela posé, les quatre transformations sont :

1° *Convertir un nombre complexe en unités de la plus
petite espèce.*

Par exemple, convertir en minutes un nombre de jours,
d'heures et de minutes.

2° *Convertir un nombre complexe en unités et fractions
d'unités de la plus grande espèce.*

Par exemple, convertir en heures et une fraction d'heure,
un nombre d'heures, de minutes, de secondes, etc.

3° *Convertir un nombre d'unités d'une espèce quelconque
en unités des espèces supérieures.*

Par exemple, un nombre de minutes en jours et heures.

4° *Convertir en nombre complexe une fraction décimale
d'une de ces unités.*

Par exemple, convertir en heures, minutes, etc., une fraction décimale de jour.

Voici pour chacun de ces cas les règles d'opération.

259. 1ʳᵉ RÈGLE : *Pour convertir un nombre complexe en unités de la plus petite espèce, on multiplie les plus fortes unités de ce nombre par leur rapport de grandeur avec celles de l'ordre inférieur suivant : on additionne ce produit aux unités suivantes : on multiplie cette somme par le rapport de grandeur entre ces unités et les suivantes; on ajoute ce produit à ces unités, et l'on continue de même jusqu'à la dernière unité; la dernière somme est le résultat cherché. Si quelque unité intermédiaire manquait, on opérerait comme si elle existait, mais on n'ajouterait rien au produit.*

Ainsi, soit proposé de réduire en secondes le nombre complexe :

$$7^j - 8^h - 17' - 15''.$$

On multiplie 7 par 24, rapport de grandeur des jours et des heures; on ajoute 8 ^{h} au produit 168, ce qui donne 176^h. On multiplie 176 par 60, rapport de grandeur des heures et des minutes, et l'on ajoute 17' au produit 10560, ce qui donne 10577'; puis on multiplie cette somme par 60, rapport de grandeur de la minute à la seconde; et ajoutant 15'' au produit 634620, la somme 634635'' exprime la valeur en secondes du nombre donné.

L'opération se dispose ainsi :

24	10560
7	17
168	10577
8	60
176	634620
60	15
10560	634635

260. 2ᵉ RÈGLE : *Pour convertir un nombre complexe en unités et fraction d'unité de la plus grande espèce, on convertit, par la règle précédente, toutes les unités au-dessous de celle-ci en unités de la plus petite espèce, puis on donne pour dénominateur à ce résultat le produit de tous les rapports de* *grandeur du nombre donné. Si l'on voulait que la fraction fût une fraction décimale, il suffirait d'effectuer ensuite la division du numérateur par ce dénominateur.*

Exemple, soit proposé de convertir le nombre complexe.

$$8^j - 15^h - 10' - 13''$$

en jours et fraction de jour.

On réduit en secondes le nombre $15^h - 10' - 13''$, ce qui par la règle précédente donne $54613''$, puis faisant le produit des rapports de grandeur des unités du nombre donné, rapports qui sont ici 24, 60 et 60, on donne ce produit 86400 pour dénominateur au résultat ci-dessus, et le nombre cherché est $8^j \dfrac{54613}{86400}$. Si l'on demandait le résultat en fraction décimale, on diviserait 54613 par 86400 et l'on trouverait pour valeur définitive $8^j, 64209$.

261. 3e RÈGLE : *Pour convertir un nombre d'unités d'une espèce quelconque en unités d'une espèce supérieure, on divise le nombre donné par le rapport de grandeur entre son unité et celle de l'espèce immédiatement supérieure; puis on divise le quotient trouvé par le rapport de grandeur entre cette seconde unité et la suivante supérieure, et ainsi de suite, jusqu'à ce que l'on arrive à une division impossible en nombres entiers; alors le dernier quotient exprime les plus hautes unités, et les restes successifs, en partant du dernier trouvé, représentent les unités inférieures dans l'ordre de leur décroissance. Si l'un des restes était 0, c'est que l'unité correspondante ferait défaut.*

Ainsi, soit proposé de convertir en jours, heures, minutes, etc., le nombre 189532 secondes.

On divise d'abord 189532 par 60, rapport de grandeur de la minute à la seconde, le quotient est 3158, et le reste 52; on divise alors 3158 par 60, rapport de grandeur de l'heure à la minute, le quotient est 52 et le reste 38; puis on divise 52 par 24, rapport de grandeur du jour à l'heure, le quotient est 2 et le reste 4, comme on ne peut diviser 2

par 30, rapport de grandeur du mois au jour, l'opération
est terminée, et le nombre complexe cherché est :

$$2^j - 4^h - 38' - 52''.$$

Voici la disposition de l'opération :

```
189532 | 60
    95 | 3158 | 60
   353 |  158 | 52 | 24
   532 |   38 |  4 | 2
    52
```

262. 4ᵉ Règle : *Pour convertir en nombre complexe une
fraction quelconque d'une unité de temps ou de degré, on
effectue la division du numérateur par le dénominateur ;
si elle est possible en nombres entiers, le quotient exprime
des unités de même espèce que le numérateur de la fraction.
Si elle est impossible, on multiplie le numérateur par le
rapport de grandeur entre ses unités et l'inférieure suivante, puis on divise le produit par le dénominateur, le
quotient exprime des unités de cet ordre. On multiplie ensuite le reste, s'il y en a un, par le rapport de grandeur
avec l'unité inférieure suivante, et l'on continue la division,
on opère de même sur les restes successifs, jusqu'à ce qu'on
soit arrivé aux plus basses unités. Les quotients successifs
forment le nombre complexe cherché. Si la fraction était
décimale, il suffirait de la multiplier par le premier rapport de grandeur, la partie entière du produit exprimerait
les plus hautes unités du nombre complexe, puis on multiplierait la fraction décimale restante par le second rapport
de grandeur, et ainsi de suite.*

Ainsi, soit proposé de convertir en nombre complexe la
fraction ordinaire $\dfrac{54613}{86400}$ jours.

Comme on ne peut pas diviser en nombres entiers 54613
par 86400, on multiplie 54613 par 24, rapport de grandeur
du jour à l'heure, puis on effectue la division, le quotient
15 représentera des heures, le reste est 14712; on le multiplie par 60, rapport de grandeur de l'heure à la minute, et
l'on divise le produit 882720 par 86400, le quotient est 10'

et le reste 18729; on le multiplie par 60, rapport de grandeur de la minute à la seconde, et l'on divise encore le nouveau produit 1123200 par 86400, on trouve 13″ pour quotient et 0 pour reste; le nombre complexe équivalant à la fraction donnée est donc 15^h—10′—13″.

Voici comment on peut disposer l'opération :

$$
\begin{array}{r}
54613 \\
24 \\
\hline
218452 \\
109226 \\
\hline
1310712 \\
446712 \\
14712 \\
60 \\
\hline
882720 \\
18720 \\
60 \\
\hline
1123200 \\
259200
\end{array}
\qquad
\begin{array}{l}
86400 \\
\hline
15^h\text{-}10'\text{-}13''
\end{array}
$$

Soit encore à convertir en nombre complexe la fraction décimale

$$0°,63209.$$

On multiplie cette fraction par 60, rapport de grandeur du degré à la minute; elle devient 37′,9254. On multiplie la partie décimale par 60, rapport de grandeur de la minute à la seconde; elle devient, 55″,524. On multiplie la partie décimale par 60, rapport de grandeur entre la seconde et la tierce; elle devient 31‴,44, et le nombre complexe cherché est 37′—55″—31‴,44.

ADDITION DES NOMBRES COMPLEXES.

265. RÈGLE : *Pour faire l'addition des nombres complexes, on les écrit les uns au-dessous des autres, en faisant correspondre les unités de même espèce, on additionne ensuite entre eux tous les nombres partiels par colonnes* *verticales ; puis, toutes ces sommes partielles trouvées, on convertit toutes celles pour qui c'est possible en unités des espèces supérieures, en commençant par les plus basses unités, et ajoutant les unités supérieures trouvées aux sommes de la même espèce. Arrivé aux plus hautes unités on a le total définitif.*

Ainsi, soit proposé d'additionner :

$$8^j - 15^h - 38' - 17'' \text{ et } 3^j - 17^h - 12' - 58''.$$

On additionne ensemble 17'' et 58''; puis 12' et 38', etc., le total général obtenu est $11^j - 32^h - 50' - 75''$. Puis convertissant en unités des ordres supérieurs toutes celles de ces sommes qui atteignent ou dépassent le nombre d'unités formant l'espèce immédiatement supérieure, on trouve que 75'' divisé par 60 donne 1' au quotient et 15'' pour reste;

Que 32^h divisé par 24 donne 1^j au quotient et 8 pour reste;

Reportant alors 1' aux minutes et 1^j aux jours, le total définitif est enfin $12^j - 8^h - 51' - 15''$.

L'opération peut se disposer ainsi :

$$8^j\text{-}15^h\text{-}38'\text{-}17''$$
$$3\text{ -}17\text{ -}12\text{ -}58$$

Premier total $\quad 11 \text{ -}32 \text{ -}50 \text{ -}75$

Total définitif $\quad 12^j\text{- }8^h\text{-}51'\text{-}15''$

SOUSTRACTION.

264. Règle : 1° *Si tous les nombres partiels du nombre soustraire sont plus petits que les nombres correspondants de l'autre, on effectue ces soustractions partielles par la règle des nombres entiers, et l'ensemble des restes forme le reste cherché.*

2° *Si quelques-uns des nombres partiels du nombre à soustraire sont plus grands que les nombres correspondants de l'autre, ou si quelques-uns de ces nombres correspondants venaient à manquer, avant d'opérer il faut rendre les soustractions possibles en augmentant les nombres trop petits et en remplaçant les absents au moyen d'une unité que l'on emprunte aux unités supérieures suivantes, et que l'on transforme en unités de l'ordre voulu, l'opération rentre alors dans le premier cas.*

Examinons ces deux cas de la soustraction des nombres complexes :

1° Ainsi soit à soustraire 1 10^j—15^h—$25'$—$12''$ de 12^j—18^h—$33'$—$27''$, l'opération se dispose ainsi :

$$12^j - 18^h - 33' - 27''$$
$$10 - 15 - 25 - 12$$
$$\overline{2^j - 3^h - 8' - 15''}$$

et le reste 2^j—3^h—$8'$—$15''$ se trouve sans difficulté.

2° Soit encore à soustraire 7^j—8^h—$17'$—$15''$ de 15^j—$22'$—$8''$; on remarque d'abord que l'on ne pourra pas soustraire $15''$ de $8''$ et que 8^h n'a pas de nombre correspondant d'où l'on puisse le soustraire. On emprunte alors $1'$ sur les $22'$, on la transforme en $60''$, on les ajoute aux $8''$, ce qui donne $68''$, puis on emprunte 1^j aux 15^j et on le transforme en heures, ce qui donne 24^h, et le nombre ainsi transformé devient 14^j—24^h—$21'$—$68''$ et la soustraction se fait sans difficulté; voici l'opération :

nombre primitif	15^j—	—$22'$—	$8''$
nombre transformé	14 —24^h—21 —68
	7 — 8 —17 —$15''$
reste	7^j—16^h— $4'$— $53''$

MULTIPLICATION.

265. RÈGLE : *Pour multiplier un nombre complexe par un nombre entier, on multiplie successivement par le nombre entier chacun des nombres partiels du nombre complexe. Puis, comme dans l'addition, on convertit en unités de l'ordre supérieur ceux de ces produits pour qui c'est possible, en commençant par les inférieurs, et l'on ajoute le résultat au produit partiel suivant.*

Exemple, soit à multiplier par 5 le nombre complexe 5^j-6^h-$35'$-$40''$.

Multipliant successivement par 5 chacun des nombres partiels, on obtient pour produit 25^j-30^h-$175'$-$200''$.

Puis, transformant·

200″ en minutes, on trouve que 200″=3′-20″
175′+3′ en heures, on trouve que 178′=2ʰ-58′
30ʰ+2ʰ en jours, on trouve que 32ʰ=1ʲ+8ʰ
et le produit définitif est 26ʲ-8ʰ-58′-20″.

L'opération se dispose ainsi :

$$5^j\text{-} 6^h\text{-} 35'\text{-} 40''$$
$$5$$

Premier produit $\overline{25^j\text{-}30^h\text{-}175'\text{-}200''}$

Produit définitif $\overline{26^j\text{-} 8^h\text{-} 58'\text{-} 20''}$

266. RÈGLE : *Pour multiplier un nombre complexe par un nombre décimal, une fraction ou un nombre complexe, ou réciproquement, il faut convertir le nombre complexe en unités de la plus petite espèce, puis opérer d'après les règles connues pour les nombres ordinaires. On peut ensuite convertir le produit trouvé en unités des espèces supérieures.*

Exemple, soit à multiplier le nombre complexe 12°-25′-13″ par le nombre complexe 8°-10′-16″.

On réduit ces deux nombres en secondes, ce qui donne 45113″ et 29416″ ; on multiplie ces deux nombres l'un par l'autre, suivant la règle des nombres entiers : on trouve pour produit 1327044008″, qui, converti à son tour en minutes, degrés, etc., donne pour produit définitif : 368623°-20′-8″.

DIVISION.

267. RÈGLE : *Pour diviser un nombre complexe par un nombre entier, on divise par le nombre entier le nombre partiel des plus hautes unités; on transforme le reste en unités de l'ordre inférieur suivant, que l'on ajoute au nombre partiel correspondant ; le total forme un nouveau dividende, pour lequel on opère comme pour le précédent. On continue de même jusqu'à l'épuisement complet du nombre complexe donné. Si l'une de ces divisions ne pouvait pas se faire, on considérerait son dividende comme un reste, et l'on agirait en conséquence.*

Exemple, soit à diviser 12ʲ-10ʰ-43′-23″ par 7.

ÉLÈVES.

On divise 12 par 7; le quotient est 1^j et le reste 5^j; on transforme ces 5^j en heures en les multipliant par 24, et l'on ajoute le produit 120^h aux 10^h du dividende: la somme 130 forme le nouveau dividende partiel, que l'on, divise par 7; le quotient est 18^h et le reste 4^h. On le transforme en minutes, ce qui donne $240'$; on les ajoute aux $43'$, et l'on divise par 7 la somme 283: le quotient est $40'$ et le reste $3'$, qui, transformé en secondes et ajouté aux $23''$, donne $203''$, qui, divisé par 7, donne pour quotient $29''$; et le quotient total cherché est $1^j\text{-}18^h\text{-}40'\text{-}29''$.

L'opération peut se disposer ainsi :

$$
\begin{array}{cccc|l}
12^j & 10^h & 43' & 23'' & 7 \\
5 & 120 & 240 & 180 & \overline{1^j\text{-}18\text{-}^h\text{-}40'\text{-}29''} \\
24 & \overline{130^h} & \overline{283'} & \overline{203''} & \\
\overline{120} & 60 & 3 & 63 & \\
& 4 & 60 & 0 & \\
& 60 & \overline{180} & & \\
& \overline{240} & & &
\end{array}
$$

268. RÈGLE : *Pour diviser un nombre complexe par un nombre décimal, une fraction ou un nombre complexe, ou réciproquement, il faut réduire le nombre complexe en unités de la plus petite espèce, et opérer alors la division par les règles connues pour la division des nombres ordinaires; on peut ensuite convertir le quotient en unités des espèces supérieures, si toutefois il exprime des unités de temps ou de degré.*

Ainsi, pour diviser $5°\text{—}8'\text{—}7''$ par $2°\text{—}16'\text{—}10''$, on les transforme tous deux en secondes, ce qui donne $18487''$ et $8170''$, puis divisant ces deux nombres l'un par l'autre, on trouve 2 pour quotient.

Théorie raisonnée.

269. Les nombres complexes, très-différents en apparence des nombres étudiés jusqu'ici, en diffèrent peu en réalité; ce ne sont en effet que des nombres entiers dont la valeur est complétée par une ou plusieurs fractions ordinaires dont on a pu se dispenser d'écrire le dénominateur.

Ainsi le nombre 3^j—8^h—$12'$ n'est autre chose que $3^j + \dfrac{8}{24} + \dfrac{12}{24 \times 60}$, car l'heure étant la vingt-quatrième partie du jour, 8 heures en sont les $\dfrac{8}{24}$, et la minute étant la soixantième partie de l'heure est un soixantième d'un vingt-quatrième du jour ou $\dfrac{1}{60 \times 24}$, donc $12'$ sont $\dfrac{12}{24 \times 60}$.

Comme les valeurs des dénominateurs sont connues par avance, puisque le nom seul de l'unité fait connaître sa valeur par rapport à l'unité principale, on a pu ne pas les écrire.

Ce rapprochement suffit du reste pour expliquer toutes les règles relatives au calcul des nombres complexes.

Expliquons d'abord les quatre transformations dont ils sont susceptibles.

270. 1° *Convertir un nombre complexe en unités de la plus petite espèce.*

Soit par exemple à convertir 8^j—7^h—$10'$ en minutes.

D'après ce qui précède, ce nombre peut s'écrire :

$$8^j + \frac{7}{24} + \frac{10}{24 \times 60}$$

et il ne s'agit plus que de réunir ces trois quantités en une seule ayant pour dénominateur 24×60.

Pour cela, ramenons par les règles connues 8 et $\dfrac{7}{24}$ à ce dénominateur 24×60, en indiquant seulement les calculs; les trois quantités deviennent :

$$\frac{8 \times 24 \times 60}{24 \times 60} \qquad \frac{7 \times 60}{24 \times 60} \qquad \frac{10}{24 \times 60}$$

leur somme sera :

$$\frac{8 \times 24 \times 60 + 7 \times 60 + 10}{24 \times 60}$$

Puisque cette somme exprime des minutes, on peut ne pas écrire le dénominateur, et la valeur cherchée sera donc $8 \times 24 \times 60 + 7 \times 60 + 10.$

Ce qui indique des opérations conformes à la règle; seulement, plutôt que de faire deux multiplications, celle de 8×24 par 60 et de 7 par 60, on ajoute 8×24 et 7 et l'on multiplie la somme par 60, ce qui revient au même.

Cette règle s'explique du reste aussi très-clairement sans passer par les fractions, ce que nous n'avons fait que pour rendre plus frappante l'analogie entre les nombres complexes et les entiers joints à des fractions.

Ainsi, reprenant l'exemple ci-dessus : $8^j - 7^h - 10'$ à convertir en minutes ; ceci revient à trouver le nombre de minutes équivalant à 8^j et à 7^h et à l'ajouter à $10'$. Or, un jour valant 24 heures, 8 jours vaudront 8 fois 24^h ou 8×24 ou 192^h, qui réunies aux 7 heures donnent 199^h. L'heure valant 60 minutes, 199^h vaudront 199 fois 60 minutes ou 199×60 ou $11940'$, qui, avec les $10'$ du nombre donné, forment un total de $11950'$, valeur du nombre complexe donné. On voit que le raisonnement conduit aux opérations indiquées par la règle.

271. 2° *Convertir un nombre complexe en une unité et une fraction de cette unité.*

Soit proposé de convertir $7^j - 10^h - 8'$ en jours et fraction de jour. Ce nombre peut s'écrire :

$$7^j + \frac{10}{24} + \frac{8}{24 \times 60}$$

Il suffit, pour remplir la condition demandée, d'ajouter ensemble les deux fractions; elles deviennent

$$\frac{10 \times 60}{24 \times 60} \qquad \frac{8}{24 \times 60}$$

leur somme est :

$$\frac{10 \times 60 + 8}{24 \times 60}$$

et le nombre converti devient :

$$7^j + \frac{10 \times 60 + 8}{24 \times 60}$$

Ce qui est conforme à la règle d'opération donnée.

272. *3º Convertir un nombre d'unités d'une espèce quelconque en unités des espèces supérieures.*

Par exemple, soit à convertir le nombre 12879' en minutes, heures et jours.

Ce nombre de minutes, par rapport aux heures, peut s'écrire

$$\frac{12879}{60}$$

Nombre fractionnaire qui, en effectuant la division, donnera le nombre d'unités entières ou d'heures qu'il contient.

En opérant, on trouve pour résultat $214^h + \frac{39}{60}$ ou $214^h - 39'$.

Mais, par rapport au jour, 214 heures peuvent s'écrire

$$\frac{214}{24}$$

Nombre fractionnaire, qui, en opérant la division, donnera le nombre de jours qu'il contient. On trouve $8^j + \frac{22}{24}$ ou $8^j - 22^h$ et le nombre converti est donc $8^j - 22^h - 39'$; ce qui confirme la règle.

273. *4º Convertir en nombre complexe une fraction quelconque d'unités de temps ou de degré.*

Soit proposé de convertir $\frac{54613^j}{86400}$ en nombre complexe.

Il est évident que le nombre complexe équivalant à cette fraction ne contiendra pas de jours, puisque le numérateur est plus petit que le dénominateur, nous ne pouvons donc chercher en premier lieu que des heures; or, 54613^j valent 54613×24 heures, la fraction ci-dessus, transformée en heures, devient

$$\frac{54613 \times 24}{86400} \quad \text{ou} \quad \frac{1310712}{86400}$$

Expression fractionnaire qui, en effectuant la division, devient : $15^h + \frac{14712^h}{86400}$.

Or, 14712 heures valent 14712×60 minutes ou 882720',

et la nouvelle fraction : $\dfrac{882720'}{86400}$

devient, en effectuant la division, $10' + \dfrac{18720'}{86400}$. De même 18720' valent 18720×60 ou 1123200 secondes, et, en extrayant les entiers de la fraction : $\dfrac{1123200}{86400}$

on trouve 13''; la valeur cherchée est donc 15ʰ-10'-13'', et les opérations faites par le raisonnement sont conformes à celles indiquées par la règle.

274. (ADDITION.) *L'addition des nombres complexes se fait comme celle des nombres entiers ; mais chaque fois qu'un des totaux partiels atteint ou dépasse le nombre d'unités qui forment l'unité immédiatement supérieure, on retient cette ou ces unités pour l'ajouter au total du même ordre.*

Prenons un exemple : soit à additionner 32°-2'-38'' et 2°-8'-42''.

Pour réunir entre elles les unités de même espèce, nous écrirons les deux nombres l'un au-dessous de l'autre, en faisant correspondre dans les mêmes colonnes verticales les degrés, les minutes, les secondes, etc.; puis nous additionnerons les nombres partiels contenus dans une même colonne. Additionnant ainsi 38'' et 42'', le total est 80'', mais 80'' valent 60''+20'' ou 1'+20''; donc, de même que dans les nombres entiers on retient les dizaines contenues dans la somme des unités pour les ajouter aux dizaines, de même ici on retiendra 1' pour l'ajouter aux unités pareilles, les minutes. Additionnant ensuite 1', 2' et 8', le total 11' ne contenant point de degrés, on l'écrit tel qu'il est; enfin, la somme des degrés étant 34°, le total général est 34°-11'-20''.

275. (SOUSTRACTION.) *La soustraction des nombres complexes se fait comme celle des nombres entiers ; mais si quelqu'un des nombres partiels supérieurs est plus petit que son correspondant, pour rendre la soustraction possible, on l'augmente d'une unité empruntée au nombre des unités supérieures suivantes.*

Soit à soustraire de 8ʲ-7'-15'' le nombre 3ʲ-5ʰ-3'-22''.

Pour ne retrancher l'une de l'autre que des unités de même espèce, nous placerons nos deux nombres l'un au-dessous de l'autre, en faisant correspondre les unités pareilles ainsi:

$$8^{j}-\quad 7'-15''$$
$$3-5^{h}-3-22.$$

Mais, dès que nous voudrons soustraire 22″ de 15″, nous sommes arrêtés. Si sur 7′ nous prenons 1 minute, elle vaut 60″, qui, avec les 15″, en font 75, ce qui rend la soustraction possible. Mais ensuite, nous aurons soin de retrancher 3′, non de 7′ mais de 6′, car alors nous n'aurons point altéré la valeur du nombre supérieur ; car, si nous avons augmenté ses secondes de 60″, nous diminuons ses minutes de 1′ ou 60″ ; donc nous avons distribué autrement les unités du nombre donné, mais nous n'en avons pas altéré le nombre. Arrivé à 5ʰ, nouvelle difficulté: il n'y a pas de nombre correspondant d'où les soustraire ; de même alors, empruntant aux 8ʲ 1 jour ou 24 heures, nous retrancherons 5ʰ de 24ʰ, mais nous aurons soin de retrancher 3ʲ de 7ʲ, et non de 8ʲ, et la valeur du nombre n'aura pas été altérée. Nous trouverons ainsi le reste $4^{j}-19^{h}-3'-53''$.

276. (MULTIPLICATION.) *Pour multiplier un nombre complexe par un nombre entier, on multiplie par ce nombre entier chacun des nombres partiels, en commençant par les unités inférieures, et retenant dans chaque produit les unités de l'ordre supérieur qu'il peut contenir, pour les réunir au produit des unités du même ordre.*

Si le multiplicande est un nombre complexe ou une fraction, il faut réduire le nombre complexe en unités de la plus petite espèce, et opérer comme pour les nombres entiers.

La première partie de cette règle s'explique aisément. Pour rendre un nombre un certain nombre de fois plus grand, il faut rendre chacune de ses parties ce même nombre de fois plus grande ; donc il faut multiplier toutes les parties du nombre complexe par le nombre multiplicateur. Mais ces produits peuvent contenir des unités de l'ordre supérieur ; et comme l'on doit réunir entre elles les unités pareilles, il faut donc, dans chacun de ces produits, retenir les unités supérieures qu'ils contiennent, et les ajouter à leurs pareilles.

Dans le second cas, c'est-à-dire le multiplicateur étant un nombre complexe ou une fraction, on pourrait suivre la même règle, et multiplier chaque partie du multiplicande par tout le multiplicateur, puis additionner ces produits, etc. Mais cette manière d'opérer entraînerait des complications nombreuses ; aussi vaut-il mieux suivre la règle donnée, qui, ramenant le ou les nombres complexes à être des nombres entiers ordinaires, les soumet aux mêmes règles de calcul.

277. (DIVISION.) *Pour diviser un nombre complexe par un nombre entier, on divise par ce nombre entier les plus hautes unités du dividende, puis, transformant le reste en unités de l'ordre suivant, on l'ajoute à ces unités et l'on divise le résultat par le diviseur, et ainsi de suite.*

Si le diviseur est un nombre complexe ou une fraction, on transforme le ou les nombres complexes en unités de la plus petite espèce, et l'on opère comme pour les nombres entiers.

Pour rendre un nombre un certain nombre de fois plus petit, il suffit de rendre chacune de ses parties ce même nombre de fois plus petites ; il suffisait donc, pour diviser un nombre complexe par un nombre entier, de diviser chacune de ses parties par le diviseur : telle est en effet la règle, mais ces divisions partielles donnent des restes ; or, si l'on a 8ʲ, par exemple, à diviser par 3, le reste 2 représente des jours, et, de même que, pour compléter un quotient par des chiffres décimaux, on multiplie le reste par 10, en y ajoutant un 0, de même ici, puisque l'on continue la division, pour compléter le quotient par des heures, on multiplie le reste 2 par 24, et, comme le dividende suivant représente des heures à diviser par 3, on ajoute à ce dividende le produit 48ʰ, et l'on divise. On doit par les mêmes raisons multiplier les restes successifs par 60, pour compléter les quotients par des minutes, des secondes, etc.

Si le diviseur est un nombre complexe ou une fraction, on pourrait encore opérer par la même règle, en divisant successivement chaque partie par tout le diviseur; mais, pour éviter les complications inévitables qui résultent d'une telle manière d'opérer, il est plus simple de réduire le ou les nombres complexes en unités de la plus petite espèce, ce qui ramène ces divisions aux règles des nombres ordinaires.

278. Du reste, toutes les fois que dans un calcul il entre des nombres complexes, il est toujours plus simple de les convertir en unités de la plus petite espèce, et de les employer sous cette forme; mais, en ce cas, il faut ne pas perdre de vue les modifications que ce changement d'unité peut amener dans la nature du résultat.

Un exemple nous fera mieux comprendre.

Soit à résoudre la question suivante :

Un ouvrier fait 8 mètres d'un certain ouvrage en $3^j\text{-}6^h\text{-}5'$; combien en fait-il par jour?

Pour le trouver, il faudrait évidemment diviser 8 mètres par le nombre de jours qu'il met à les faire. Si le temps donné était 3 jours, rien de plus simple : $\dfrac{8}{3}$ serait le résultat cherché; mais le temps est $3^j\text{-}6^h\text{-}5'$. Pour faire la division, il faudrait réduire ce nombre complexe en minutes, ce qui donne 4685; mais, si l'on divise 8 par 4685, on trouvera seulement ce que l'ouvrier fait d'ouvrage par minute, nombre qu'il faudra ensuite multiplier par 60 et par 24 pour trouver enfin ce qu'il fait par jour. On voit donc combien la même question diffère, suivant que le temps est donné en jours ou en minutes. Au reste, avec de l'attention on évitera toujours les erreurs qui peuvent résulter de ces modifications.

Exercices pratiques.

Quelle est la longueur en mètres d'un degré terrestre?

J'ai fait un voyage de 205 lieues en $28^j\text{-}6^h$. Combien de temps mettais-je à faire une lieue?

Un ouvrier met $2^j\text{-}6^h\text{-}45'$ pour faire un mètre d'un certain ouvrage, en combien de temps en fera-t-il $18^{\,m.}\frac{1}{2}$?

J'ai coupé dans une circonférence de 4 mètres de tour un morceau long de $2{,}175^m$, combien contient-il de degrés?

9.

(5) La distance entre Marseille et Paris est d'environ 5°-30', combien cela fait-il de kilomètres ?

Un ouvrier est payé à raison de 7$^{fr.}$,50 par jour, il reçoit 24$^{fr.}$,80, combien a-t-il travaillé de temps ?

Une locomotive fait 60 kilomètres à l'heure, en combien de temps parcourra-t-elle 1235$^{kil.}$,125 ?

La terre tourne en 24^h, quel chemin parcourt dans l'espace un point quelconque pendant une minute ?

Une aiguille tournant sur un cadran parcourt par heure 9°-15'-17". Combien de temps met-elle pour faire le tour complet ?

(10) Combien faut-il d'heures à une voiture pour faire 70 kilomètres, sa roue ayant 2^m,75 de circonférence et faisant trois tours complets par chaque minute et demie ?

Exercices théoriques.

(1) Pour convertir des mètres en millimètres, par exemple, ne suit-on pas la même règle que pour convertir des heures en secondes ?

(2) Pour convertir un nombre décimal d'heures en nombre complexe, ne suit-on pas la même règle que pour convertir une fraction ordinaire en fraction décimale ?

(3) En quoi le système de numération des nombres complexes diffère-t-il du système décimal ?

(4) Quels sont les avantages du système décimal sur le système des nombres complexes ?

(5) Faire voir que l'addition des nombres décimaux et celle des nombres complexes sont identiques.

(6) Ne pourrait-on pas, pour faire la soustraction des nombres complexes, employer la méthode d'emprunt et de retenue usitée dans la soustraction des nombres entiers ?

(7) Faire voir la similitude des règles de la multiplication des nombres entiers avec celle d'un nombre complexe par un nombre entier.

(8) Exposer les opérations à faire pour multiplier un nombre complexe par un autre sans les convertir préalablement en unités de la plus petite espèce.

(9) Un quotient représente des jours, il y a un reste, que faut-il faire, pour que, continuant la division, ce reste donne immédiatement des secondes ?

(10) Si le diviseur était exactement divisible plusieurs fois par 24, puis par 60, comment pourrait-on faire pour trouver au quotient des heures, minutes et secondes sans changer les restes?

LIVRE IV.

RAPPORTS, PROPORTIONS ET APPLICATIONS.

CHAPITRE PREMIER.

RAPPORTS ET PROPORTIONS.

NOTIONS PRÉLIMINAIRES.

279. On peut comparer de deux manières deux quantités ou deux nombres :

1° En cherchant de combien le plus grand surpasse le plus petit ;

2° En cherchant combien de fois le plus grand contient le plus petit.

Le nombre résultant de cette comparaison est ce que l'on appelle le *rapport* des deux quantités comparées.

De ce qu'il y a deux manières de comparer il résulte qu'il y a deux espèces de rapport.

Si l'on a comparé les deux quantités en cherchant de combien la plus grande surpasse la plus petite, c'est-à-dire en cherchant leur différence, le rapport est dit *par différence*.

Si l'on a comparé les deux quantités en cherchant combien de fois la plus grande contient la plus petite, c'est-à-dire par voie de division, le rapport est dit *rapport par quotient*, ou simplement *rapport*.

Ainsi le rapport par différence entre les deux nombres 24 et 8 est égal à 24—8 ou à 16 ; leur rapport par quotient est égal à 24 divisé par 8, ou à 3.

280. Pour indiquer que l'on cherche le rapport par différence entre deux nombres, on écrit ces deux nombres l'un à la suite de l'autre, en mettant un point entre eux.

Ainsi le rapport par différence entre 8 et 5 s'écrira 8. 5.

Pour indiquer que l'on cherche le rapport par quotient entre deux nombres, on les écrivait autrefois l'un à la suite de l'autre, en mettant entre eux deux points verticaux

8 : 5 ; mais comme ce rapport se cherche par voie de division, et que nous avons un signe pour exprimer la division de deux quantités, savoir de les disposer sous forme de fraction, on écrit aujourd'hui les rapports par quotient sous cette forme.

Ainsi le rapport par quotient de 8 à 5 s'écrira $\dfrac{8}{5}$.

281. Toutes les fois que quatre nombres sont tels que le rapport des deux premiers est égal au rapport des deux seconds, l'ensemble de ces quatre nombres forme une *proportion*.

Si les deux rapports sont par différence, la proportion est dite par différence.

Ainsi, comme le rapport par différence entre 7 et 5, ou 2, est égal au rapport par différence entre 11 et 9, ces quatre nombres 7, 5, 11, 9 formeront une proportion par différence.

282. Une proportion par différence s'écrit en plaçant les deux rapports l'un à la suite de l'autre, et les séparant par deux points verticaux. Ainsi la proportion formée par les nombres ci-dessus s'écrira :

$$7 . 5 : 11 . 9$$

et elle se lira : 7 *est à* 5, *comme* 11 *est à* 9.

C'est-à-dire : la différence de 7 à 5 est comme celle de 11 à 9.

283. Si les deux rapports sont par quotient, la proportion formée par les quatre nombres est dite *proportion par quotient*, ou *proportion géométrique*, ou simplement *proportion*.

Ainsi le rapport par quotient entre 12 et 3, ou $\dfrac{12}{3}$, ou 4, étant

le même que le rapport par quotient entre 24 et 6 ou $\dfrac{24}{6}$,

ces quatre nombres : 12, 3, 24, 6, forment une proportion par quotient.

Une proportion par quotient s'écrivait autrefois en plaçant les deux rapports l'un à la suite de l'autre, et les séparant par quatre points en carré, ainsi :

$$12 : 3 :: 24 : 6$$

Mais il est mieux de l'écrire sous forme de deux fractions égales, ainsi :

$$\frac{12}{3} = \frac{24}{6}$$

Ces deux modes d'écriture sont du reste identiques, car le signe (:) était autrefois le signe représentatif de la division, et le signe (::) n'est autre chose que le signe (=). Néanmoins, comme la seconde manière d'écrire identifie les rapports et les fractions, dont ils partagent toutes les propriétés, c'est le mode d'écriture que nous suivrons désormais.

284. Les quatre nombres qui forment une proportion, soit par différence, soit par quotient, portent différents noms.

Les premiers termes de chaque rapport se nomment *antécédents*.

Les seconds termes se nomment *conséquents*.

Le premier et le dernier terme d'une proportion se nomment *extrêmes*.

Les deux termes du milieu se nomment *moyens*.

Exemple, dans la proportion par différence :

$$8 . 5 : 14 . 11$$

8 et 14 sont les deux antécédents ;

5 et 11 les deux conséquents ;

8 et 11 les deux extrêmes ;

5 et 14 les deux moyens.

Il en serait de même dans une proportion par quotient, mais alors, de la façon dont nous l'écrivons, les extrêmes seraient le numérateur de la première fraction et le dénominateur de la seconde ; et les moyens, le dénominateur de la première, et le numérateur de la seconde.

Ainsi dans la proportion :

$$\frac{5}{2} = \frac{10}{4}$$

5 et 4 sont les extrêmes, 2 et 10 sont les moyens.

Propriétés des proportions.

Théorie pratique.

285. La propriété fondamentale et utile des proportions par différence est que la somme des extrêmes est égale à la somme des moyens.

Ainsi, dans la proportion 12 . 9 : 7 . 4, 12 + 4, somme des extrêmes, est égale à 9 + 7, somme des moyens; on voit, en effet, qu'elles sont toutes deux égales à 16.

286. De même, si l'on a quatre nombres, tels que la somme de deux d'entre eux soit égale à la somme des deux autres, on peut former une proportion avec ces quatre nombres, en prenant les deux nombres d'une des sommes pour former les extrêmes et les deux nombres de l'autre pour former les moyens.

Ainsi, reconnaissant que 8 + 6 = 9 + 5, on pourra former la proportion par différence :

$$8 . 9 : 5 . 6$$

qui est parfaitement exacte.

287. Si l'on connaît trois termes d'une proportion par différence, on peut toujours trouver le quatrième, voici comment.

RÈGLE : *Si le terme inconnu est un extrême, on fait la somme des moyens, et l'on en retranche l'extrême connu.*

Si le terme inconnu est un moyen, on fait la somme des extrêmes, et l'on en retranche le moyen connu. Dans les deux cas le reste est le terme cherché.

Ainsi, soit la proportion 15 . 12 : 130 . x, dans laquelle x représente un terme inconnu à chercher; ce terme étant un extrême, pour le trouver on additionne 12 et 130, ce qui donne 142, et l'on en retranche 15 : la différence 127 est le terme cherché, et la proportion est :

$$15 . 12 : 130 . 127$$

Soit encore la proportion par différence incomplète :

$$21 . 5 : x . 3$$

Le terme inconnu représenté par x étant un moyen, on

fait la somme de 21 et 3, ce qui donne 24, on en retranche 5; le reste est 19, et la proportion complète sera :

$$21 . 5 : 19 . 3$$

288. Une proportion par différence peut quelquefois avoir le même nombre pour moyens, telle est par exemple la proportion :

$$15 . 12 : 12 . 9$$

Cette espèce particulière de proportion se nomme *proportion continue*, et s'écrit ainsi :

$$\div 15 . 12 . 9$$

Le signe $\div$ indique que l'on doit répéter deux fois le terme moyen 12.

Ce moyen commun est ce que l'on appelle une *moyenne arithmétique* entre les deux extrêmes. Ce nombre ayant quelques applications utiles, voici comment on le trouve :

289. RÈGLE : *Pour trouver une moyenne arithmétique entre deux nombres, on fait la somme de ces deux nombres, on la divise par 2, le quotient obtenu est la moyenne cherchée.*

Ainsi, soit à chercher une moyenne arithmétique entre les deux nombres 88 et 72 ; c'est-à-dire un nombre qui forme les deux moyens d'une proportion par différence dont les deux extrêmes sont 88 et 72. On additionne 88 et 72, ce qui donne 160, puis divisant cette somme par 2, le quotient 80 est la moyenne cherchée. La proportion serait :

$$88 . 80 : 80 . 72 \quad \text{ou} \quad \div 88 . 80 . 72$$

290. La propriété fondamentale et utile des proportions par quotient est que le produit des extrêmes est toujours égal au produit des moyens.

Ainsi, dans la proportion : $\dfrac{16}{8} = \dfrac{12}{6}$,

$16 \times 6 = 8 \times 12$, en effet, les deux produits sont égaux à 96.

291. Si l'on connaît quatre nombres tels que, le produit de deux d'entre eux soit égal au produit des deux autres, on peut avec ces quatre nombres former une proportion par quotient, dans laquelle les deux premiers nombres formeront, par exemple, les extrêmes, et les deux autres les moyens.

Ainsi l'on sait que $5 \times 16 = 4 \times 20$, on pourra écrire la proportion : $\dfrac{5}{4} = \dfrac{20}{16}$

292. Si l'on connaît trois termes d'une proportion par quotient, on peut toujours trouver le quatrième. Voici comment :

RÈGLE : *Connaissant trois termes d'une proportion par quotient, on trouve le quatrième, si c'est un extrême, en faisant le produit des moyens et divisant ce produit par l'extrême connu; si c'est un moyen, en faisant le produit des extrémes et divisant ce produit par le moyen connu.*

Ainsi, soit la proportion : $\dfrac{15}{8} = \dfrac{45}{x}$, dans laquelle x remplace l'extrême inconnu, on trouvera sa valeur en multipliant 45 par 8, ce qui donne 360, et le divisant par 15; le quotient 24 est l'extrême cherché, et la proportion complète est : $\dfrac{15}{8} = \dfrac{45}{24}$

Soit encore la proportion : $\dfrac{12}{x} = \dfrac{36}{15}$; pour trouver le moyen inconnu x, on multiplie 12 par 15, ce qui donne 180, et l'on divise ce produit par 36; le quotient 5 est le moyen cherché, et la proportion est : $\dfrac{12}{5} = \dfrac{36}{15}$

293. Une proportion par quotient peut aussi être continue, c'est-à-dire avoir le même nombre pour moyens ou extrêmes.

Ainsi, $\dfrac{36}{12} = \dfrac{12}{4}$ est une proportion continue.

Dans ce cas, le moyen commun est ce que l'on appelle une moyenne géométrique entre les deux extrêmes.

294. On peut faire subir à une proportion par quotient, sans que le résultat cesse d'être une proportion, toutes les modifications qui n'altèrent pas l'égalité du produit des extrêmes et du produit des moyens.

Ainsi, dans la proportion $\dfrac{12}{6} = \dfrac{36}{18}$, on peut :

1° Mettre les moyens à la place des extrêmes, ainsi :

$$\frac{6}{12} = \frac{18}{36}$$

2° Changer de place les moyens entre eux :

$$\frac{12}{36} = \frac{6}{18}$$

3° Changer de place les extrêmes entre eux :

$$\frac{18}{6} = \frac{36}{12}$$

4° Multiplier tous les termes par un même nombre :

$$\frac{12 \times 2}{6 \times 2} = \frac{36 \times 2}{18 \times 2}, \quad \text{ou } \frac{24}{12} = \frac{72}{36}$$

5° Multiplier par un même nombre les deux termes d'un rapport :

$$\frac{12 \times 4}{6 \times 4} = \frac{36}{18} \quad \text{ou } \frac{48}{24} = \frac{36}{18}$$

6° Diviser tous les termes par un même nombre, par 3 par exemple, la proportion deviendrait :

$$\frac{4}{2} = \frac{12}{6}$$

7° Diviser par un même nombre les deux termes d'un rapport, par exemple le premier rapport par 2, la proportion devient :

$$\frac{6}{3} = \frac{36}{18}$$

8° Multiplier terme à terme deux ou plusieurs proportions, ainsi :

$$\frac{2}{5} = \frac{4}{10} \text{ et } \frac{12}{6} = \frac{36}{18} ; \frac{12 \times 2}{6 \times 5} = \frac{36 \times 4}{18 \times 10} \text{ ou } \frac{24}{30} = \frac{144}{180}$$

295. On dit que deux quantités varient dans le même rapport, ou sont en *rapport direct*, ou sont proportionnelles, lorsque, l'une venant à augmenter ou à diminuer dans une certaine proportion, l'autre varie aussi dans la même proportion.

Ainsi, sachant que 10 ouvriers font, par exemple, 40 mètres d'un certain ouvrage, on comprend qu'un nombre double ou triple d'ouvriers feront aussi un nombre double ou triple de mètres ; le nombre d'ouvriers et le nombre de mètres varient dans le même rapport, ou sont proportionnels, ou sont en rapport direct.

Lorsque deux quantités sont proportionnelles, deux valeurs de l'une d'elles et les deux valeurs correspondantes de l'autre forment une proportion.

Ainsi, 10 ouvriers faisant 40 mètres, 30 ouvriers en feront trois fois plus ou 120, et, entre ces quatre nombres, 10 et 30, nombres d'ouvriers, 40 et 120, nombres de mètres correspondants, on aura la proportion :

$$\frac{10}{30} = \frac{40}{120}$$

296. Mais il arrive quelquefois que l'une des deux quantités proportionnelles venant à augmenter, l'autre diminue dans la même proportion, et réciproquement ; alors ces deux quantités sont dites en *rapport inverse*.

Ainsi, on sait que 10 ouvriers font un certain ouvrage en 30 jours. Si le nombre des ouvriers augmente, devient double, triple, l'ouvrage à faire restant le même, il faudra évidemment deux ou trois fois moins de temps ; le nombre des ouvriers et le temps de travail varient donc en rapport inverse.

297. Dans le cas du rapport inverse, deux valeurs de la première quantité et les deux valeurs correspondantes de la seconde forment bien encore une proportion, mais pour l'écrire il faut renverser le second rapport, c'est-à-dire que si a et b sont les deux valeurs de la première quantité, a' et b', les deux valeurs correspondantes de la seconde, la proportion sera $\frac{a}{b} = \frac{b'}{a'}$, le rapport direct eût été $\frac{a'}{b'}$, le rapport inverse est $\frac{b'}{a'}$.

Ainsi, un certain ouvrage est fait par 10 ouvriers en 30 jours, 20 ouvriers ne mettront que 15 jours à le faire ; entre ces quatre nombres, 10 et 20, nombres d'ouvriers, 30 et 15, nombres correspondants de jours de travail, on peut établir la proportion : $\dfrac{10}{20} = \dfrac{15}{30}$.

Par conséquent, toutes les fois que l'on veut établir une proportion entre deux valeurs d'une même quantité et les deux valeurs correspondantes d'une autre, il faut avant tout constater avec soin si le rapport est direct ou inverse. On le reconnaîtra aisément en cherchant si, la première quantité venant à être doublée ou triplée, la seconde devient aussi deux ou trois fois plus grande, ou deux ou trois fois plus petite. Dans le premier cas, le rapport est direct, et l'on écrit la proportion en prenant pour numérateurs des deux rapports les deux premières valeurs correspondantes, et pour dénominateurs les deux secondes. Dans le second cas, le rapport est inverse; alors on écrit la proportion en prenant pour numérateurs la première valeur de l'une et la deuxième de l'autre, et pour dénominateurs la seconde de l'une et la première de l'autre.

Théorie raisonnée.

298. Dans les proportions que nous avons prises pour exemples dans la théorie pratique tous les termes étaient des nombres entiers, mais tout ce qui précède et tout ce qui suit est également vrai pour une proportion dont les termes seraient des nombres décimaux ou des fractions ordinaires, car il suffit qu'il y ait même différence entre les deux premiers et les deux seconds, pour qu'il y ait proportion par différence, et même quotient, pour qu'il y ait proportion par quotient.

La valeur d'un rapport par différence se trouve toujours exactement, car il suffit de chercher la différence des deux nombres. Il n'en est pas de même du rapport par quotient; lorsque les deux nombres ne sont pas exactement divisibles l'un par l'autre, leur rapport ne peut être représenté en chiffres que d'une manière approximative; il n'en est pas moins vrai qu'il existe, mais il ne peut s'écrire. C'est pour cela que, comme c'est là le cas le plus fréquent, l'on prend comme expression du rapport la fraction formée par les deux nombres.

299. *Dans toute proportion par différence la somme des extrêmes est égale à la somme des moyens.*

En effet, soit la proportion par différence :

$$9 . 7 : 12 . 10$$

le rapport par différence est ici 2. On voit donc que $9 = 7 + 2$ et $12 = 10 + 2$ remplaçant dans la proportion 9 et 12 par ces valeurs, on a :

$$7 + 2 . 7 : 10 + 2 . 10$$

Si l'on indique dans cette proportion la somme des extrêmes et la somme des moyens, on trouve pour leurs valeurs :

$$7 + 2 + 10 \quad \text{et} \quad 7 + 10 + 2$$

Ces deux sommes doivent être forcément égales, puisqu'elles sont formées des mêmes nombres.

300. *Si l'on a quatre nombres tels que la somme de deux d'entre eux soit égale à la somme des deux autres, on peut avec ces quatre nombres former une proportion par différence.*

En effet, soient les deux sommes $11 + 4$ et $8 + 7$ que l'on reconnaît égales, dans ces deux sommes, au lieu de 11 et de 7, on peut mettre $8 + 3$ et $4 + 3$; elles deviennent alors :

$$(8 + 3) + 4 \quad \text{et} \quad 8 + (4 + 3)$$

Écrivant ces quatre valeurs sous forme de proportion, en formant les deux extrêmes des deux premières, et les deux moyens des deux secondes, on trouve :

$$8 + 3 . 8 : 4 + 3 . 4$$

et cette proportion est bien exacte, car il y a bien même différence entre les deux premiers termes et entre les deux derniers ; et, si l'on effectue l'addition, il vient :

$$11 . 8 : 7 . 4$$

301. *Pour trouver un quatrième terme inconnu d'une*

*proportion par différence dont on connaît les trois autres,
si c'est un extrême, on retranche l'extrême connu de la
somme des moyens; si c'est un moyen, on retranche le moyen
connu de la somme des extrêmes.*

En effet, soit la proportion par différence incomplète :

$$15 . 10 : 12 . x$$

d'après la propriété connue, on aurait :

$$15 + x = 10 + 12$$

Si de la somme $15 + x$ on retranche 15, il reste x ; si
donc de la somme égale $10 + 12$ on retranche 15, il doit
rester la valeur de x, ce qui démontre la règle. On répéterait le même raisonnement dans le cas où ce serait un
moyen qui serait inconnu.

502. *Pour trouver une moyenne arithmétique entre
deux nombres, il suffit de prendre la moitié de leur
somme.*

En effet, soit proposé de trouver une moyenne arithmétique entre 12 et 32.

C'est chercher un nombre qui forme les deux moyens
d'une proportion arithmétique dont 12 et 32 soient les deux
extrêmes ; or dans cette proportion la somme des extrêmes
$12 + 32$ doit être égale à la somme des moyens $x + x$ ou $2x$;
donc x, moitié de la somme des moyens, aura pour valeur la
moitié de la somme égale des extrêmes $12 + 32$, et $x = 22$.

503. *Dans toute proportion par quotient le produit des
extrêmes est égal au produit des moyens.*

En effet, soit la proportion par quotient :

$$\frac{12}{4} = \frac{15}{5}$$

Réduisons les deux rapports au même dénominateur en
indiquant les opérations, il vient :

$$\frac{12 \times 5}{4 \times 5} = \frac{15 \times 4}{5 \times 4}$$

Or ces deux fractions sont égales, et elles ont même dénominateur, donc leurs numérateurs sont égaux, et

$$12 \times 5 = 15 \times 4$$

304. *Si quatre nombres sont tels que le produit de deux d'entre eux soit égal au produit des deux autres, on peut avec ces quatre nombres former une proportion.*

En effet, on sait par exemple que :

$$8 \times 14 = 7 \times 16$$

On peut, sans altérer l'égalité, diviser ces deux produits par 7, ce qui revient à l'effacer dans le second ; on a

$$\frac{8 \times 14}{7} = 16$$

On peut encore diviser ces deux valeurs par 14, ce qui revient à l'effacer dans la première, il vient la proportion :

$$\frac{8}{7} = \frac{16}{14}$$

305. *Connaissant trois termes d'une proportion par quotient, on trouve le quatrième, si c'est un extrême, en divisant le produit des moyens par l'extrême connu ; si c'est un moyen, en divisant le produit des extrêmes par le moyen connu.*

Soit, en effet, la proportion par quotient incomplète :

$$\frac{8}{15} = \frac{16}{x}$$

On aurait, d'après la propriété connue,

$$8 \times x = 16 \times 15$$

Si donc 16×15 est un produit dont on peut considérer 8 et x comme les facteurs, en divisant ce produit par 8 on doit trouver la valeur de l'autre facteur x.

Même raisonnement si le terme inconnu est un moyen.

306. *On peut faire subir à une proportion par quotient toutes les transformations qui n'altèrent pas l'égalité du produit des extrêmes et du produit des moyens.*

Ainsi dans la proportion

$$\frac{4}{12} = \frac{20}{60}$$

on peut : 1° *Intervertir l'ordre des moyens ou des extrêmes;*

Car les produits des moyens et des extrèmes resteront bien égaux étant formés des mêmes nombres que précédemment.

2° *Mettre les moyens à la place des extrêmes;*

Car les mêmes facteurs formant encore les deux produits, ils restent égaux.

3° *Multiplier ou diviser tous les termes par un même nombre.*

En effet, multiplions par 2 tous les termes de la proportion, elle devient :

$$\frac{4 \times 2}{12 \times 2} = \frac{20 \times 2}{60 \times 2}$$

et les produits des extrêmes et des moyens deviennent

$$4 \times 2 \times 60 \times 2 \quad \text{et} \quad 12 \times 2 \times 20 \times 2$$

que l'on peut encore écrire ainsi :

$$4 \times 60 \times 2 \times 2 \quad \text{et} \quad 12 \times 20 \times 2 \times 2$$

Ces deux produits seront encore égaux, car ce sont les produits primitifs 4×60 et 12×20, multipliés par un même nombre 2×2.

Même raisonnement si l'on divisait tous les termes.

4° *Multiplier ou diviser par un même nombre les deux termes d'un rapport.*

En effet, divisons par exemple par 2 les deux termes du premier rapport de la proportion ci-dessus, elle devient :

$$\frac{\frac{4}{2}}{\frac{12}{2}} = \frac{20}{60}$$

et les produits des extrêmes et des moyens deviennent :

$$\frac{4}{2} \times 60 \quad \text{et} \quad \frac{12}{2} \times 20$$

que l'on peut encore écrire ainsi :

$$\frac{4 \times 60}{2} \quad \text{et} \quad \frac{12 \times 20}{2}$$

Ces deux valeurs seront encore égales, car ce sont les produits primitifs 4×60 et 12×20 divisés tous deux par 2.

5° *Multiplier terme à terme deux ou plusieurs proportions.*

En effet, soit les deux proportions par quotient :

$$\frac{2}{9}=\frac{4}{18} \quad \text{et} \quad \frac{8}{2}=\frac{12}{3}$$

les multipliant terme à terme, il vient les deux fractions

$$\frac{2\times8}{9\times2} \quad \text{et} \quad \frac{4\times12}{18\times3}$$

qui forment bien une proportion, car les produits des extrêmes et des moyens sont :

$$2\times8\times18\times3 \quad \text{et} \quad 4\times12\times9\times2$$

Produits égaux, puisque dans chacun d'eux $2\times18=4\times9$ et $8\times3=12\times2$ comme produits des extrêmes et des moyens des deux proportions données.

507. *Lorsque deux quantités varient en rapport direct, deux valeurs de la première et les deux valeurs correspondantes de la seconde forment deux rapports égaux, et par suite une proportion.*

En effet, on sait par exemple que 1 mètre d'étoffe coûte 2 francs, le nombre des mètres augmentant, le prix augmentera tout autant, de sorte que 3 mètres coûteront trois fois plus que 1 mètre, ou 3×2, et 7 mètres, 7×2; le rapport des nombres de mètres est $\frac{3}{7}$, le rapport des prix correspondants est $\frac{3\times2}{7\times2}$, rapport évidemment égal à $\frac{3}{7}$; on peut donc écrire la proportion :

$$\frac{3}{7}=\frac{6}{14}$$

508. *Lorsque deux quantités varient en rapport inverse, deux valeurs de la première et les deux valeurs correspondantes de la seconde forment, en renversant le second, deux rapports égaux et par suite une proportion.*

En effet, sachant que 1 ouvrier fait un certain ouvrage en 6 jours, si le nombre des ouvriers augmente, le nombre de jours nécessaire pour faire le travail diminue d'autant; de sorte que pour 2 ouvriers il deviendra $\frac{6}{2}$ ou 3 et pour 3 ouvriers $\frac{6}{3}$ ou 2; le rapport des nombres d'ouvriers est $\frac{2}{3}$, celui des jours est $\frac{3}{2}$, et on voit que si on le renverse il devient égal au rapport précédent.

309. Quand la valeur d'une quantité variable dépend des valeurs de plusieurs autres, et quand l'on dit que cette quantité varie en rapport direct ou inverse avec une des autres, on sous-entend toujours que, hors celle-là, toutes les autres quantités restent constantes.

Ainsi le travail fait par des ouvriers dépend du nombre de ces ouvriers, du nombre des jours de travail, du nombre d'heures de travail par jour, de la difficulté du travail; or lorsqu'on dit que le travail fait varie en rapport direct avec le nombre des ouvriers, on suppose que le nombre des jours, le nombre des heures et la difficulté restent les mêmes, sans quoi on ne pourrait établir aucune relation entre le travail fait et le nombre des ouvriers.

<h3 style="text-align:center">Exercices pratiques.</h3>

Compléter les proportions suivantes :

$$158 . 240 : 15 . x$$

$$x . \frac{2}{3} : 7 . \frac{8}{9}$$

$$3,25 . x : 0,288 . 0,009$$

$$\frac{1}{5} : \frac{3}{4} : x . 0,0089$$

(5) $\quad x . 9,25 : 8\ \frac{9}{10} . 12,005$

$$\frac{15}{19} = \frac{45}{x}$$

$$\frac{x}{92} = \frac{38}{184}$$

$$\frac{9,005}{8,275} = \frac{x'}{24,725}$$

$$\frac{\frac{2}{3}}{2,25} = \frac{x}{27}$$

(10) $\quad \dfrac{\frac{89}{11}}{165} = \dfrac{\frac{12}{0,0073}}{x}$

Trouver dans quel rapport varient les quantités suivantes, et établir une proportion entre deux valeurs de la première et les deux valeurs correspondantes de la seconde :

Des ouvriers et le nombre de mètres d'ouvrage qu'ils font.

Des ouvriers et le nombre de jours de travail pour un même ouvrage.

Le nombre des jours de travail et le nombre d'heures par jour pour un même travail.

Le nombre de mètres et la difficulté du travail.

(15) Un nombre de mètres d'étoffe et le prix qu'ils coûtent.

Le prix d'une étoffe et la finesse du tissu.

Le prix du mètre d'étoffe et la largeur de la pièce.

Le nombre de jours, et la longueur, la largeur, la profondeur d'une tranchée à creuser.

Le poids d'un vase plein d'eau, et le nombre de litres qu'il renferme.

(20) Le volume d'un corps et le poids d'un centimètre cube de ce corps, le poids total restant le même.

Exercices théoriques.

1. Pourquoi ne peut-on pas, sans altérer l'égalité de la somme des extrêmes et des moyens, multiplier terme à terme deux proportions par différence ?

2. Pourquoi ne peut-on pas additionner terme à terme deux proportions par quotient ?

3. On simplifie une proportion formée de fractions en la ramenant à être formée de nombres entiers ; le rapport est-il changé ?

4. Peut-on multiplier par un même nombre les deux antécédents ou les deux conséquents dans les deux espèces de proportions ?

5. Connaissant un rapport par quotient, peut-on écrire de suite une proportion dont il forme les deux premiers termes ?

6. Une proportion peut-elle à la fois être par différence et par quotient ?

7. Dans une proportion par quotient on cherche un extrême, on remarque que les deux conséquents sont doubles l'un de l'autre ; quelle est la valeur du terme inconnu ?

8. Comment reconnaît-on qu'une proportion, soit par différence, soit par quotient, est exacte ?

9. Une fraction représente la valeur d'un rapport ; quels nombres peut-on prendre pour écrire ce rapport ?

10. Deux proportions ont un rapport commun ; que peut-on conclure pour les deux autres rapports ?

CHAPITRE II.

Applications.

PRÉLIMINAIRES.

510. Toutes les théories diverses que nous avons exposées dans les chapitres précédents ne sont que des moyens pour arriver à la résolution des problèmes, but unique de l'arithmétique.

Un problème est une question dont il faut trouver la réponse ; la question renferme plusieurs nombres connus appelés *données*, à l'aide desquels, en leur faisant subir certaines des opérations que l'arithmétique enseigne, on peut trouver un nombre inconnu, qui est la réponse à la question.

Dans les exercices pratiques placés à la suite de chaque théorie, on a déjà vu de nombreux problèmes, mais dans lesquels les opérations à faire subir aux nombres donnés étaient indiquées par l'énoncé même du problème, et le simple bon sens suffisait pour les reconnaître. Il n'en est pas de même pour tous les problèmes. Il se présente des cas où il est impossible de voir, à première vue, par quelles opérations il faut combiner les nombres donnés pour trouver le nombre inconnu, et le raisonnement seul peut les faire reconnaître ; mais le raisonnement est lui-même souvent compliqué, abstrait et difficile à suivre ; aussi, pour le faciliter, a-t-on fait subir aux divers problèmes une classification qui, les rangeant par groupes de questions pareilles, permet de formuler pour chaque groupe une marche et un raisonnement uniques, à peu près suffisants pour résoudre tous les problèmes qui se rattachent par quelques points de similitude au groupe étudié. Je dis à peu près suffisants, car les modifications diverses que l'on peut faire subir aux conditions d'un problème étant à peu près infinies, on ne peut espérer que la même marche s'applique strictement à tous les problèmes d'un même genre.

Sans l'aide du raisonnement, et en ne connaissant que la règle pratique, qui est une pour chaque groupe de problèmes, les applications que l'on en peut faire sont limitées aux problèmes identiques à celui pour qui cette règle a été faite, et par conséquent ces applications sont très-bornées; qu'une seule circonstance du problème vienne à changer, la règle est inapplicable, à moins que le raisonnement ne vienne indiquer quelle est la modification correspondante qu'il faut lui faire subir.

En somme, si pour faire les diverses opérations de l'arithmétique, multiplication, division, etc., la connaissance purement pratique des règles peut suffire, pour résoudre un problème et trouver quelles sont celles de ces opérations qu'il faut employer, le raisonnement est indispensable. Aussi avons-nous cru devoir, dans cette partie, abandonner le système suivi jusqu'ici, savoir la séparation de la théorie pratique et de la théorie raisonnée, et ne donner même la règle pratique, lorsqu'il y aura lieu, que quand le raisonnement l'aura fait découvrir. Du reste, arrivés à ce point, les élèves doivent être déjà assez familiarisés avec le raisonnement mathématique, pour ne plus avoir besoin d'être guidés avant tout par la règle pratique.

Avant d'entrer dans l'étude particulière de chaque classe de problèmes, étudions d'abord deux méthodes qui peuvent s'appliquer au plus grand nombre de questions, et surtout à celles qui, touchant aux actes de la vie privée et publique, ont par suite une utilité plus immédiate. Ces deux méthodes sont la méthode *des rapports* et la méthode *de la réduction à l'unité*.

Méthode des rapports.

311. Dans tout problème, avons-nous dit, certains nombres sont donnés, au moyen desquels il faut trouver un nombre inconnu. Or ce nombre inconnu est toujours lié aux nombres donnés par certaines relations que l'énoncé fait connaître, et sans lesquelles sa recherche serait impossible. En d'autres termes, la grandeur du nombre inconnu dépend de la grandeur des nombres donnés ; de sorte que ceux-ci devenant un certain nombre de fois plus grands ou plus petits, le nombre inconnu subit des variations correspondantes. Quelquefois, et le plus souvent, ces variations de grandeur du nombre inconnu sont proportionnelles à celles des nombres donnés ou de quelques-uns d'entre eux, c'est-à-dire *qu'il varie avec eux en rapport direct ou inverse.* Dès lors, si entre trois des nombres donnés et le nombre inconnu on peut établir deux rapports égaux ou une proportion, on voit aussitôt la possibilité d'en déduire la valeur du nombre cherché.

Prenons un exemple : soit proposé le problème suivant :

8 mètres de drap coûtent 32 francs; combien coûteront 24 mètres ?

Le nombre inconnu que, pour fixer les idées, nous représenterons par x, est ici le prix de 24 mètres ; or ce prix dépend évidemment du nombre des mètres ; si leur nombre devient double, le prix doit être double ; s'il devient triple, le prix doit être triple. Il y a donc rapport direct entre le nombre des mètres et leur prix ; par suite, deux nombres de mètres et les deux prix correspondants doivent former deux rapports égaux, c'est-à-dire une proportion. Dans les données du problème, nous avons les deux nombres de mètres, savoir 8 et 24 ; les deux prix correspondants sont : l'un, 32 francs, qui est connu, l'autre x, qui est à chercher. On peut donc poser la proportion :

$$\frac{8}{24} = \frac{32}{x}$$

d'où :

$$x = \frac{32 \times 24}{8} = 96$$

les 24 mètres coûteront 96 francs.

312. Ici la valeur du nombre cherché ne dépendait que de trois nombres, 8, 32 et 24 ; nous les avons tous utilisés dans la proportion, ils ont tous concouru à former le résultat 96 ; nous sommes donc bien certain d'avoir épuisé toutes les conditions du problème. Mais il arrive souvent que le nombre cherché dépend des valeurs de plus de trois nombres, et alors une seule proportion ne pourrait suffire à les utiliser tous, il faudrait en laisser quelques-uns de côté, et, dans ce cas, le résultat trouvé remplirait bien les conditions voulues par rapport aux nombres employés, mais non par rapport aux autres ; il ne serait pas exact.

Dans ce cas, il faut partager le problème en plusieurs problèmes partiels, dont chacun renferme une des conditions nouvelles, et faire subir successivement au résultat trouvé par le premier problème, et qui répond à la première condition, les modifications exigées par les autres.

Ainsi, soit proposé le problème suivant :

15 mètres de drap, de 1^m,50 de large, et dont la finesse est représentée par 2, coûtent 150 francs ; combien coûteront 28 mètres de drap de 1^m,80 de large, et dont la finesse est représentée par 3 ?

On voit ici que le prix cherché, que nous représenterons par x, dépend de trois conditions, qui doivent faire varier sa valeur : 1° le nombre des mètres ; 2° la largeur du drap ; 3° sa finesse.

Supposons un instant que l'on n'ait point donné de conditions de largeur et de finesse, le problème se réduit à celui-ci :

(1) 15 mètres de drap coûtent 150 francs, combien coûteront 28 mètres ?

Problème identique au précédent, et qui se résout de même par la proportion :

$$\frac{15}{28} = \frac{150}{x}$$

$$x = \frac{150 \times 28}{15} = 280$$

Mais ce prix de 280 francs est pour du drap de même largeur et de même fi-
que le premier ; si nous considérons la condition de largeur, il vient un nouveau problème, qui est celui-ci :

(2) Du drap de 1^m,50 de large coûte 280 francs ; combien coûterait-il s'il avait 1^m,80 de large.

Si le drap devient deux, trois fois plus large, le prix doit être deux, trois fois
plus grand ; il y a donc rapport direct entre la largeur et le prix, et deux rapports égaux entre deux largeurs et les deux prix correspondants ; les deux largeurs
sont 1^m,50 et 1^m,80, les deux prix sont 280 et x, on peut donc écrire la proportion :

$$\frac{1,50}{1,80} = \frac{280}{x}$$

d'où :

$$x = \frac{280 \times 1,80}{1,50} = 336$$

Mais ce prix 336 francs est pour du drap de même finesse que le premier, et si
nous introduisons la condition de finesse, on a le nouveau problème :

(3) Du drap dont la finesse est 2 coûte 336 francs ; combien coûterait-il si la finesse était 3 ?

Plus le drap est fin, plus il est cher ; si la finesse est double, le prix doit être
double. Il y a donc rapport direct entre la finesse et le prix, et deux rapports égaux

entre deux finesses et les deux prix correspondants ; on peut donc écrire la proportion :

$$\frac{2}{3} = \frac{336}{x}$$

d'où :

$$x = \frac{336 \times 3}{2} = 504$$

Le prix définitif du drap remplissant toutes les conditions voulues sera donc 504 francs.

La marche que nous venons de suivre est générale, et peut s'appliquer à tous les problèmes dans lesquels on reconnaît un rapport direct ou inverse entre les nombres donnés et le nombre inconnu. Toute la difficulté ne consiste donc plus qu'à fractionner le problème suivant chaque condition, à reconnaître les rapports, et aussi à simplifier par des opérations préalables certaines des données du problème, si elles ne sont pas présentées sous une forme aussi nette que dans les exemples précédents. Mais ici l'intelligence et le raisonnement sont les seuls guides sur lesquels on puisse compter, et, en étudiant chaque classe de problèmes, nous aurons soin de faire connaître les principales modifications de forme sous lesquelles ils peuvent se présenter.

Méthode de la réduction à l'unité.

313. Lorsque l'on connaît pour un objet, un être quelconque, la valeur numérique des quantités qui s'y rapportent, une simple multiplication suffit pour trouver les valeurs numériques des quantités de même espèce se rapportant à plusieurs objets ou plusieurs êtres pareils. Ainsi, sachant qu'un habit coûte 50 francs ; qu'il faut 2 mètres de drap pour le faire, on voit de suite que 20 habits coûteront 20 fois plus ou 20×50, et qu'il faudra pour les faire 20 fois plus de drap ou 20×2 ; sachant qu'un ouvrier fait 8 mètres par jour, on trouvera de suite que 15 ouvriers feront 15 fois plus ou 15×5. Or, dans la généralité des problèmes utiles, ce que l'on cherche c'est le prix d'un certain nombre d'objets, le nombre de mètres que feront certains ouvriers, le nombre d'heures qu'il faudra pour faire plusieurs mètres d'un certain ouvrage, etc., etc., et rien ne sera plus aisé que de les trouver, si l'on parvient à savoir le prix d'*un seul* objet,

le nombre de mètres que fait *un seul* ouvrier, le nombre
d'heures qu'il faut pour faire *un seul* mètre, etc., etc. On
voit donc que dans les problèmes de ce genre il faut chercher les valeurs de la quantité inconnue correspondantes
aux diverses données du problème *réduites à l'unité*, il sera
facile ensuite de trouver les valeurs de cette même inconnue pour les données réelles du problème.

Prenons un exemple; soit à résoudre le problème suivant :

*15 mètres d'une étoffe coûtent 600 francs, combien coûte-
ront 53 mètres ?*

Il est évident que si l'on savait le prix de 1 mètre, celui des 53 mètres se trouverait en multipliant ce prix par 53; cherchons donc le prix de 1 mètre, c'est-à-
dire le prix correspondant à la donnée 15 mètres réduite à l'unité.

Or, si 15 mètres coûtent 600 francs, 1 mètre coûtera 15 fois moins que 600 francs,
ou 600 divisé par 15, ou 40 francs.

Et, si 1 mètre coûte 40 francs, 53 mètres coûteront 53 fois plus que 40 francs ou
40 × 53, ou 2120 francs.

314. Dans le problème précédent, la valeur de l'inconnue ne dépend que d'une seule condition, le nombre des
mètres, mais il peut arriver qu'elle dépende de plusieurs
conditions; en ce cas on les considère successivement, en
calculant pour chacune d'elles la valeur correspondante de
l'inconnue.

Ainsi, soit le problème suivant :

*10 barriques de vin de 300 litres chacune, et dont la
qualité est représentée par 3, coûtent 1200 francs, combien
coûteront 30 barriques de 250 litres chaque, et dont la qualité serait représentée par 5 ?*

Ici le prix du vin dépend de trois conditions : 1° du nombre des barriques; 2° du
nombre de litres que chaque barrique contient; 3° de la qualité du vin : laissons
de côté un moment les deux dernières conditions, et ne considérons que la première; le problème se réduit à celui-ci :

*10 barriques de vin coûtent 1200 francs, combien coû-
teront 30 barriques.*

Opérant comme dans le problème précédent, on dira :

10 barriques coûtent 1200 fr.

1 barrique coûtera 10 fois moins, ou $\frac{1200}{10}$ ou 120 fr.

30 barriques coûteront 30 fois plus, ou 120 × 30 ou 3600 fr.

Considérons maintenant la condition du nombre de litres contenus par barrique;
elle donne lieu à un nouveau problème qui est :

Des barriques de vin contenant 300 litres chacune coûtent 3600 francs, combien coûteraient-elles si elles contenaient 250 litres.

Cherchant le prix relatif à un litre, on dira :

Pour 300 litres par barrique elles coûtent   3600 fr.

Pour 1 litre elles coûteront 300 fois moins, ou $\dfrac{3600}{300}$ ou 12 fr.

Pour 150 litres elles coûteront 250 fois plus, ou 250×12 ou 3000

Considérant enfin la troisième condition, celle de la qualité du vin, on aura le nouveau problème :

Du vin, dont la qualité est représentée par 3, coûte 3000 francs, combien coûterait du vin dont la qualité serait 5 ?

Réduisant à l'unité la condition de qualité, on dira :

La qualité étant 3, le vin coûte   3000 fr.

La qualité étant 1, le vin coûtera trois fois moins, ou $\dfrac{3000}{3}$ ou 1000 fr.

La qualité étant 5, il coûtera 5 fois plus ou 1000×5 ou 5000 fr.

Le prix définitif, modifié suivant les trois conditions du problème, est de 5000 fr.

La méthode que nous venons d'exposer est générale, il y a peu de problèmes pratiques auxquels elle ne soit pas applicable ; il est donc indispensable de se la rendre bien familière ; mais ici, comme dans la méthode des rapports, le raisonnement est le seul moyen de marcher à coup sûr, surtout si les données du problème, au lieu d'être, comme dans les exemples précédents, des nombres parfaitement clairs et précis, sont elles-mêmes des valeurs dépendant d'autres nombres, ou d'autres petits problèmes préalables ; ce n'est que lorsque la question et ses données sont ramenées à la forme précise de notre second exemple, que l'on peut opérer d'après la méthode de la réduction à l'unité.

Considérations sur la manière d'opérer et sur les approximations.

315. Dans tout problème et dans tout calcul, en outre du but définitif que l'on se propose, savoir de trouver une certaine valeur inconnue, on doit aussi s'efforcer d'arriver à cette valeur le plus simplement et le plus rapidement possible, et aussi de la trouver avec toute l'exactitude désirable.

La facilité et la rapidité des calculs dépendent beaucoup

10.

de l'ordre dans lequel on les effectue, et quoiqu'il n'y ait point de règle générale à établir à ce sujet, et que l'expérience et l'observation soient les meilleurs guides, voici néanmoins quelques considérations que j'ai cru utile de consigner ici.

Toutes les fois que l'on résout un problème par la méthode des rapports, ou par celle de la réduction à l'unité, il est utile de ne jamais calculer, dans chaque problème partiel, la valeur définitive de l'inconnue correspondante, c'est-à-dire de ne pas effectuer les calculs, mais de la conserver et de l'employer telle que le raisonnement la donne, avec les opérations indiquées par leurs signes.

Ainsi, par exemple, la proportion :

$$\frac{9}{10} = \frac{8}{x}$$

donne pour x

$$x = \frac{8 \times 10}{9}$$

c'est cette expression $\frac{8 \times 10}{9}$ qu'il faut employer dans la suite des raisonnements sans effectuer aucune opération.

Il y a à cela un triple avantage :

1° Dans le résultat final, et pour lequel seul on effectue les opérations, il y a toujours quelque simplification à faire, qui abrége les calculs et diminue par suite les chances d'erreurs.

2° Les nombres qui concourent à former l'inconnue ne se fondant pas entre eux, et les signes indiquant comment ils se combinent, on peut presque toujours tirer de l'inspection de ce résultat une règle générale pour résoudre tous les problèmes d'un même genre.

3° Enfin, si l'on a fait quelque erreur dans la suite du raisonnement, il est aisé de la retrouver, sans avoir à refaire des calculs déjà faits.

Prenons pour exemple le problème suivant, déjà traité dans la méthode de réduction à l'unité :

10 barriques de vin de 300 litres chacune, et dont la qualité est représentée par 3, coûtent 1200 francs, combien coûteront 30 barriques de 250 litres chacune, dont la qualité est représentée par 5 ?

Par la méthode des proportions ou par la réduction à l'unité, le premier problème partiel : 10 barriques de vin coûtent 1200 francs, combien coûteront 30 barriques, donne :

$$x = \frac{30 \times 1200}{10}$$

Conservant sous cette forme la valeur de cette inconnue intermédiaire, on passe au second problème. Si des barriques de vin de 300 litres coûtent $\frac{30 \times 1200}{10}$ fr., combien coûteront-elles si elles contiennent 250 litres.

On trouverait la valeur cherchée, soit en posant la proportion :

$$\frac{300}{250} = \frac{\dfrac{30 \times 1200}{10}}{x}$$

dans laquelle, simplifiant le second rapport en indiquant la division par x de la fraction numérateur par la multiplication par x de son dénominateur, d'après la règle connue pour diviser une fraction par un nombre entier, on aurait

$$\frac{300}{250} = \frac{30 \times 1200}{10x}$$

d'où

$$10x = \frac{250 \times 30 \times 1200}{300} \quad \text{et} \quad x = \frac{250 \times 30 \times 1200}{300 \times 10}$$

par la réduction à l'unité,

Pour 300 litres les barriques coûtent $\dfrac{30 \times 1200}{10}$

Pour 1 litre, elles coûteront 300 fois moins ou $\dfrac{30 \times 1200}{10 \times 300}$

Pour 250, elles coûteront 200 fois plus ou $\dfrac{30 \times 1200 \times 250}{10 \times 300}$

Conservant cette nouvelle valeur intermédiaire sous cette forme, et passant au troisième problème : Du vin dont la qualité est 3 coûte $\dfrac{30 \times 1200 \times 250}{10 \times 300}$ francs, combien coûterait du vin dont la qualité est 5 ; en employant comme précédemment, soit les proportions, soit la réduction à l'unité, on arriverait à une valeur définitive qui serait :

$$x = \frac{30 \times 1200 \times 250 \times 5}{10 \times 300 \times 3}$$

Pour trouver le prix cherché, il resterait à effectuer les opérations indiqué dans les deux termes de cette fraction, puis à diviser l'un par l'autre ces deux produits. Mais on peut simplifier cette fraction en divisant ses deux termes par les mêmes nombres, ce qui, on le sait, n'altère pas sa valeur. Ainsi on peut les diviser par 1000, en effaçant deux zéros à 1200, un à 250, puis deux à 300, et un à 10, il vient

$$x = \frac{30 \times 12 \times 25 \times 5}{3 \times 3}$$

Puis on peut diviser 30 et 12 chacun par 3, et effacer les deux 3 du dénominateur, il vient alors :

$$x = 10 \times 4 \times 25 \times 2$$

d'où

$$x = 5000$$

De plus, en étudiant ce résultat,

$$x = \frac{30 \times 1200 \times 250 \times 5}{10 \times 300 \times 3}$$

on voit qu'on peut l'écrire ainsi :

$$x = 1200 \times \frac{30}{10} \times \frac{250}{300} \times \frac{5}{3}$$

et en tirer pour les problèmes de ce genre une règle générale, qui serait : que le prix cherché est égal au prix primitif multiplié par les rapports des valeurs de même nature prises dans le même ordre.

316. Il y a encore plusieurs petites simplifications préalables qu'il est bon de faire avant de commencer un problème ;

1° Il faut toujours opérer sur des unités pareilles ou au moins correspondantes ; aussi doit-on, avant tout, ramener toutes les données d'un problème à exprimer des unités analogues, c'est-à-dire se rattachant à une même fraction du mètre, ou à un même multiple.

Exemple : parmi les données d'un problème, les unes, exprimant des volumes, sont données en mètres cubes ; d'autres, exprimant des capacités, en litres ; d'autres, exprimant des poids, en grammes. Le mètre cube, le litre, et le gramme, quoique étant chacun l'unité principale de leur espèce, ne se correspondent pas, car ils se lient tous au mètre, mais à une fraction différente de celui-ci ; en calculant avec des données sous cette forme, il sera très-difficile de connaître l'espèce des unités du résultat, et il devient nécessaire de les convertir en unités correspondantes à une même fraction métrique. Par exemple, si l'on conserve le litre pour les capacités, comme il se rapporte au décimètre, il faudra convertir les volumes en décimètres cubes, et les poids en kilogrammes. Ou bien, conservant pour les poids le gramme, ramener les volumes au centimètre cube, et les capacités au millilitre ; on est sûr alors et d'avance de l'espèce des unités du résultat, qui correspondront aussi directement au décimètre, dans le premier cas, au centimètre dans le second.

Dans des cas pareils, on doit préférer pour unité celle qui donne pour les diverses données la forme la plus simple.

317. 2° S'il y a des nombres compléxes, il est bien de les convertir de suite en unités et fractions décimales de l'unité la plus convenable.

Ainsi, s'il s'agit de travaux d'ouvriers, en jours et fractions de jours ; s'il s'agit d'époques historiques, en années et fractions d'années ; s'il s'agit de temps très-court, en minutes et secondes.

318. 3° S'il y a des fractions ordinaires, il faut, si cela peut se faire exactement, les convertir en décimales, ou sinon, les simplifier autant que possible, en les réduisant à leur plus simple expression, ou, ce qui est plus expéditif, en divisant les deux termes, autant de fois que possible, par 2, 3, 5, etc. (On verra dans l'*Appendice* à quels caractères on reconnaît qu'un nombre est exactement divisible par 2, 3, 5, etc.)

En somme, il ne faut négliger aucune des simplifications que l'observation attentive des données du problème peut faire reconnaître ; car, en simplifiant ainsi d'avance les calculs à faire, on diminue les chances d'erreurs, et, de plus, on diminue l'erreur que l'on commet forcément dans les divisions qui ne se font pas exactement et les opérations subséquentes, comme on le verra ci-dessous.

Approximations.

519. Outre la nécessité de trouver l'inconnue d'un problème le plus facilement et le plus rapidement possible, il importe, nous le répétons, de la trouver avec une exactitude suffisante. Or, le cas le plus fréquent dans la pratique est celui où les données, étant fournies par les circonstances, et non choisies à volonté, comme on peut le faire dans un problème d'exercice, elles ne peuvent se diviser exactement les unes les autres ; lors donc que, parmi les opérations qui doivent donner la valeur de l'inconnue, il se trouve une division, et que, ne se faisant pas exactement, on doit compléter le quotient par des décimales, on ne peut espérer de trouver pour l'inconnue une valeur exacte, mais on peut toujours en approcher aussi près que l'on veut ; car, plus on calcule de décimales, moins sera grande l'erreur que l'on commettra en négligeant de calculer les chiffres décimaux suivants.

La limite à laquelle on s'arrête dans le calcul d'un quotient décimal se nomme *approximation*. On désigne l'approximation par le nom de la dernière unité que l'on calcule.

Ainsi, veut-on s'arrêter aux centièmes, on dit que l'approximation est à moins d'un centième ; c'est qu'en effet, chiffre suivant des millièmes fût-il 9, l'ensemble des chiffres que l'on néglige ne peut atteindre la valeur d'un centième ; l'erreur commise est donc moindre qu'un centième.

Dans tout problème, il faut donc avant tout fixer l'approximation à laquelle le résultat doit être calculé. Mais l'approximation dépend :

520. 1° *De l'espèce des unités que doit exprimer le résultat final.*

En effet, si les unités sont très-grandes, des myriamètres, par exemple, et que l'on se contente de calculer des centièmes de cette unité, l'erreur que l'on commet en négligeant les chiffres suivants peut aller jusqu'à 9 millièmes, et plus ; mais les millièmes de myriamètre sont des décamètres ; l'erreur pourra donc valoir presque un hectomètre, longueur assez importante pour qu'il ne soit pas permis de la négliger.

Si l'inconnue doit exprimer le poids d'un objet très-précieux, du diamant, par exemple, et que, l'unité adoptée étant le gramme, on ne calcule que des centigrammes, il pourra se faire de même que l'on néglige jusqu'à 9 milligrammes, valeur encore trop importante pour être négligeable.

Si, au contraire, les unités du résultat sont très-petites, ou de peu de valeur, des mètres d'étoffe, par exemple, ou des kilogrammes de denrées alimentaires, en calculant des centièmes de ces unités l'erreur commise sera négligeable ; un centimètre d'étoffe, un décagramme de pain de plus ou de moins, surtout si les nombres sont grands, n'entacheront point l'exactitude du résultat.

On voit donc que la nature du résultat, qu'il est toujours aisé de reconnaître d'avance, sera le guide le plus sûr pour fixer la limite à laquelle on peut s'arrêter.

Ainsi, soit le problème suivant :

Le kilogramme de corail brut coûte 17 fr. 50 ; combien aura-t-on de kilogrammes de corail pour 212 fr. 25 ?

Le résultat, que l'on trouvera en divisant 212,25 par 17,50, représentera des kilogrammes de corail, substance assez précieuse et assez légère, de sorte qu'un petit poids représente un morceau assez gros et d'un certain prix. On ne pourra donc guère négliger que des centigrammes de corail, et le centigramme étant la cent-millième partie du kilogramme, on voit qu'il faudra pousser la division de 212,25 par 17,50 jusqu'aux cent-millièmes.

Autre exemple :

Une locomotive fait 1 *kilomètre en* 75 *secondes; combien fera-t-elle de chemin en* 1882 *secondes ?*

Le résultat, que l'on obtiendra par la division de 1882 par 75, sera des kilomètres. Or, sur le parcours d'une locomotive, un mètre de plus ou de moins est de bien peu d'effet; il suffira donc de pousser la division jusqu'aux millièmes.

521. 2° *Le degré de l'approximation finale dépend des opérations que l'on a dû faire subir au quotient approximatif.*

En effet, supposons que l'on ait poussé une division jusqu'aux centièmes, il a pu arriver que l'on ait négligé jusqu'à 9 millièmes et même plus ; supposons qu'ensuite on ait à multiplier ce quotient par 10, 100, 1000, etc., ou par des nombres compris entre ceux-ci, l'erreur commise sera aussi multipliée par ces nombres. On peut donc avoir au produit une erreur de 90, 900, 9000 millièmes, c'est-à-dire de 9 centièmes, de 9 dixièmes, de 9 unités, erreurs beaucoup trop grandes, puisqu'on avait cru devoir se fixer le centième pour limite.

On voit donc qu'après avoir reconnu la fraction de l'unité du résultat que l'on pourra négliger, il importe de voir si le quotient approché, que l'on aura à calculer, n'aura pas quelque opération à subir ; auquel cas, il faudra pousser l'approximation plus loin, si ces opérations sont susceptibles d'accroître l'erreur.

Les deux opérations qui peuvent accroître l'erreur sont l'addition et la multiplication ; si donc on prévoit qu'il faudra additionner entre eux plusieurs nombres approximatifs, il faudra calculer plus de décimales, en général, *une de plus pour chaque deux nombres à additionner,* car les erreurs s'ajoutent entre elles; et, si l'on a à additionner deux nombres calculés chacun jusqu'aux centièmes, comme on a pu sur chacun négliger 9 millièmes, l'erreur de la somme pourra être de 18 millièmes, près de 2 centièmes. Si, de même, l'on prévoit qu'un quotient approximatif devra être multiplié par d'autres nombres, il faudra calculer *autant de chiffres décimaux de plus qu'il y a de chiffres entiers dans le multiplicateur.*

Ainsi un quotient approché, calculé jusqu'aux centièmes, doit être multiplié par 200. Comme l'erreur négligée peut être de 9 millièmes, l'erreur du produit pourra être de $0,009 \times 200$ ou de 1,800 ; on voit qu'elle pourra remonter jusqu'aux unités, c'est-à-dire de trois rangs ; donc, pour qu'elle n'atteigne pas les centièmes, il faudrait avoir trois chiffres décimaux de plus.

Mais si le quotient approché doit être multiplié par une fraction, soit ordinaire, soit décimale, on peut se contenter de l'approximation déjà fixée, car on sait que le produit, quand un des facteurs est une fraction, est moindre que l'autre facteur ; en ce cas, l'erreur sera donc plutôt diminuée.

Du reste, on évitera toujours d'avoir à calculer des quotients avec un grand nombre de chiffres décimaux en ayant soin, comme nous l'avons dit (n° 315), de n'effectuer les calculs que quand on a trouvé la formule générale du résultat, car alors on peut toujours s'arranger de manière à n'avoir à faire qu'une division, et en dernier lieu, quand toutes les multiplications sont opérées; il suffit alors de s'en tenir à l'approximation jugée convenable.

Ainsi, supposons que, pour trouver un résultat cherché, il faille diviser 527 par 200, puis multiplier ce quotient par 150 et par 75, on pourrait écrire et effectuer les opérations dans l'ordre suivant :

$$\frac{527}{200} \times 150 \times 75$$

mais alors, en supposant que l'approximation finale désirée soit les centièmes, il faudrait calculer le quotient $\frac{527}{200}$ avec cinq décimales de plus, c'est-à-dire avec 7 décimales, pour qu'en multipliant ensuite par 150 et 75, on soit sûr que l'erreur s'arrête aux centièmes. Mais si l'on écrit, ce qui est absolument identique :

$$\frac{527 \times 150 \times 75}{200}$$

et que l'on effectue avant tout les produits indiqués au numérateur, puis qu'on divise par 200, il suffira de calculer simplement jusqu'aux centièmes ; il peut même arriver que, tandis que la première division ne pouvait se faire exactement, la seconde donne un quotient exact.

De même, la formule :

$$\frac{182}{89} \times 65 \times \frac{29}{15} \times$$

exigerait, en opérant d'après l'ordre indiqué, pour avoir l'approximation de 1 centième, que l'on calculât avec un grand nombre de décimales les deux quotient $\frac{182}{89}$ et $\frac{29}{15}$, mais si l'on écrit :

$$\frac{182 \times 65 \times 29 \times 160}{89 \times 15}$$

forme aisée à trouver en appliquant les règles connues de la multiplication des fractions par les nombres entiers, et des fractions entre elles, on voit qu'il suffit d'effectuer séparément les deux produits : $182 \times 65 \times 29 \times 160$ et 89×15, et qu'une seule division finale, poussée jusqu'aux centièmes, donnera le résultat demandé.

322. Dans la pratique, on calcule toujours, en général, un chiffre de plus que l'approximation demandée ; puis, si ce chiffre est moindre que 5, on n'en tient pas compte ; s'il est supérieur à 5, on augmente d'une unité celui qui le précède, et on l'efface ; c'est ce que l'on appelle *forcer le chiffre final*. En voici la raison : soit le nombre 8,26 calculé à moins d'un centième ; supposons que l'on calcule un chiffre de plus, et que ce chiffre soit 3 ; si on le néglige, l'erreur que l'on commet n'est que de 3 millièmes ; mais si ce chiffre était 8, en le négligeant on commettrait une erreur en moins de 8 millièmes. Or, en augmentant de 1 le chiffre des centièmes, et prenant 8,27 pour résultat définitif, on a seulement augmenté le nombre de 2 millièmes, c'est-à-dire que l'on ne commet qu'une erreur en plus de 2 millièmes, bien moins importante qu'en effaçant le chiffre 8 millièmes sans rien changer au chiffre précédent.

CHAPITRE III.

RÈGLES DE TROIS, D'INTÉRÊT, D'ESCOMPTE, ETC.

323. On désigne sous le nom de *Règles de trois* des problèmes dans lesquels, étant données en nombres une quantité et les diverses conditions, soit de grandeur, soit de valeur, etc., qu'elle remplit, on demande ce que devient une de ces conditions quand toutes les autres, venant à changer, prennent de nouvelles valeurs fournies aussi par l'énoncé.

Ainsi, sachant qu'un nombre donné d'ouvriers font un nombre donné de mètres, en travaillant un certain nombre d'heures pendant un certain nombre de jours, on peut demander ce que devient le nombre des mètres faits, si l'on change les nombres d'ouvriers, d'heures et de jours, ou ce que devient le nombre d'ouvriers si l'on change le nombre des mètres d'ouvrage, d'heures et de jours, etc.

324. On reconnaîtra toujours une règle de trois, à ce que les données du problème peuvent se ranger en deux séries parallèles, telles qu'à chaque donnée de l'une correspond, dans l'autre, une donnée de la même espèce; de plus, toutes ces données sont telles qu'elles varient entre elles suivant des rapports directs ou inverses.

On donne le nom général de *Règles de trois* à ces problèmes, parce que, dans le cas le plus simple, ils ne renferment que trois nombres donnés, au moyen desquels il faut en trouver un quatrième.

On divise les règles de trois en *simple* et *composée*.

325. La règle de trois est simple, lorsqu'il n'y a qu'une seule condition, du changement de laquelle dépend la valeur de l'inconnue cherchée.

La règle de trois est composée, lorsque la valeur de l'inconnue dépend du changement de plusieurs conditions.

326. Le type général de la règle de trois simple est le problème suivant :

25 mètres d'étoffe coûtent 150 fr., combien coûteront 105 mètres ?

On voit ici que le prix de l'étoffe dépend d'une seule condition, le nombre des mètres.

Ce problème peut se résoudre par les deux méthodes connues, la *méthode des proportions* et la *méthode de la réduction à l'unité*.

Pour mieux fixer les idées, dans ce genre de problèmes il est bien de disposer les données sur deux lignes, de manière que les quantités de même espèce soient l'une au-dessous de l'autre, on représente toujours la quantité inconnue par x, ainsi :

$$25^m - 150^f$$
$$105^m - x$$

(*Méthode des rapports*). Comme l'on reconnaît aisément que les nombres de mètres d'étoffe et leurs prix varient en rapport direct, et comme l'on a deux valeurs du nombre des mètres, 25 et 105, et les deux valeurs correspondantes des prix, 150 et x, on posera la proportion :

$$\frac{25}{105} = \frac{150}{x}$$

d'où :

$$x = \frac{150 \times 105}{25} = 630 \text{ fr.}$$

(*Méthode de la réduction à l'unité*). Par cette méthode on dira :

25 mètres coûtent 150 fr. $\dfrac{150}{25}$

1 mètre coûte 25 fois moins, ou

105 mètres coûtent 105 fois plus, ou $\dfrac{150 \times 105}{25}$ ou 630 fr.

Toutes les règles de trois simples se résoudront de la même manière.

Si nous considérons le résultat $x = \dfrac{150 \times 105}{25}$, nous voyons qu'on peut aussi

l'écrire ainsi : $x = 150 \times \dfrac{105}{25}$, d'où l'on peut tirer la règle pratique suivante :

527. RÈGLE : *Dans une règle de trois simple, ayant écrit les données sur deux lignes, les quantités de même espèce l'une au-dessous de l'autre, le nombre cherché est égal au nombre qui lui correspond multiplié par le rapport des deux autres nombres, en écrivant ce rapport en sens inverse si les quantités varient en rapport direct, et en sens direct si elles varient en rapport inverse.*

528. Le type général de la règle de trois composée pourrait être le problème suivant :

30 ouvriers font en 8 jours, en travaillant 10 heures par jour, 100 mètres d'un ouvrage dont la difficulté peut être représentée par 2 ; combien 10 ouvriers, travaillant 12 jours et 6 heures par jour, feront-ils de mètres d'un ouvrage dont la difficulté est représentée par 5 ?

On voit ici que le nombre de mètres faits dépend de plusieurs conditions : le nombre des ouvriers, le nombre des jours de travail, le nombre des heures de travail par jour, et enfin la difficulté du travail ; et l'on reconnaît aussi qu'il y a entre le nombre des mètres et certaines conditions un rapport direct, et un rapport inverse avec certaines autres. Pour résoudre ce problème, on dispose l'énoncé de la manière suivante :

$$30^{\text{ouv.}} — 8^{\text{j}} — 10^{\text{h}} — 100^{\text{m}} — 2^{\text{dif.}}$$
$$10 — 12 — 6 — x — 5.$$

Et l'on peut le résoudre par la méthode des rapports, ou par la méthode de la réduction à l'unité.

(*Méthode des rapports*). Laissant de côté certaines conditions, nous ne considérerons d'abord que 30 ouvriers, 10 ouvriers, 100 mètres et x mètres, c'est-à-dire le problème partiel : 30 ouvriers font 100 mètres d'ouvrage, combien 10 ouvriers en ferout-ils?

Entre ouvriers et mètres faits le rapport étant direct, on trouvera successivement :

$$\frac{30}{10} = \frac{100}{x} \quad \text{d'où} \quad x = \frac{100 \times 10}{30}.$$

Puis, introduisant la condition de jours, on considère les trois nombres,

$$8 \text{ jours}, \qquad 12 \text{ jours}, \qquad \frac{100 \times 10}{30} \text{ mèt.};$$

et l'on se pose le nouveau problème partiel suivant : ce nombre de mètres est fait en 8 jours, en 12 jours combien en fera-t-on?

Le rapport entre les jours et le nombre de mètres étant direct, on trouvera :

$$\frac{8}{12} = \frac{\frac{100 \times 10}{30}}{x} \quad \text{d'où} : x = \frac{100 \times 10 \times 12}{30 \times 8}$$

Introduisant la condition des heures, et considérant les nombres 10h., 6h., et $\frac{100 \times 10 \times 12}{30 \times 8}$, c'est-à-dire le problème partiel suivant : Ce nombre de mètres est fait en 10 heures par jour, en 6 heures, combien en fera-t-on?

Le rapport entre heures et mètres étant direct, on aura successivement :

$$\frac{10}{6} = \frac{\frac{100 \times 10 \times 12}{30 \times 8}}{x} \quad \text{d'où} : x = \frac{100 \times 10 \times 12 \times 6}{30 \times 8 \times 10}$$

Enfin, introduisant la question de difficulté, et considérant les nombres 2, 5 et $\frac{100 \times 10 \times 12 \times 6}{30 \times 8 \times 10}$ mètres, c'est-à-dire le problème partiel suivant : Ce nombre de mètres a une difficulté 2, si la difficulté est 5, combien en fera-t-on?

Le rapport étant inverse entre la difficulté et le nombre des mètres faits, on aura

$$\frac{5}{2} = \frac{\frac{100 \times 10 \times 12 \times 6}{30 \times 8 \times 10}}{x} \quad \text{et} \quad x = \frac{100 \times 10 \times 12 \times 6 \times 2}{30 \times 8 \times 10 \times 5}.$$

En effaçant deux zéros aux deux termes, il vient :

$$x = \frac{10 \times 12 \times 6 \times 2}{3 \times 8 \times 5}.$$

Divisant successivement les deux termes par 5, 4, 3 et 2, il vient :

$$x = 2 \times 6 = 12.$$

(*Méthode de la réduction à l'unité.*) Considérant les mêmes problèmes, on dirait :

1er problème.
30 ouvriers font 100 mètres.
1 ouvrier en fait 30 fois moins ou $\frac{100}{30}$
10 ouvriers en font 10 fois plus, ou $\frac{100 \times 10}{30}$

2e problème.
En 8 jours, on fait $\frac{100 \times 10}{30}$ mètres.
en un jour on en fait 8 fois moins, ou $\frac{100 \times 10}{30 \times 8}$
en 12 jours, on en fait 12 fois plus, ou $\frac{100 \times 10 \times 12}{30 \times 8}$

3e problème.

En 10 heures, on fait $\dfrac{100 \times 10 \times 12}{30 \times 8}$

en 1 heure, on en fait 10 fois moins, ou $\dfrac{100 \times 10 \times 12}{30 \times 8 \times 10}$

en 6 heures, on en fait 6 fois plus, ou $\dfrac{100 \times 10 \times 12 \times 6}{30 \times 8 \times 10}$

4e problème.

La difficulté étant 2, on fait $\dfrac{100 \times 10 \times 12 \times 6}{30 \times 8 \times 10}$

Si elle était 1, on en ferait 2 fois plus, ou $\dfrac{100 \times 10 \times 12 \times 6 \times 2}{30 \times 8 \times 10}$

Si elle est 5, on en fera 5 fois moins, ou $\dfrac{100 \times 10 \times 12 \times 6 \times 2}{30 \times 8 \times 10 \times 5} = 12$

Le résultat trouvé peut aussi s'écrire :

$$100 \times \frac{10}{30} \times \frac{12}{8} \times \frac{6}{10} \times \frac{2}{5}.$$

D'où l'on réduit la règle pratique suivante :

329. RÈGLE: *Dans une règle de trois composée, ayant écrit les données sur deux lignes, de manière que les nombres de même espèce se correspondent, et la ligne inférieure renfermant l'inconnue, la valeur cherchée est égale à celle qui lui correspond dans la ligne supérieure, multipliée par les rapports de chacun des groupes de 2 quantités de même espèce, en retournant ces rapports si ces quantités varient en rapport direct avec l'inconnue, et en les écrivant dans le sens où ils se présentent, si les deux quantités varient en rapport inverse avec l'inconnue.*

Ainsi, d'après cette règle, on résoudra de la manière suivante le problème ci-dessous :

25 hommes, travaillant 9 heures par jour, ont mis 12 jours à creuser un fossé de 50 mètres de long sur 4 de large et 6 de profondeur; combien faudra-t-il employer d'hommes, travaillant 10 heures par jour pendant 18 jours, pour creuser un fossé de 100 mètres de long sur 3 de large et 4 de profondeur?

Écrivant les données sur deux lignes parallèles ainsi :

25 hommes—9 heures—12 jours— 50 long.—4 larg.—6 profond
x —10   —18   —100   —3   —4

On pourra donc écrire de suite le résultat :

$$x \times 25 \times \frac{9}{10} \times \frac{12}{18} \times \frac{100}{50} \times \frac{3}{4} \times \frac{4}{6}$$

En écrivant dans le sens où ils se présentent les rapports $\dfrac{9}{10}$ et $\dfrac{12}{18}$, parce que les jours et les heures varient en rapport inverse avec les nombres d'hommes, puisque plus il y a de jours et d'heures de travail, moins il faut d'hommes, et écrivant, en les renversant, les rapports $\frac{100}{50}$, $\frac{3}{4}$, $\frac{4}{6}$, parce que les quantités qu'ils représentent varient en rapport direct avec les hommes; car plus le fossé est long, large ou profond, plus il faut d'ouvriers.

530. Les *règles de trois* peuvent ne pas se présenter avec des données aussi nettes que celles des problèmes précédents; les diverses conditions peuvent être exprimées en nombres décimaux, en fractions, etc., ou bien les secondes conditions peuvent être données en indiquant seulement leur relation avec les premières; dans ces divers cas, il faut, par des calculs préalables, les ramener toujours à être, comme ci-dessus, des nombres simples et clairs, après quoi la résolution rentre entièrement dans les règles précédentes.

Exercices pratiques.

(NOTA.) Dans tous ces problèmes et les suivants l'élève devra toujours et avant tout fixer lui-même le degré d'approximation convenable pour chacun.

Je gagne 112 francs tous les 17 jours; combien dois-je travailler de jours pour gagner 300 francs?

Une roue fait $\frac{3}{5}$ de tour en $\frac{1}{3}$ de minute, combien fera-t-elle de tours en 10 minutes?

Il me faudrait 28 ouvriers pour finir un certain ouvrage en 15 jours, on m'accorde 11 jours de plus, de combien puis-je réduire le nombre de mes ouvriers?

J'ai payé 118 francs pour 6 douzaines de mouchoirs, combien aurais-je de douzaines si le prix eût été de 3 francs de plus la douzaine?

5. Il me faut, pour couvrir un meuble, 142^m, 25 d'étoffe de 0^m, 85 de large, combien en faudrait-il si l'étoffe avait de large 1^m, 20?

Dans une caisse de 1 mètre cube on peut enfermer 780 pains de savon du poids de 530 grammes chacun, combien pourrait-on en renfermer dans une caisse de 27 décimètres cubes, s'ils avaient un poids de 280 grammes?

Une voiture fait une route de 870 lieues en 121 jours, en marchant 6 heures par jour, combien faudrait-il qu'elle marche d'heures par jour pour faire un chemin moitié moins long en un temps qui soit les $\frac{3}{11}$ du premier?

Une pièce d'étoffe de 25 mètres de long, sur 0^m, 82 de large, coûte 283 francs ; combien coûterait une pièce d'étoffe 2 fois $\frac{1}{2}$ plus belle que la précédente, longue de 18 mètres, et large de 0^m, 53 ?

15 personnes ont, en 18 jours, dépensé 1458 francs, d'autres personnes, faisant la même dépense par tête et par jour, ont dépensé en 5 jours 729 francs, quel est le nombre de ces dernières ?

10. Une citerne a suffi, en donnant 2 litres d'eau par tête et par jour, pour alimenter 1230 personnes pendant 6 mois 12 jours ; quelle devra être la contenance d'une citerne qui alimenterait pendant 1 an 15238 personnes, en donnant 5 litres à chacun par jour ?

RÈGLE D'INTÉRÊT.

531. Toutes les fois que dans le commerce et les opérations financières on prête à autrui une somme d'argent, pour un certain temps, il est de règle que, au bout de ce temps l'emprunteur restitue, non-seulement la somme prêtée, mais paye encore en plus une certaine somme, juste rémunération de l'argent que le prêteur eût pu gagner lui-même avec la somme dont il s'est dépossédé au profit de l'emprunteur. Cette somme payée en plus au moment du remboursement total est ce que l'on nomme *intérêt*, du moins telle en est l'origine. La somme prêtée se nomme *capital*.

532. La somme supplémentaire ou intérêt est nécessairement d'autant plus forte que la somme prêtée ou capital est plus considérable, et qu'elle est prêtée pour un temps plus long. Le payement s'en effectue d'ordinaire par année ; c'est-à-dire que l'on fixe l'intérêt du capital prêté comme s'il ne l'était que pour un an, et au bout de l'année, lors même que le prêt est fait pour plusieurs, l'emprunteur paye au prêteur l'intérêt du capital, et ainsi de suite pour chaque année suivante. Ce mode de payement de l'intérêt constitue *l'intérêt simple*.

533. Pour apprécier l'intérêt que doit rapporter un capital quelconque, on fixe ce que l'emprunteur devrait payer d'intérêt pour la somme de 100 francs prêtée pour un an.

Cet intérêt de 100 francs pour un an est ce que l'on appelle le *taux de l'intérêt*. C'est là, pour ainsi dire, l'unité des intérêts ; elle sert à les mesurer. Mais cette unité, ou taux, n'a pas une valeur fixe et immuable, elle peut avoir toutes les valeurs qu'il convient au prêteur de lui donner ; néanmoins, la loi a limité à 6 francs la valeur la plus grande que puisse atteindre le taux de l'intérêt ; c'est-à-dire que l'on ne peut exiger plus de 6 francs d'intérêt pour 100 francs prêtés pour un an ; au-dessus de 6 francs le taux est dit usuraire, et expose le prêteur à des peines sévères. Mais au-dessous de 6 francs on peut lui donner la valeur que l'on veut.

Dans le commerce, on ne dit point prêter une somme, mais bien la placer ; et si l'on place un certain capital en donnant au taux de l'intérêt la valeur de 2, de 4, de 5 ou de 6 francs, on dit que ce capital est placé à 2 ou 4, ou 6 pour 100, etc., ce qui signifie que pour chaque 100 francs contenus dans ce capital, on devra payer 2 francs ou 4 francs ou 6 francs ; et s'écrit ainsi 2 p. 0/0, 4 p. 0/0, etc.

354. On voit par ce qui précède que dans toute question d'intérêt, il y a quatre quantités distinctes à considérer, ce sont :

Le *capital* ; l'*intérêt* ; le *taux* de l'intérêt, et le *temps* du placement. Il est aisé de reconnaître que l'intérêt varie en raison directe des trois autres quantités, car il est d'autant plus grand ou plus petit que le capital, le taux, ou le temps sont ou plus grands ou moindres.

Tous les problèmes possibles sur les règles d'intérêt peuvent se ramener à chercher une de ces quatre quantités quand on connaît les trois autres, c'est-à-dire aux quatre problèmes suivants, qui peuvent se résoudre par les proportions ou la réduction à l'unité.

335. *Quel est l'intérêt de* 1500 *francs placés à* 5 p. 0/0 *pendant* 3 *ans ?*

(*Par les proportions.*) On dira : 100 francs et le taux 5 francs varient en rapport direct avec 1500 francs et leur intérêt ; car si 100 francs rapportaient 2 ou 3 fois plus, l'intérêt deviendrait 2 ou 3 fois plus grand ; on peut donc poser la proportion suivante, qui est vraie pour tous les problèmes d'intérêt :

$$\frac{100}{5} = \frac{1500}{x}$$

d'où

$$= \frac{1500 \times 5}{100}$$

Cette valeur de x est l'intérêt de 1500 francs en 1 an; or l'intérêt est proportionnel au temps; en un temps double, triple, la même somme rapporte un intérêt 2 ou 3 fois plus grand. On peut donc poser entre 1 an, 3 ans, la valeur de l'intérêt d'un an, et x l'intérêt cherché, la nouvelle proportion :

$$\frac{1}{3} = \frac{\dfrac{1500 \times 5}{100}}{x}$$

d'où

$$x = \frac{1500 \times 5 \times 3}{100} = 225$$

Il est du reste inutile de poser cette seconde proportion, puisque, on le voit, la valeur de x s'obtient en multipliant par le temps l'intérêt d'un an.

(*Par la réduction à l'unité.*) On dira successivement :

100 francs en 1 an rapportent $\qquad 5$

1 franc rapportera 100 fois moins, ou $\qquad \dfrac{5}{100}$

1500 francs rapporteront 1500 fois plus, ou $\qquad \dfrac{1500 \times 5}{100}$

1500 francs en 3 ans rapporteront 3 fois plus, ou $\qquad \dfrac{1500 \times 5 \times 3}{100} = 225$

336. 2° *Une somme de* 20000 *francs placée pendant* 2 *ans a rapporté* 2000 *francs, à quel taux est-elle placée ?*

(*Par les proportions.*) P   la proportion constante entre 100 francs, le taux inconnu, le capital 20000 et son intérêt en un an, qui est $\dfrac{2000}{2}$, ou 1000, on aura :

$$\frac{100}{x} = \frac{20000}{1000}$$

d'où

$$x = \frac{100 \times 1000}{20000} = \frac{10}{2} = 5$$

(*Par la réduction à l'unité.*) On dira successivement :

20000 francs en 2 ans rapportent $\qquad 2000$

20000 francs en 1 an rapporteront 2 fois moins, ou $\qquad \dfrac{2000}{2}$ ou 1000

1 franc en un an rapportera 20000 fois moins, ou $\qquad \dfrac{1000}{20000}$

100 francs en un an rapporteront 100 fois plus, ou $\qquad \dfrac{1000 \times 100}{20000} = 5$

337. 3° *Un capital placé à* 4 p. 0/0 *pendant* 3 *ans a rapporté* 1800 *francs, quel est ce capital ?*

(*Par les proportions.*) On posera la proportion constante déjà connue, en y introduisant l'intérêt de 1 an, égal ici à $\dfrac{1800}{3}$ ou 600 francs; on aura

$$\frac{100}{4} = \frac{x}{600}$$

d'où

$$x = \frac{100 \times 600}{4} = 15000$$

(*Par la réduction à l'unité.*) On dirait successivement :

1800 francs sont rapportés en un temps égal à 3 ans

En un temps égal à 1 il sera rapporté 3 fois moins ou $\dfrac{1800}{3}$ ou 600

4 francs sont rapportés par $\dfrac{100}{100}$

1 franc sera rapporté par 4 fois moins ou $\dfrac{100}{4}$

600 francs seront rapportés par 600 fois plus ou $\dfrac{100 \times 600}{4} = 15000$

338. 4° *Un capital de 25000 francs placé à 4 p. 0/0 a rapporté 4000 francs, combien de temps a duré le placement ?*

(*Par les proportions.*) Cherchant par la proportion constante l'intérêt de 25000 francs en 1 an, on aura

$$\frac{100}{4} = \frac{25000}{x}$$

d'où

$$x = \frac{25000 \times 4}{100}$$

Or, autant de fois 4000 francs contiendront l'intérêt d'un an, autant il y aura eu d'années de placement, la valeur cherchée sera donc

$$\frac{4000}{\dfrac{25000 \times 4}{100}} \text{ ou } \frac{4000 \times 100}{25000 \times 4} = \frac{16}{4} = 4$$

(*Par la réduction à l'unité.*) On dira successivement :

100 francs en un an rapportent $\dfrac{4}{4}$

1 franc rapportera 100 fois moins, ou $\dfrac{4}{100}$

25000 francs rapporteront 2500 fois plus, ou $\dfrac{25000 \times 4}{100}$

$\dfrac{25000 \times 4}{100}$ francs sont rapportés en un temps 1

1 franc sera rapporté en un temps $\dfrac{25000 \times 4}{100}$ plus petit, ou $\dfrac{1}{\dfrac{25000 \times 4}{100}}$

4000 francs seront rapportés en un temps 4000 fois plus grand ou $\dfrac{4000 \times 100}{25000 \times 4} = 4$

339. On a pu remarquer dans les problêmes ci-dessus que pour trouver l'intérêt d'une somme pendant 1 an, il faut multiplier le capital par le taux, et diviser le produit par 100; ainsi pour un capital de 1000 francs, placé à 5 p. 0/0, on aurait $\dfrac{1000 \times 5}{100}$, ce qui peut aussi s'écrire ainsi $1000 \times \dfrac{5}{100}$, ou, réduisant la fraction $\dfrac{5}{100}$ à sa plus simple expression, $1000 \times \dfrac{1}{20}$. On voit donc que pour avoir l'intérêt d'un an d'un capital placé à 5 p. 0/0, il suffit de le multiplier par $\frac{1}{20}$; c'est-à-dire d'en prendre le vingtième. Un calcul analogue pour les autres taux ferait reconnaître que :

$$
\text{Pour trouver l'intérêt d'un capital placé à}
\begin{cases}
6 \quad \text{p. 0/0 il faut multiplier le capital par} \quad \frac{3}{50} \\[2mm]
5,50 \quad \text{—} \quad \text{—} \quad \frac{11}{200} \\[2mm]
5 \quad \text{—} \quad \text{—} \quad \frac{1}{20} \\[2mm]
4,50 \quad \text{—} \quad \text{—} \quad \frac{9}{200} \\[2mm]
4 \quad \text{—} \quad \text{—} \quad \frac{1}{25} \\[2mm]
3,50 \quad \text{—} \quad \text{—} \quad \frac{7}{200} \\[2mm]
3 \quad \text{—} \quad \text{—} \quad \frac{3}{100} \\[2mm]
2,50 \quad \text{—} \quad \text{—} \quad \frac{1}{40} \\[2mm]
2 \quad \text{—} \quad \text{—} \quad \frac{1}{50}
\end{cases}
$$

540. Soit un capital de 10000 francs, placé à 5 p. 0/0 pendant 3 ans; sachant que l'intérêt de 1 an est 500 francs, et celui de 3 ans 1500, on peut, comme on l'a vu au problème premier, poser les deux proportions :

$$
\frac{100}{5} = \frac{10000}{500} \quad \text{et} \quad \frac{1}{3} = \frac{500}{1500}
$$

Si l'on multiplie entre elles et terme à terme ces deux proportions, on aurait :

$$
\frac{100}{3 \times 5} = \frac{10000 \times 500}{1500 \times 500}
$$

Ou, effaçant du dernier rapport le facteur commun, 500, ce qui, on le sait, ne change pas la valeur du rapport, on aurait :

$$
\frac{100}{3 \times 5} = \frac{10000}{1500}
$$

Si maintenant on convient de représenter :

3, ou le temps par	T
5, ou le taux par	t
10000, ou le capital par	C
1500, ou l'intérêt par	I

on aura la proportion générale :

$$
\frac{100}{T \times t} = \frac{C}{I}
$$

proportion d'où l'on peut tirer, en prenant successivement la valeur des quatre lettres qu'elle renferme, les quatre formules :

$$(1) \quad \mathrm{I} = \frac{\mathrm{C} \times \mathrm{T} \times t}{100} \qquad\qquad (2) \quad \mathrm{C} = \frac{100 \times \mathrm{I}}{\mathrm{T} \times t}$$

$$(3) \quad t = \frac{100 \times \mathrm{I}}{\mathrm{C} \times \mathrm{T}} \qquad\qquad (4) \quad \mathrm{T} = \frac{100 \times \mathrm{I}}{\mathrm{C} \times t},$$

formules qui peuvent servir à résoudre tous les problèmes d'intérêt, car il suffira d'y remplacer les lettres par les nombres correspondants donnés, puis d'effectuer les calculs, et qui peuvent se traduire par les règles pratiques suivantes :

1° *Pour trouver l'intérêt, il faut diviser par 100 le produit du capital multiplié par le temps du placement et le taux de l'intérêt;*

2° *Pour trouver le capital, il faut diviser le produit de 100 multiplié par l'intérêt, par le produit du temps par le taux;*

3° *Pour trouver le taux, il faut diviser le produit de 100 multiplié par l'intérêt, par le produit du capital par le temps;*

4° *Pour trouver le temps, il faut diviser le produit de 100 multiplié par l'intérêt, par le produit du capital par le taux.*

341. Si dans un problème d'intérêt le temps était donné en jours, il faudrait faire usage, au lieu du taux donné, qui est l'intérêt de 100 francs pour un an, du taux par jour, ou intérêt de 100 francs pour un jour, qui est égal au taux par an divisé par 365. L'intérêt du capital sera alors aussi calculé par jour. Il en serait de même si le temps était exprimé en mois, semaines, etc.; on ferait usage du taux par mois, par semaine, etc.

342. Quelquefois aussi l'énoncé d'un problème ne donne pas le capital et son intérêt séparés, il donne leur somme, comme dans le problème suivant:

Au bout d'un an de placement à 5 p. 0/0, on reçoit, capital et intérêt compris, la somme de 1050 fr.; quel était le capital placé?

Dans un cas pareil et dans quelques autres, les raisonnements précédents sont insuffisants ; mais on ne sera jamais arrêté si l'on songe que l'on peut avoir une image fidèle de ce qui se passe entre le capital et son intérêt, en faisant subir les mêmes combinaisons à 100 francs et au taux. Ainsi, là où le capital inconnu est devenu 1050$^{fr.}$ par l'addition de ses intérêts, 100 francs devient 105 francs, et il doit y avoir toujours même rapport entre 105 francs et la valeur primitive 100, qu'entre 1050 et la valeur primitive inconnue. On n'a donc qu'à poser la proportion :

$$\frac{105}{100} = \frac{1050}{x},$$

d'où :

$$x = \frac{1050 \times 100}{105} = 1000.$$

Ou bien, en employant la méthode de réduction à l'unité, on dirait :

105 francs sont formés par 100, capital, et   5, intérêt

1 franc serait formé par 105 fois moins, ou $\frac{100}{105}$, et $\frac{5}{105}$

1050 fr. sera formé par 1050 fois plus, ou $\frac{100 \times 1050}{105}$ et $\frac{5 \times 1050}{105}$

Si l'on traduisait en lettres la proportion précédente, en se servant des lettres déjà employées (n° 340), on aurait la proportion :

$$\frac{100 + t}{100} = \frac{C + I}{C}$$

Si le placement a été fait pendant un temps T, comme, dans ce cas, le taux devient T fois plus grand, ou $t \times T$, et l'intérêt aussi T fois plus grand, ou $I \times T$; on aurait la nouvelle proportion :

$$\frac{100 \times t \times T}{100} = \frac{C \times I \times T}{C}$$

au moyen de laquelle on pourra trouver une quelconque des quantités t, T, C et I, les trois autres étant connues.

343. Si, au lieu d'exiger tous les ans, tant que dure le placement, le payement des intérêts, on les laisse entre les mains de l'emprunteur, ils s'ajoutent chaque année au capital, et en forment un nouveau, qui donne lieu pour l'année suivante à de nouveaux intérêts. On voit donc que chaque année le capital et l'intérêt s'accroissent. Ce mode de placement est dit à *intérêt composé.*

Dans les problèmes de ce genre, après la première année l'intérêt ne sera plus proportionnel au capital primitif, ni au temps du placement, puisque capital et intérêt changent et augmentent chaque année.

344. Pour résoudre les problèmes d'intérêt composé, on est obligé de calculer année par année, ce qui les rend longs et compliqués ; certains même ne peuvent se résoudre que par des procédés en dehors de l'arithmétique.

Un exemple fera comprendre la manière de procéder ; soit le problème suivant :

Une somme de 1800 francs est placée à intérêt composé à 5 p. 0/0, pendant 4 ans; quel sera, au bout de ce temps, le nouveau capital?

On calculera, pour chaque année, le capital et l'intérêt, ainsi :
Pour la première année le capital est

$$1800 \qquad \text{l'intérêt,} \quad \frac{1800\times5}{100} = 90$$

Pour la deuxième année, le capital est:

$$1800+90=1890, \qquad \text{l'intérêt,} \quad \frac{1890\times5}{100} = 94,50$$

Pour la troisième année, le capital est :

$$1890+94,50=1984,50, \quad \text{l'intérêt,} \quad \frac{1984,50\times5}{100} = 99,22$$

Pour la quatrième année, le capital est :

$$1984,50+99,22=2083,72, \quad \text{l'intérêt,} \quad \frac{2083,72\times5}{100} = 104,18$$

A la fin de la quatrième année, le nouveau capital est donc $2083,72+104,18 = 2187,90$.

Du reste, dans tous les problèmes d'intérêt composé, se rappelant que l'on a dans 100 et le taux une image fidèle du capital et de son intérêt, on pourra toujours, en faisant subir à 100 et au taux les combinaisons indiquées par les données du problème, trouver deux quantités dont le rapport est toujours égal à celui du capital et de l'intérêt, et d'où l'on peut alors, soit par une proportion, soit par la réduction à l'unité, déduire soit la valeur du capital, soit celle de l'intérêt.

Soit par exemple le problème suivant :

Quel est le capital qui, placé à intérêt composé pendant 3 ans à 5 p. 0/0 est devenu au bout de ce temps 2300 francs?

On dira 100 francs à 5 p. 0/0 pendant 3 ans deviennent :

La 1re année   105 fr.

$$\text{La 2e année} \quad 105+\frac{105\times5}{100} = 105+5,25 = 110,25$$

$$\text{La 3e année} \quad 110,25+\frac{110,25\times5}{100} = 110,25+5,51 = 115,76.$$

et l'on posera alors la proportion

$$\frac{115,76}{100} = \frac{2300}{x}$$

d'où

$$x = \frac{2300\times100}{115,76} = 1988,50.$$

Ou bien l'on dira :

115,76 fr. sont produits $\left.\right\}$ de 100 fr.

1 fr. serait produit $\left.\right\}$ par un capital 115,76 fois plus petit, ou : $\dfrac{100}{115,76}$

2300 fr. seront produits $\left.\right\}$ 2300 fois plus grand, ou : $\dfrac{100 \times 2300}{115,76} = 1988,59$

345. Nous avons vu (n° 339) que pour trouver l'intérêt d'un certain capital en un an, il suffit de multiplier ce capital par une fraction formée du taux sur 100 ; donc pour trouver la valeur d'un capital C, en un an, à intérêt composé, il faut ajouter à C son intérêt d'un an, c'est-à-dire, en appelant t le taux, la fraction $\dfrac{C \times t}{100}$. La valeur du capital au bout d'un an serait donc $C + \dfrac{C \times t}{100}$, valeur que l'on peut aussi écrire $C \left(1 + \dfrac{t}{100}\right)$, (les parenthèses indiquant ici que C multiplie tout ce qu'elles renferment ; car si l'on effectuait cette multiplication, on voit qu'il faudrait multiplier 1 par C, ce qui donnerait C, puis $\dfrac{t}{100}$ par C, ce qui donnerait $\dfrac{C \times t}{100}$, les deux termes de la première formule). Il suit de là, que pour avoir ce que devient en un an un capital placé à intérêt composé, il suffit de le multiplier par $1 + \dfrac{t}{100}$ ou par $\dfrac{100 + t}{100}$, et de même pour chacune des années suivantes ; de sorte qu'un capital C placé, par exemple, pendant 3 ans, devient à la fin de la troisième année $C \times \dfrac{100 + t}{100} \times \dfrac{100 + t}{100} \times \dfrac{100 + t}{100}$.

346. RÈGLE : *Pour trouver ce que devient un capital placé à intérêt composé pendant un certain nombre d'années, il faut multiplier ce capital, autant de fois qu'il est placé d'années, par une expression fractionnaire, dont le numérateur est 100 augmenté du taux de l'intérêt, et dont le dénominateur est 100.*

Ainsi pour trouver ce que devient le capital 2000 francs

placé à 5 p. 0/0 à intérêt composé pendant 6 ans, il suffira de multiplier six fois 2000 par la fraction $\frac{105}{100}$.

Exercices pratiques.

J'ai placé, il y a 20 ans, à 4 p. 0/0 un capital de 25000 francs, à intérêts simples, combien m'a-t-il rapporté d'intérêt?

Combien rapporte en 2 ans, 8 mois, 17 jours, une somme de 20000 francs à 4 $\frac{1}{2}$ p. 0/0, intérêt simple.

A quel taux faudrait-il placer une somme de 1800 francs à intérêt simple, pour qu'en 10 ans elle ait rapporté une somme égale?

Deux sommes placées à intérêts simples, l'une pendant 3 ans à 4 $\frac{1}{2}$ p. 0/0, l'autre pendant 5 ans à 3 p. 0/0, ont rapporté chacune 2500 francs; quelles sont ces deux sommes?

(5) Un homme possède un capital de 28255 francs, à quel taux doit-il le placer pour se faire une rente annuelle de 1000 francs?

Un voyageur à son départ avait déposé chez son banquier, au taux de 3 $\frac{1}{2}$ p. 0/0, intérêt simple, une somme de 100000 francs, à son retour on lui a restitué 100235 francs, combien de temps a-t-il été absent?

Un employé, qui gagne 3258 francs, place chaque année, à intérêt composé, à 4 $\frac{1}{2}$ p. 0/0 les $\frac{3}{20}$ de son traitement, il continue ainsi pendant 5 ans, quelle somme aura-t-il alors?

Deux sommes placées, l'une à intérêt simple à 7 p. 0/0, l'autre à intérêt composé à 5 p. 0/0, ont en deux ans produit chacune 1500 francs d'intérêt; quelles sont ces deux sommes?

Mon père a placé pour moi, quand j'ai eu 18 ans, une certaine somme à intérêt composé à 6 p. 0/0; à 25 ans, je l'ai retirée, et j'ai reçu 21275 francs; quel était le capital primitif?

(10) Quel placement est le plus avantageux au bout de 5 ans, de placer 18000 francs à 5 p. 0/0 à intérêt simple, où à 4 $\frac{1}{2}$ p. 0/0 à intérêt composé?

RÈGLE D'ESCOMPTE.

347. Toutes les fois que dans le commerce de l'argent est prêté, l'emprunteur donne en échange, soit un billet à ordre, soit une lettre de change, c'est-à-dire une reconnaissance constatant qu'il doit telle somme à telle personne, et qu'il la lui payera à telle époque ; et ce n'est qu'à cette époque fixée, que l'on nomme *échéance*, que le créancier a droit d'exiger le remboursement. Mais s'il désire être payé avant, il le peut, moyennant le sacrifice d'une partie de la somme à laquelle il a droit, et que le débiteur retient comme dédommagement du tort que peut lui causer un remboursement prématuré. C'est cette retenue faite sur la somme due, lors de son payement avant l'échéance, que l'on appelle *escompte*.

348. De même que l'intérêt, l'escompte se règle d'après un taux, c'est-à-dire d'après la retenue que l'on ferait sur une somme de 100 francs payée un an avant l'échéance ; et l'on dit de même que le taux de l'escompte est à 6, 5, 4 p. 0/0, suivant que l'on retient 6, 5, 4, etc., francs, sur 100 francs payés un an avant l'époque fixée.

349. L'escompte se calcule sur le temps qui reste à courir du jour du remboursement prématuré au jour fixé de l'échéance.

Ainsi, une somme est placée pour un an, on la retire trois mois après, l'escompte se calculera sur les neuf mois pendant lesquels la somme eût dû rester encore placée.

Considéré ainsi, l'escompte s'appelle *escompte en dehors*.

350. On voit donc que dans les questions d'escompte, comme dans celles d'intérêt, il y a quatre quantités à considérer, savoir :

Le capital, ou montant du billet ;
Le taux de l'escompte ;
Le temps, depuis le remboursement jusqu'à l'échéance ;
La somme représentant la valeur de l'escompte.

De là aussi quatre problèmes, suivant que trois de ces quantités étant connues on cherche la quatrième.

11.

Ces problèmes se résolvent de même que les problèmes correspondants d'intérêt, car la retenue que l'on fait sur le montant d'un billet par l'escompte en dehors est égale à l'intérêt de cette somme placée, au même taux, pendant le temps qui reste à courir jusqu'à l'échéance. Seulement, au lieu de s'ajouter au capital, le résultat doit en être retranché.

Exemple : *Un billet de 5000 francs est payable dans un an ; on en réclame le payement au bout de 3 mois, quelle est la somme à payer, le taux de l'escompte étant de 6 p. 0/0 ?*

La retenue à faire sera égale à l'intérêt de 5000 francs placés à 6 p. 0/0 pendant 1 an moins 3 mois, ou 9 mois.

On cherchera donc, soit par les proportions, soit par la réduction à l'unité, l'intérêt de 5000 francs pour 9 mois, on trouvera pour sa valeur 225 francs, la somme à payer sera donc 5000 — 225 ou 4775.

Les raisonnements et les règles pratiques donnés pour le calcul des intérêts sont donc applicables au calcul de l'escompte en dehors.

551. L'escompte en dehors est à peu près le seul usité en France ; mais dans certains pays on fait usage de l'*escompte en dedans*. Dans ce genre d'escompte, on considère le montant du billet comme égal à la somme à payer au moment où le payement est réclamé augmentée de ses intérêts jusqu'à l'échéance, et l'escompte alors n'est autre chose que l'intérêt de la somme que le débiteur paye actuellement, intérêt calculé jusqu'à l'échéance, et qu'il prélève sur le montant du billet.

Ainsi, un billet de 5000 est à payer dans un an ; trois mois après on en réclame le payement ; le débiteur considère alors 5000 francs, non comme ce qu'il doit, mais comme étant la somme qu'il doit et va payer augmentée de ses intérêts pendant 9 mois ; il a alors à résoudre le problème suivant, déjà connu :

Une somme placée 9 mois à 5 p. 0/0, a produit, capital et intérêt compris, 5000 francs, quelle est cette somme ?

Cherchant ce que deviennent 100 francs en 9 mois, on dira :

en 12 mois 100 francs s'accroissent de $\quad\quad\quad$ 5 fr.

en 1 mois ils s'accroissent de 12 fois moins, ou de $\quad\quad \dfrac{5}{12}$

en 9 mois de 9 fois plus, ou de $\quad\quad\quad\quad \dfrac{5\times 9}{12} = 3,75$

en 9 mois 100 francs deviennent donc 103,75; on dira alors :

103,75 sont produits par $\quad\quad\quad\quad\quad\quad$ 100 francs.

1 franc sera produit par 103,75 fois moins, ou $\quad \dfrac{100}{103,75}$

5000 seront produits par 5000 fois plus, ou $\quad \dfrac{100\times 5000}{103,75} = 4819,27$

La somme à payer sera 4819,27, et la retenue est de 5000 — 4819,27 ou de 180,73 ; tandis qu'en calculant l'intérêt en dehors, la retenue eût été de 187,50, ou plus forte ; c'est qu'en effet, dans l'escompte en dedans on ne retient que l'intérêt de la somme qu'on paye, tandis que dans l'escompte en dehors on retient l'intérêt de la somme totale, c'est-à-dire l'intérêt de la somme qu'on paye et de celle qu'on retient.

De ce que nous venons de dire, on peut tirer les règles pratiques suivantes.

552. 1ʳᵉ RÈGLE : *Pour trouver l'escompte en dehors d'une somme, il faut faire le produit du montant du billet par le taux et le nombre de mois ou de jours qui restent à courir jusqu'à l'échéance, et diviser ce produit par 100, multiplié par 12, si le temps est exprimé en mois, et par 365 s'il l'est en jours ; le résultat est la somme à retenir.*

553. 2ᵉ RÈGLE : *Pour trouver l'escompte en dedans d'une somme, il faut faire le produit du montant du billet par 100, puis le diviser par 100 augmenté du taux multiplié par le temps, mois ou jours, qu'il reste à courir, et divisé par 12, si le temps est exprimé en mois, et par 365 s'il l'est en jours, le résultat est la somme à payer.*

Exercices pratiques.

J'ai placé 200000 francs pour 7 mois ; je les retire au bout de 66 jours, combien doit-on me payer, l'escompte étant en dehors, au taux de 6 p. 0/0.

J'ai placé une somme 18000 fr. pour 3 ans ; je la retire au

bout de 1 an, et l'on ne me paye que 15480 francs, quel était le taux de l'escompte en dehors ?

Une somme de 10000 francs était placée, on la retire avant l'échéance, et l'escompte en dehors à 5 p. 0/0 a été de 131 $^{fr.}$ 51, combien de temps restait-il à courir jusqu'à l'échéance ?

L'escompte étant en dehors, à 6 p. 0/0, on a retenu sur un billet qui avait encore 6 mois à courir 62 $^{fr.}$,25, quel était le montant du billet ?

(5) Un billet était payable le 1er août ; on en réclame le paye-ment le 1er avril, et le montant a été réduit à 1318 francs; quel était le montant du billet, l'escompte étant en dehors et à 6 p. 0/0.

A quel taux faut-il escompter en dehors un billet de 860 fr. pour que, ayant à le payer 1 an $\frac{1}{2}$ avant l'échéance, la retenue soit égale à ce qu'aurait produit d'intérêt en ce même temps un billet de 1000 francs à 5 p. 0/0.

Quelle est la retenue à faire par l'escompte en dedans à 7 p. 0/0 sur un billet de 10000$^{fr.}$ dont le payement a été réclamé 33 jours avant l'échéance ?

Pour un billet de 5000 francs , un banquier ne me donne que 4952, à quel taux a-t-il fait l'escompte en dehors, le billet ayant encore 3 mois 8 jours à courir ?

Un marchand achète pour 3000 kilogrammes de sucre ; il pourrait ne payer que 1 an après ; il préfère payer de suite, en faisant un escompte en dedans à 4 $\frac{1}{2}$ p. 0/0 ; à com-bien monte sa dette ?

(10) Quelle est la valeur d'un billet de 10000 francs, payable dans 3 ans, au moment où on le reçoit, l'escompte étant en de-dans et à 5 p. 0/0.

RÈGLE DE SOCIÉTÉ ET DE PARTAGE.

554. Les règles de société et de partage ont toutes pour but de partager un nombre en plusieurs autres, dont cha-cun remplisse certaines conditions données.

Des associés ont mis leurs fonds en commun pour une entreprise commerciale, à la fin de l'année on fait le par-tage du gain commun , or, le simple bon sens dit que le gain de chacun doit être d'autant plus grand que sa mise de fonds a été plus considérable, de sorte que celui qui a mis le double d'un autre doit avoir aussi une part de gain double; en un mot le gain doit être partagé proportionnellement aux mises; et entre deux parts de gain il doit y avoir le même rapport qu'entre les deux mises correspondantes; ce problème sera une règle de société.

On voudrait partager une longueur, une corde par exemple, en deux parties, dont l'une soit le cinquième de l'autre, ceci sera une règle de partage.

La même méthode résout ces deux genres de problèmes. Soit le problème suivant.

555. *3 associés ont fait une société, le premier a mis 1000 francs, le deuxième 2400, le troisième 2600; le gain total a été de 1500 francs, quelle est la part de chacun?*

(*Par les proportions.*) Le gain total a été produit par les mises réunies, ou par $1000+2400+2600$ ou 6000; or, chaque franc de la mise totale a également coopéré au gain; donc le gain doit être proportionnel au nombre des francs qui l'ont produit, donc il y a même rapport entre deux mises et les deux gains correspondants, ou entre la mise totale et chaque mise particulière, qu'entre le gain total et chaque gain particulier; on peut donc pour chaque mise poser les proportions :

pour la 1re mise $\dfrac{6000}{1000}=\dfrac{1500}{x}$ d'où : $x=\dfrac{1500\times1000}{6000}=250$

pour la 2e mise $\dfrac{6000}{2400}=\dfrac{1500}{x}$ d'où : $x=\dfrac{1500\times2400}{6000}=600$

pour la 3e mise $\dfrac{6000}{2400}=\dfrac{1500}{x}$ d'où : $x=\dfrac{1500\times2600}{6000}=650$

(*Par la réduction à l'unité.*) Ayant de même fait la somme des mises, on dira :

6000 francs ont produit un gain de $\qquad$ 1500

1 franc eût produit un gain 6000 fois moindre, ou $\dfrac{1500}{6000}$

1000 francs produiront un gain 1000 fois plus fort, ou $\dfrac{1500\times1000}{6000}=250$

2400 francs produiront un gain 2400 fois plus fort, ou $\dfrac{1500\times2400}{6000}=600$

2600 francs, produiront un gain 2600 fois plus fort, ou $\dfrac{1500\times2600}{6000}=650$

556. Il peut arriver dans une règle de société que les mises des associés ne soient pas toutes restées le même temps dans l'entreprise; alors il est évident que la mise qui est restée le plus de temps, ayant contribué plus que les autres au gain total, doit avoir aussi une plus forte part du gain que toutes les autres, qui, lui étant égales d'ailleurs, sont restées moins de temps; dans ce cas, pour le calcul des gains particuliers, il faut tenir compte non-seulement de la valeur de chaque mise, mais encore du temps pendant lequel elle est restée dans l'entreprise.

Exemple : *Trois associés ont fait une société ; l'un a mis 1800 francs pendant 2 ans, l'autre 1500 francs pendant 3 ans, l'autre 2000 francs pendant 4 ans ; le gain total est 3000 francs ; quelle est la part de chacun ?*

L'on dira : La somme de 1800 francs pendant 2 ans a rapporté autant qu'une somme double, ou 1800×2, placée pendant un an ; donc, au lieu de considérer 1800 francs placés pendant 2 ans, on peut considérer 1800×2 ou 3600 placés pendant 1 an ; de même 1500 francs placés pendant 3 ans ont rapporté autant que 1500×3, ou 4500 placés pendant 1 an, et 2000 francs, placés pendant 4 ans, ont rapporté autant que 2000×4, ou 8000 francs placés pendant 1 an ; donc, au lieu de considérer les mises données, et leurs temps différents de placement, nous considérerons les mises artificielles, 3600, 4500 et 8000, qui rapportent autant que les mises données, et ont une même durée de placement. Le problème rentre alors dans le cas précédent, se résout de même, et donne pour valeur du gain de chaque mise :

$$\text{Gain de la 1re mise} \quad \frac{3000 \times 3600}{16100} = 670{,}807$$

$$\text{Gain de la 2e mise} \quad \frac{3000 \times 4500}{16100} = 838{,}507$$

$$\text{Gain de la 3e mise} \quad \frac{3000 \times 8000}{16100} = 1490{,}685$$

Somme égale au gain total : 2999,999 à 1 millième près.

557. *Partager un nombre, 1800, en trois parties qui soient entre elles comme les nombres 2, 3, 5.*

(*Par les proportions.*) Les trois parties doivent être entre elles comme les nombres 2, 3, 5, c'est-à-dire qu'il doit y avoir le même rapport entre la 1re et la 2e partie qu'entre 2 et 3, entre la 2e et la 3e partie qu'entre 3 et 5, entre la 1re et la 3e qu'entre 2 et 5. Si le nombre à partager était 2+3+5 ou 10, les parties seraient 2, 3, 5 ; or, autant de fois le nombre à partager est plus grand que 10, autant de fois les parties doivent être plus grandes que les nombres 2, 3, 5. Il y a donc même rapport entre 1800 et 10 qu'entre les trois parties cherchées et 2, 3, 5 ; on peut donc poser les proportions suivantes :

$$\frac{1800}{10} = \frac{x}{2} \quad \text{d'où} : x = \frac{1800 \times 2}{10} = 360$$

$$\frac{1800}{10} = \frac{x'}{3}, \quad \text{d'où} : x' = \frac{1800 \times 3}{10} = 540$$

$$\frac{1800}{10} = \frac{x''}{5}, \quad \text{d'où} : x'' = \frac{1800 \times 5}{10} = 900$$

(*Par la réduction à l'unité.*) Ayant fait la somme, 10, des nombres 2, 3, 5, on dira Si le nombre était 10, les parties seraient :

$$2 \qquad\qquad 3 \qquad\qquad 5$$

Si le nombre était 1, elles seraient 10 fois plus petites, ou :

$$\frac{2}{10} \qquad\qquad \frac{3}{10} \qquad\qquad \frac{5}{10}$$

Le nombre étant 1800, elles seront 1800 fois plus grandes, ou :

$$\frac{2 \times 1800}{10}, \qquad \frac{3 \times 1800}{10}, \qquad \frac{5 \times 1800}{10}$$

qui donnerait les mêmes valeurs que ci-dessus.

358. Des exemples qui précèdent, on peut déduire la règle pratique suivante.

RÈGLE : *Pour partager un nombre en parties proportionnelles, soit à des mises de divers associés, soit à des nombres donnés, on fait la somme de ces mises ou de ces nombres, puis, multipliant le nombre à partager successivement par chaque mise, ou chaque nombre donné, on divise chaque produit par la somme de ces mises ou de ces nombres; le quotient est la partie correspondante.*

359. Souvent les conditions que doivent remplir les parties de la somme à partager ne sont pas, comme dans les exemples précédents, exprimées par des nombres auxquels ces parties doivent être proportionnelles; en ce cas, il faut faire subir à ces données des transformations préalables, qui les remplacent par des nombres de ce genre. Voici des exemples des cas les plus fréquents :

Partager un nombre en parties qui soient entre elles comme $\frac{1}{4}$, $\frac{2}{3}$, $\frac{2}{5}$, *etc.*

Réduisons ces trois fractions au même dénominateur; elles deviennent :

$$\frac{15}{60} \quad \frac{40}{60} \quad \frac{24}{60}$$

fractions égales aux précédentes, et ayant entre elles les mêmes rapports. Ces rapports resteront encore les mêmes si l'on multiplie ces trois fractions par le même nombre; on peut donc effacer leurs dénominateurs, c'est-à-dire les rendre 60 fois plus grandes, et l'on obtiendra ainsi les trois nombres entiers :

$$15 \quad 40 \quad 24$$

proportionnellement auxquels il faudra partager le nombre donné.

Partager un nombre en parties telles que la 2ᵉ soit le triple de la 1ʳᵉ, que la 3ᵉ vaille autant que la somme de la 1ʳᵉ et de la 2ᵉ, et que la 4ᵉ vaille 2 fois la 3ᵉ.

Si la 1ʳᵉ partie était 1, d'après l'énoncé du problème, la 2ᵉ serait 3, la 3ᵉ serait 3+1 ou 4, et la 4ᵉ 4×2 ou 8; il suffira donc de partager le nombre donné en parties proportionnelles aux nombres

$$1 \quad 3 \quad 4 \quad 8$$

Partager un nombre en parties telles que la 2ᵉ soit les $\frac{3}{8}$ *de la première, la 3ᵉ les* $\frac{2}{11}$ *de la 2ᵉ .etc.*

Si la 1re partie était 1, la 2e serait $\frac{3}{8}$, la 3e serait $\frac{3}{8} \times \frac{2}{11}$ ou $\frac{6}{88}$; réduisons 1 $\frac{3}{8}$ et $\frac{6}{88}$ au même dénominateur, il vient :

$$\frac{88}{88} \qquad \frac{33}{88} \qquad \frac{6}{88}$$

Effaçons le dénominateur, ce qui n'altère point les rapports, et nous obtenons les nombres entiers :

$$88 \qquad 33 \qquad 6$$

proportionnellement auxquels on partagera le nombre donné.

Partager un nombre donné en parties telles que la 1re soit à la 2e comme 2 est à 3, la 2e à la 3e comme 4 est à 5, etc.

Dire que la 1re est à la 2e comme 2 est à 3, revient à dire que, la 1re étant 1, la 2e est $\frac{3}{2}$, car 3 est $\frac{3}{2}$ de 2; dire que la 2e est à la 3e comme 4 est à 5, c'est dire que 3 est les $\frac{5}{4}$ de la 2e; or la 2e étant $\frac{3}{2}$, la 3e sera les $\frac{5}{4}$ de $\frac{3}{2}$ ou $\frac{5}{4} \times \frac{3}{2}$ ou $\frac{15}{8}$; le problème revient donc à partager le nombre donné en parties proportionnelles aux nombres fractionnaires :

$$1 \qquad \frac{3}{2} \qquad \frac{15}{8}$$

ou, en les réduisant au même dénominateur, puis effaçant les dénominateurs :

$$16 \qquad 24 \qquad 30$$

Ces quelques exemples suffisent pour faire voir la marche à suivre dans les cas les plus compliqués.

Les problèmes inverses peuvent aussi se présenter, c'est-à-dire que, par exemple, les gains de divers associés étant connus, ainsi que la somme des mises et le gain total, on peut demander quelles étaient les mises de chacun. Une marche identique conduira à la solution, si l'on se pénètre bien du rapport constant entre les mises et le gain total, et entre chaque mise particulière et le gain correspondant.

Exercices pratiques.

Une société est composée de 4 associés, qui ont mis respectivement, 1800, 2500, 130000, 1500 francs, le gain total est de 150000 francs, quelle est la part de chacun ?

Je rencontre cinq pauvres, qui ont respectivement 55, 70, 60, 88, 85 ans, je leur donne 40 francs, en leur disant de se les partager proportionnellement à leurs âges, combien chacun doit-il avoir ?

J'ai mis, il y a 10 ans, 100000 francs dans mon commerce, 5

ans après j'ai pris un associé qui m'a apporté 35000 francs ; je vends ma maison de commerce, et j'en retire 295000, retirant d'abord chacun notre mise de fonds, quelle part revient-il à chacun sur le restant?

Notre capital est de 30000 francs, j'ai eu pour ma part de gain 6500 francs, mon associé a eu 4204, quelle est sa mise?

(5) Une société se sépare, le plus ancien associé date de 25 ans, et a apporté 100500 francs; 3 ans après un autre est venu apportant 5600 francs; 4 ans après celui-ci, un troisième a apporté 200000 francs, le gain réalisé a été de 2800000 francs, quelle sera la part de chacun?

Trois communes ont fourni ensemble à la conscription 960 hommes ; l'une est de 18000 âmes, l'autre de 25000, l'autre de 12000, combien d'hommes chacune a-t-elle fournis?

Partager le nombre 18684 en 5 parties telles que la 2e étant le $\frac{1}{3}$ de la 1re, la 3e soit $\frac{1}{4}$ de leur somme, la 4e les $\frac{2}{5}$ de la 2e et la 5e les $\frac{7}{8}$ de la 1re.

Partager le nombre 12222 en 4 parties telles que la 1re soit à la 2e comme 7 est à 2$\frac{1}{2}$, que la 2e soit à la 3e comme 4 est à 6, la 4e à la 3e comme 250 est à $\frac{12}{8}$?

Partager le nombre 8706 en quatre parties telles que les rapports de la 1re à la 2e, de la 2e à la 3e, de la 3e à la 4e, soient égaux aux nombres 15, 18, 21.

(10) On a partagé un nombre en 4 parties proportionnelles aux nombres 2$\frac{1}{2}$, 3$\frac{1}{5}$, 8, 9, la première partie est 175, quel est le nombre à partager?

Partager le nombre 625252625 en 5 parties telles, que la 1re soit le produit de la 2e par 3, la 2e le produit de la 3e par 4, la 3e le produit de la 4e par 5, et la 4e le produit de la 5e par 6?

RÈGLE DE MÉLANGE ET D'ALLIAGE.

560. Les règles de mélange et d'alliage sont relatives aux problèmes auxquels peut donner lieu, soit le mélange de substances de valeurs différentes, soit l'alliage de métaux divers.

Nous rappellerons ici que l'on entend par alliage le mélange de deux métaux par voie de fusion, et par titre de l'alliage la fraction qui exprime le rapport des deux quantités de métal mélangées.

Les problèmes de mélange et d'alliage peuvent se ramener à deux types principaux :

1° Étant donnés les quantités et les valeurs des substances ou les titres de métaux que l'on allie, on propose de trouver la valeur du mélange, ou le titre de l'alliage.

2° Étant donné une valeur ou un titre, trouver en quelle proportion il faut mélanger certaines substances ou allier certains métaux, pour que le mélange ou l'alliage ait cette valeur ou ce titre.

Voici la marche à suivre dans ces deux problèmes. Prenons l'exemple suivant.

361. 1° *On mélange ensemble 110 litres de vin à 1ᶠʳ·,20 le litre ; 90 litres à 2 francs ; 165 litres à 0ᶠʳ·,73 ; on demande le prix d'un litre du mélange ?*

On peut connaître de suite le nombre de litres du mélange ; il sera égal à 110 +90+165 ou 365 litres, dont la valeur totale sera de même la somme des valeurs des quantités de vin de chaque espèce. Pour la première espèce la valeur est 100×1,20. pour la seconde 90×2, pour la troisième 165×0,75, ou, en effectuant, 132 francs, 180 francs, 123 fr. 75 ; leur somme est 432 fr. 75 ; donc un litre vaudra 365 fois moins, ou $\dfrac{433,75}{365}$ ou 1 fr. 15.

Quelles que soient les matières que l'on mélange, cette manière d'opérer est générale ; on peut donc en déduire la règle pratique suivante :

562. RÈGLE : *Pour trouver la valeur ou le titre d'une unité du mélange de plusieurs quantités de valeurs ou de titres divers, on fait la somme des produits de chacune de ces quantités par la valeur ou le titre de son unité, et l'on divise cette somme par la somme de ces quantités. Le quotient est la valeur ou le titre cherché.*

563. 2° *On voudrait mélanger ensemble du vin à 2ᶠʳ·,50 le litre avec du vin à 1ᶠʳ·,25, de telle sorte que le litre du mélange vaille 1ᶠʳ·,50 ; en quelle proportion faut-il les mélanger ?*

Le mélange opéré, on vendra le vin qui vaut 2 fr. 50 à 1 fr. 50 le litre ; on perdra donc 2,50 — 1,50 ou 1 franc par litre de ce vin ; au contraire, le vin à 1 fr. 25, on le vendra 1 fr. 50, et l'on gagnera 0,25 par litre ; il faut donc mettre de celui-ci une quantité assez grande pour combler, au moyen de 0 fr. 25 de gain, la perte de 1 franc que l'on fait sur le premier, et comme 1 franc contient 4 fois 0 fr. 25, pour un litre de vin à 2 fr. 50, il faudra mettre 4 litres de vin à 0 fr. 25 ; il faudra donc les mélanger dans la proportion de 1 à 4, rapport représenté par la fraction $\frac{1}{4}$, c'est-à-dire que la quantité du premier vin doit être le quart de celle du second.

Si le nombre de litres d'une espèce de vin était fixé, si, par exemple, l'énoncé du problème demandait d'employer 40 litres du premier vin, il suffirait de multiplier par 40 les deux termes de la fraction $\frac{1}{4}$ pour avoir les quantités des deux espèces de vin à mélanger, elle devient en effet $\frac{40}{160}$; donc pour 40 litres de vin à 2 fr. 50, il faut employer 160 litres à 1 fr. 25.

Soit maintenant un problème d'alliage :

On voudrait faire un lingot d'argent au titre de $\frac{8}{10}$ de fin, avec de l'argent au titre de $\frac{6}{10}$ et de l'argent au titre de $\frac{9}{10}$, dans quelle proportion faut-il allier ces deux métaux ?

On dira de même, l'alliage étant fait, le métal au titre de $\frac{9}{10}$ est devenu à $\frac{8}{10}$, il a donc perdu $\frac{1}{10}$; l'alliage à $\frac{6}{10}$ est devenu à $\frac{8}{10}$, il a donc gagné $\frac{2}{10}$; or les $\frac{2}{10}$ en plus de celui-ci ont été fournis par le $\frac{1}{10}$ en moins du premier, donc il faut prendre du premier métal à $\frac{9}{10}$ une quantité suffisante pour fournir les $\frac{2}{10}$ en plus du second avec $\frac{1}{10}$ en moins, et comme $\frac{2}{10}$ contient 2 fois $\frac{1}{10}$, il faudra prendre 2 fois plus du premier métal que du second, c'est-à-dire les mélanger dans le rapport de 2 à 1.

De ce raisonnement général on peut tirer la règle pratique suivante :

364. RÈGLE : *Pour trouver en quelle proportion il faut mélanger deux substances, ou allier deux métaux pour que le mélange ou l'alliage ait une valeur ou un titre donné, il faut chercher les différences entre les valeurs ou titres primitifs, et la valeur ou le titre final, puis diviser la plus grande de ces différences par la plus petite, le quotient donne la proportion qu'il faut prendre de la substance ou du métal qui a donné la plus haute différence, la proportion de l'autre étant représentée par 1.*

365. Si pour faire un mélange d'un prix donné, on veut employer plus de deux substances différentes, le problème est alors ce que l'on appelle indéterminé; c'est-à-dire que l'on peut trouver une foule de solutions qui satisfont parfaitement aux conditions du problème. Aussi ne peut-on résoudre un problème de ce genre d'une manière déterminée que dans le cas où la proportion de deux de ces substances est fixée d'avance.

Exemple. *Un marchand veut mélanger du vin à 1 $^{fr.}$,50 avec du vin à 2 francs et du vin à 3 $^{fr.}$,50, de manière que le litre du mélange vaille 2 $^{fr.}$,50.*

En raisonnant comme précédemment, on voit que sur le vin à 1 fr.50, vendu 2 fr. 50, il gagne 1 franc ; que sur le vin à 2 francs vendu 2 fr.50, il gagne 0 fr. 50, et que sur le vin à 3 fr. 50 vendu 2 fr. 50 il perd 1 franc ; donc d'un côté il gagne 1 fr.50, de l'autre il perd 1 franc ; mais ceci en admettant que l'on mélange un litre du premier avec un litre du second, c'est-à-dire en admettant que l'on prend une quantité égale des deux premiers vins ; or, l'on peut supposer que l'on mélange ces deux vins dans toute autre proportion, qui donnera un gain tout différent, et par suite une proportion différente pour le vin de la troisième espèce. Donc autant de suppositions différentes dans la proportion des deux premiers vins, autant de proportions différentes dans la quantité à prendre du troisième, autant de solutions différentes. Dans ce cas, on est réduit à supposer une proportion quelconque pour les quantités de vin des deux premières espèces, comme, par exemple, 7 litres du premier et 12 liters du second, et l'on détermine alors la proportion correspondante du troisième.

366. RÈGLE : *Pour faire un mélange ou un alliage d'un prix ou d'un titre donné avec plus de deux substances ou de deux métaux, il faut supposer à volonté certaines proportions pour tous, excepté le dernier, à moins qu'elles ne soient données par l'énoncé, puis, cherchant par la règle (362) le prix du mélange ou le titre de l'alliage des premiers, on détermine ensuite par la règle (364) la proportion dans laquelle on doit prendre la dernière substance ou le dernier métal, pour que, ajouté au mélange précédent, on ait le prix ou le titre demandé.*

367. A la règle de mélange se rattache aussi la règle que l'on désigne sous le nom de *règle des moyennes.*

Il arrive fréquemment dans la pratique, soit par l'inexactitude des instruments de mesure, soit par le peu d'habileté de celui qui les manie, que plusieurs personnes mesurant successivement une même quantité trouvent chacune pour sa mesure un nombre différent. Comme on n'a aucune raison suffisante pour préférer l'un à l'autre, on admet pour vraie valeur de la quantité ce que l'on appelle une *moyenne* entre toutes les valeurs trouvées.

368. RÈGLE : *On trouve cette valeur moyenne en faisant la somme de toutes les valeurs trouvées, et divisant cette somme par le nombre de ces valeurs.*

Ainsi, en mesurant une distance avec la chaîne d'arpenteur, on a trouvé en quatre opérations successives les quatre valeurs $25^{décam.},12$; $26^{décam.},18$; $25^{décam.},09$; $25^{décam.},15$; pour avoir la valeur moyenne, on fait la somme de ces quatre longueurs, ce qui donne 100,54, et on la divise par 4 ; le quotient $25^{décam.},135$ est considéré comme la vraie valeur de la distance mesurée.

Exercices pratiques.

On mélange ensemble quatre espèces de farines, savoir 175 sacs à 28 francs le sac ; 28 sacs à 32 francs ; 92 sacs à 25 francs et 100 sacs à $20^{fr.},75$; on demande le prix d'un sac de mélange ?

Un orfèvre fond ensemble un lingot d'or pesant $3^{kil.},2897$ au titre de $\frac{7}{10}$ de fin ; un lingot d'or pesant $3^{kil.},29564$ au titre de $\frac{9}{10}$, et un lingot d'argent pur pesant $0^{kil.},89537$; quel est le titre de l'alliage ?

Dans un mélange de 600 litres de vin à $1^{fr.},50$, on sait qu'il entre 400 litres de vin à 2 francs, quel est le prix de l'autre vin ?

A quel prix faut-il vendre un mélange à parties égales de froment à $19^{fr.},70$ l'hectolitre, $21^{fr.},50$ et $17^{fr.}80$, pour gagner 10 p. 0/0 sur le prix d'achat ?

(5) Dans quelle proportion faut-il mélanger du froment à $21^{fr.},80$ l'hectolitre et à $16^{fr.},75$, pour faire du froment à 20 francs ?

On voudrait faire de l'argent à $\frac{8}{10}$ de fin avec de l'argent à $\frac{9}{10}$ et de l'argent à $\frac{6}{10}$, dans quelle proportion faut-il les mélanger ?

Pour faire un lingot d'or du poids de $3^{kil.},895$ au titre de $\frac{7}{10}$ combien faut-il prendre d'or pur et d'or au titre de $\frac{9}{10}$?

Dans quelles proportions peut-on mélanger des vins à 3 francs, à 2$^{fr.}$,50 et à 0$^{fr.}$,50, pour que le mélange vaille 1 franc et qu'il y ait 100 litres?

J'ai fait un mélange de 12 litres d'alcool à 3$^{fr.}$,25 le litre, de 3 litres de sirop à 4$^{fr.}$,20, combien devrais-je y ajouter d'eau-de-vie à 1$^{fr.}$,75 pour pouvoir vendre le litre du mélange 2$^{fr.}$,15.

Le plomb pèse 11 fois plus que l'eau, l'or 19 fois plus et l'argent 8 fois plus, j'ai fondu ensemble 12 décimètres cubes de chacun de ces trois métaux, quel sera le poids de 10 décimètres cubes de cet alliage ?

RÈGLE DE FAUSSE POSITION, PROBLÈMES DIVERS.

569. Les méthodes que nous venons d'exposer donnent, on le voit, la solution de nombreux problèmes, mais il en est d'autres, fort nombreux aussi, et souvent fort utiles, qui, échappant à la classification précédente, ne sauraient se résoudre par les mêmes procédés, et dans lesquels le raisonnement seul, raisonnement variable suivant le problème, peut conduire à la solution ; nous ne saurions donc pour ceux-ci indiquer aucune méthode générale, aucune règle pratique. Le jugement, la réflexion, l'habitude, voilà, en réalité, les seuls auxiliaires sur lesquels l'élève puisse compter ; néanmoins nous ne croirions pas avoir rempli notre tâche, si nous ne cherchions par quelques exemples à figurer à ses yeux la marche que doit suivre tout bon raisonnement, et à habituer son esprit aux spéculations un peu abstraites de certaines questions.

Dans la solution des problèmes, le raisonnement peut procéder de deux manières, que nous désignerons par les noms d'analyse et de synthèse.

Par l'*analyse*, un problème étant donné, on examine successivement chacune des données, on cherche à saisir quelles conditions de grandeur chacune d'elles impose au nombre cherché ; puis on les compare entre elles, et l'on finit ainsi par constituer un nombre remplissant toutes leurs conditions particulières et réciproques.

Par la *synthèse*, nommée aussi *règle de fausse position,*

on suppose un nombre quelconque pour valeur du nombre inconnu, on le soumet successivement aux diverses conditions du problème, et l'on tâche de découvrir, d'après celles de ces conditions qu'il ne remplit pas, comment il faut le modifier pour qu'il devienne le nombre cherché.

370. (1) *Une fermière vend à un premier village la moitié de ses œufs, plus la moitié d'un œuf; à un second village, la moitié de ce qui lui reste, plus la moitié d'un œuf, et il lui reste 5 œufs; combien avait-elle d'œufs, sachant de plus que chaque marché doit se faire sans casser aucun œuf.*

À chaque marché la fermière vend la moitié du nombre d'œufs qu'elle a, plus $\frac{1}{2}$ œuf; si elle ne vendait que la moitié de ses œufs, il lui en resterait autant, mais elle vend $\frac{1}{2}$ œuf de plus, dont il lui en reste un nombre égal à celui vendu, mais diminué de ce $\frac{1}{2}$ œuf; dès lors le reste 5 est égal du nombre d'œufs vendu au dernier village, mais moins $\frac{1}{2}$ œuf; si donc nous y ajoutons $\frac{1}{2}$ œuf, $5 + \frac{1}{2}$ sera exactement la moitié du nombre d'œufs avant la vente; donc avant cette vente elle avait deux fois plus, ou 2 fois $5\frac{1}{2}$ ou 11. Par les mêmes raisons, 11, reste de la première vente, est la moitié du nombre d'œufs qu'elle avait, mais diminué du $\frac{1}{2}$ œuf vendu en plus; donc $11\frac{1}{2}$ est la moitié du nombre d'œufs qu'elle avait avant la vente, donc elle avait 2 fois $11\frac{1}{2}$ ou 23 œufs. La première vente était donc de $11\frac{1}{2}$ œufs, plus $\frac{1}{2}$ œuf, en tout 12 œufs, et il lui en reste 11; la seconde fois elle vend la moitié de 11 œufs, ou $5\frac{1}{2}$, plus $\frac{1}{2}$ œuf ou 6 œufs, et il lui en reste 5; on voit de plus que chaque vente a pu se faire sans casser un seul œuf.

(2) *Un courrier en poursuit un autre; le premier fait 3 lieues à l'heure, et a sur le second une avance de 224 lieues; le second fait 5 lieues à l'heure; on demande après combien d'heures le second rejoindra le premier?*

Dès que le second courrier aura rattrapé les 224 lieues que le premier à d'avance sur lui, il aura rejoint le premier; or, il ne peut rattraper sur ces 224 lieues que 2 lieues par heure, car le premier faisant 3 lieues à l'heure et le second 5, sur ces 5 il faut en déduire 3, employées à faire un chemin égal à celui que le premier parcourt; donc le second courrier diminuera de deux lieues toutes les heures les 224 lieues d'avance, et autant de fois 224 contiendra 2, autant il lui faudra d'heures pour regagner cette avance, et par suite atteindre le premier courrier.

Le quotient de 224 par 2 est 112, il lui faudra 112 heures.

En effet, en 112 heures le premier courrier aura fait 112×3 lieues ou 336 lieues, et avec ses 224 lieues d'avance, il sera à 336+224 ou 560 lieues du point.de départ ; l'autre en 112 heures aura fait 112×5 ou 560 lieues, donc ils seront tous deux au même point.

(3) *J'ai dans ma classe un certain nombre d'élèves, et j'ai à leur distribuer des feuilles de papier; si j'en donne 5 à chacun, il m'en manque 5; si je n'en donne que 4 à chacun, il m'en reste 22; combien ai-je d'élèves et de feuilles de papier?*

Si je veux donner 5 feuilles de papier à chaque élève, il me manque 5 feuilles; il y a donc 5 élèves qui n'auront que 4 feuilles, tous les autres en ayant 5. Si, maintenant je ne veux donner que 4 feuilles par élève, cela revient à retirer une feuille à chacun de ceux qui en ont 5; j'ai alors 22 feuilles de trop; donc j'ai retiré une feuille à 22 élèves, qui, avec les 5 élèves précédents, qui n'ayant que 4 feuilles n'en ont point rendu, donne 27 pour nombre des élèves et pour nombre de feuilles 27×5, ou 27×4+22, ou 130 feuilles de papier.

571. La synthèse, que l'on nomme aussi *règle de fausse position*, n'est pas applicable à tous les problèmes, et encore ceux-là où elle peut s'employer sont-ils toujours solubles par le raisonnement analytique; mais cette méthode est souvent commode et facile, surtout dans les cas où l'inconnue ne se déduit des données du problème que par voie de multiplication et de division, autrement dit où le rapport entre le nombre vrai et le nombre supposé reste constant dans les différentes phases des opérations.

(1) *Trouver un nombre tel que ses $\frac{3}{4}$ plus ses $\frac{2}{5}$ fassent 552.*

Supposons que ce nombre soit 40, choisi de préférence comme étant exactement divisible par 4 et par 5; les $\frac{3}{4}$ de 40 seront 30, ses $\frac{2}{5}$ seront 16, leur somme est 46; on pourra poser la proportion :

$$\frac{40}{x} = \frac{46}{552}$$

d'où

$$x = \frac{552 \times 40}{46} = 480$$

Car le rapport entre 40, nombre supposé, et 480, nombre vrai, n'est pas changé quand on prend les $\frac{3}{4}$ et les $\frac{2}{5}$ de chacun; il reste donc égal au rapport de 46 à 552.

(2) *Partager le nombre 95 en deux parties telles que l'une soit les $\frac{11}{8}$ de l'autre.*

Supposons que l'une des parties soit 8, l'autre serait les $\frac{11}{8}$ de 8 ou $\frac{11}{8} \times 8$ ou 11, et leur somme serait 19; alors on dira :

Pour 19 l'une des parties est $\qquad$ 8

Pour 1 elle serait 19 fois plus petite ou $\qquad$ $\dfrac{8}{19}$

Pour 95 elle sera 95 fois plus grande ou $\qquad$ $\dfrac{8 \times 95}{19}$ ou 40

L'autre partie serait $\dfrac{11}{8} \times 40$ ou 55, et $40+55$, font bien 95.

372. Toutes les fois que l'inconnue ne se rattache aux données dont elle dépend que par voie de multiplication ou de division, cette règle est applicable, et c'est alors la *règle de fausse position simple;* mais si en outre l'inconnue se rattache aux données par voie d'addition ou de soustraction, on est obligé de faire alors deux suppositions, et c'est de la considération des deux erreurs que l'on déduit la valeur cherchée; la méthode se nomme alors règle de *fausse position double.*

(1) *On a deux vases de prix et un couvercle qui, à lui seul, vaut 30 francs ; mis sur le premier vase, il le fait valoir autant que le second; mis sur le second, il le fait valoir le triple du premier; quelle est la valeur de chacun des deux vases ?*

Supposons que le premier vase vaille 15 francs; avec le couvercle il vaudra 15+30, ou 45 francs, qui représentent aussi la valeur du second vase; mais si à 45 francs j'ajoute 30 francs, prix du couvercle, l'énoncé me dit que la somme 45 +30, ou 75, est le triple de la valeur du premier; or, le tiers de 75 est 25, et comme nous n'avons supposé que 15 pour cette valeur, notre supposition amène une première erreur de 25—15, ou de 10.

Supposons maintenant que le premier vase vaille 18 francs, le second vaudra 18+30, ou 48, et 48+30, ou 78, serait le triple de la valeur du premier; le tiers de 78 est 26, notre supposition nous fait faire une deuxième erreur de 26—18, ou 8. Comparant les deux suppositions et les deux erreurs, nous voyons :

Première supposition,   15;   erreur correspondante,   10 ;
Deuxième supposition,   18;   erreur correspondante,   8;
différence des suppositions,   3; différence des erreurs,   2.

Ainsi, en augmentant de 3 la première supposition, nous avons diminué de 2 la première erreur 10; or, avec le véritable nombre l'erreur serait nulle. Il suffirait donc d'ajouter à la première supposition assez de fois 3 pour annuler l'erreur 10; et, puisque pour chaque 3 ajouté elle diminue de 2, autant de fois elle contient 2, autant de fois il faudra ajouter 3 à 15. 10, divisé par 2, donne 5 pour quotient; il faut donc ajouter à 15 5 fois 3, ou 15. Le prix du premier vase sera donc 15+15, ou 30; le prix du second sera alors 30+30, ou 60; et, en effet 60+30, ou 90, est bien le triple de 30, prix du premier vase.

(2) *On achète pour* 70^{fr},50 *27 mètres d'étoffe de deux espèces, l'une à 4 francs, l'autre à 1*^{fr},50 *le mètre; combien y a-t-il de mètres de chacune?*

Supposons qu'il y ait 7 mètres de la première étoffe, il y aura par suite 27—7, ou 20 mètres de la deuxième ; 7 mètres à 4 francs font 28 francs ; 20 mètres à 1 fr. 50 font 30 francs ; total 58 francs , qui, retranchés de 70 fr. 50, donnent pour première erreur 12 fr. 50.

Supposons maintenant qu'il y ait 8 mètres de la première étoffe, il y en aura 27—8, ou 19 de la deuxième ; 8 mètres à 4 francs font 32 francs ; 19 mètres à 1fr.50, font 28 fr. 50 ; total 60fr. 50, qui, retranché de 70 fr. 50, donne une seconde erreur de 10 ; en supposant donc 1 mètre de plus que dans la première supposition, on diminue l'erreur de 12,50—10 ou de 2,50 ; donc autant de fois 12,50 contiendra 2,50, autant il faut supposer de mètres de plus, le quotient de 12,50 par 2,50 est 5, donc il faut supposer 5 mètres de plus, et le véritable nombre est 7+5 ou 12 mètres de la première étoffe ; le nombre des mètres de la seconde est 27—12 ou 15 ; en effet, 12 mètres à 4 francs font 48 francs ; 15 mètres à 1 fr. 50 font 22 fr. 50 ; total 70,50.

573. Peu importe, en général, dans ces problèmes, les nombres que l'on choisit ; néanmoins, on prend de préférence ceux que l'on prévoit devoir donner les résultats les plus exacts, suivant les données du problème et les opérations à faire ; c'est pour cela que, dans le premier exemple, nous avons supposé 15 ; car, comme il fallait le diviser ensuite par 3, il était plus commode d'avoir un nombre exactement divisible ; c'est pour la même raison qu'à la seconde supposition nous avons pris le nombre 18, et non 16 ou 17. Du reste, dans le cas où une division ne se ferait pas exactement, on doit la mettre sous forme de fraction, et opérer avec elle comme on aurait fait avec le quotient : ceci s'applique surtout à la division de la première erreur par la différence des erreurs.

Il faut aussi choisir des nombres assez petits, pour qu'en les faisant passer par les conditions de l'énoncé, le résultat ne dépasse pas le nombre correspondant donné, autrement dit pour que les deux erreurs soient en moins et non en plus ; néanmoins, quand une des erreurs, ou même toutes les deux seraient en plus, on n'en arriverait pas moins au résultat exact.

Ainsi, supposons que dans le second problème, au lieu de supposer 7 et 8, on ait supposé 11 et 13, on obtiendrait une première erreur en moins de 2,50, puis une seconde erreur, mais en plus, de 2,50 ; il est évident qu'ici, bien loin de retrancher les erreurs l'une de l'autre, il faut les ajouter, puisque, de 2,50 en deçà du nombre donné 70,50, on passe à 2,50 au delà, le changement subi par la première erreur est donc de 2,50 + 2,50, ou de 5 ; et alors on dira :

On change l'erreur de 5 en supposant $\dfrac{2}{2}$ de plus.

On la changerait de 1 en supposant 5 fois moins, ou : $\dfrac{2}{5}$

On la changera de 2,50 en supposant 2,50 fois plus, ou : $\dfrac{2 \times 2,50}{5}$ ou 1.

On sait, en effet, que 12 est le nombre vrai.

Si les deux erreurs étaient en plus, il faudrait les soustraire l'une de l'autre, puis diviser la plus petite par leur différence, et faire usage du quotient trouvé.

374. Nous avons dit que la méthode de *fausse position* n'est pas toujours applicable ; on voit, en effet, que, pour qu'elle puisse donner une solution exacte, il faut qu'il existe une relation constante entre chaque supposition et l'erreur correspondante. On reconnaîtra, du reste, toujours les problèmes qui peuvent se résoudre par cette méthode, en faisant trois suppositions dont les nombres aient entre eux une différence constante ; si les trois erreurs qui en résultent ont aussi entre elles une différence constante, la règle est applicable.

Pour savoir alors si l'on doit employer la fausse position *simple*, ou la fausse position *double*, on cherche si les conditions du problème doivent faire subir aux nombres supposés seulement des multiplications et des divisions, ou aussi des additions et des soustractions ; dans le premier cas, il faut employer la méthode *simple* ; dans le second, celle *double*.

Mais, nous le répétons, le raisonnement analytique suffit seul et toujours pour résoudre les problèmes où la fausse position est applicable.

Exercices pratiques.

NOTA. L'élève devra résoudre par l'analyse tous les problèmes suivants, et ceux pour qui ce sera possible par les règles de fausse position.

On demande à un berger combien il a de moutons, il répond : si j'en avais encore $\dfrac{1}{3}$ et 12 de plus, j'en aurais 132 ; combien en a-t-il ?

Pierre, Jacques et Paul ont ensemble 158 pièces d'or ; Pierre en a 19 de plus que Jacques, qui en a lui-même 5 de plus que Paul ; combien chacun en a-t-il ?

Pierre et Paul ont un certain nombre de pièces ; si Pierre en donne 5 à Paul, Paul en aura autant que Pierre ; si Paul en donne 5 à Pierre, Pierre en aura le triple de Paul ; combien chacun en a-t-il ?

Je rencontre des pauvres ; si je leur donne 5 sous à chacun, il me manque 12 sous ; si je ne leur en donne que 4, il me restera 2 sous ; combien y a-t-il de pauvres et de sous ?

Un père en mourant veut que son fils aîné prenne 1000 francs et $\frac{1}{9}$ du reste ; le cadet 2000 francs et $\frac{1}{9}$ du reste, le 3ᵉ 3000 fr. et $\frac{1}{9}$ du reste, enfin, que le 4ᵉ prenne le reste, qui est de 4000 fr. ; quelle est la fortune totale et la part de chacun ?

J'ai 30 ans et mon fils 6 ; dans combien d'années mon âge ne sera-t-il plus que les $\frac{38}{30}$ de celui de mon fils.

Deux villes sont distantes de 228 kilomètres ; au même moment, de chacune d'elles partent deux courriers allant à la rencontre l'un de l'autre ; l'un fait 12 kilomètres à l'heure, l'autre en fait 17 ; dans combien d'heures se rencontreront-ils ?

J'avais une certaine somme, j'en ai dépensé $\frac{8}{10}$ plus 12 fr., j'ai joué le restant, je l'ai quadruplé avec 7 francs en plus ; et si j'avais encore gagné 300 francs, j'aurais eu le double de la somme primitive ; quelle est-elle ?

Je poursuis quelqu'un qui a sur moi 25 pas d'avance ; je fais 3 pas pendant qu'il en fait 5, mais chacun de mes pas vaut $2\frac{1}{2}$ des siens ; après combien de pas l'aurai-je atteint ?

LIVRE V.

CHAPITRE PREMIER.

DÉFINITIONS.

575. On appelle puissance d'un nombre le produit de ce nombre multiplié une ou plusieurs fois par lui-même.

Ainsi le produit $2 \times 2 \times 2$ ou 8, est une puissance de 2; $3 \times 3 \times 3 \times 3$, ou 81, est une puissance de 3.

576. On distingue entre elles les diverses puissances d'un même nombre, par le nombre qui exprime combien de fois il entre comme facteur dans le produit.

Ainsi, le nombre entre-t-il deux, trois, quatre fois comme facteur dans le produit, ce produit prend le nom de seconde, troisième, quatrième puissance; 8 est la troisième puissance de 2; 81 est la quatrième puissance de 3.

Cependant la seconde puissance prend généralement le nom de *carré*, et la troisième puissance, le nom de *cube*.

Ainsi, 5×5 ou 25, est le carré de 5; $3 \times 3 \times 3$ ou 27, est le cube de 3.

577. Pour indiquer que l'on doit former une puissance quelconque d'un nombre, on écrit à droite de ce nombre, et un peu au-dessus, un chiffre que l'on appelle *exposant*, et qui exprime combien de fois le nombre donné doit être pris comme facteur.

Ainsi, veut-on écrire que 8 doit être élevé au carré, au cube, à la quatrième puissance, on écrit 8^2, 8^3, 8^4, parce que 8 entre 2 fois comme facteur dans le carré, 3 fois dans le cube, 4 fois dans la quatrième puissance.

On voit, par ce qui précède, que 8^2 n'est qu'une abréviation de 8×8; que 8^3 n'est qu'une abréviation de $8 \times 8 \times 8$, etc.

Connaissant un nombre, il est aisé, on le voit, par une série de multiplications, de former telle puissance que l'on voudra ; et, par le mot nombre, il ne faut pas entendre seulement un nombre entier, mais bien toute espèce de nombres, fractions ordinaires ou décimales ou nombres complexes ; leurs puissances se forment de même.

Ainsi le carré de $\frac{3}{4}$ est $\frac{3}{4} \times \frac{3}{4}$ ou $\frac{9}{16}$, le carré de 0,025 est 0,025 $\times$ 0,025, ou 0,000625.

578. On appelle racine d'un nombre, le nombre qui, multiplié par lui-même une ou plusieurs fois, donnerait pour produit le nombre donné.

Exemple : la racine de 81 est 3, car $3 \times 3 \times 3 \times 3 = 81$; la racine de 64 est 8, car $8 \times 8 = 64$.

579. On distingue entre elles les racines par le nombre de fois qu'elles doivent être prises comme facteurs pour reproduire les nombres donnés.

Ainsi, 3 est la racine quatrième de 81, car pour reproduire 81 il faut multiplier entre eux quatre facteurs égaux à 3 ; 5 est la racine troisième de 125, car 125 est égal au produit de trois fois le facteur 5.

Les racines seconde et troisième se désignent généralement par les noms de *racine carrée* et de *racine cubique*.

580. Pour indiquer que l'on doit chercher une racine d'un nombre, on se sert du signe $\sqrt{}$, que l'on nomme *radical* ; on écrit le nombre au-dessous, et entre les branches on écrit le chiffre qui indique le degré de la racine ; ce nombre ainsi placé s'appelle *indice*.

Ainsi, veut-on indiquer que l'on doit chercher la racine carrée, cubique, quatrième, etc., de 200, on écrit : $\sqrt[2]{200}$, $\sqrt[3]{200}$, $\sqrt[4]{200}$.

Néanmoins, quand il s'agit de la racine carrée, on n'écrit point l'indice, et $\sqrt{200}$ signifie la racine carrée de 200.

De même que l'on peut se proposer, connaissant un nombre, de trouver son carré, son cube, sa quatrième puissance, etc., ce qui ne présente point de difficulté ; on peut aussi, connaissant un nombre, se proposer de trouver sa racine carrée, sa racine cubique, sa racine quatrième, etc. On y parvient au moyen d'opérations nouvelles, que l'on désigne sous le nom d'*extractions de racines*, et nous allons exposer les théories de l'extraction de la racine carrée et de la racine cubique, les autres racines sortant du domaine de l'arithmétique.

Cette recherche peut, de même que la division, donner un résultat exact, ou un résultat seulement approximatif; dans le premier cas, le nombre donné est dit carré ou cube parfait, c'est-à-dire qu'il existe un nombre qui, élevé au carré ou au cube, reproduit exactement le nombre donné.

EXTRACTION DE LA RACINE CARRÉE.

Théorie pratique.

581. *Extraire la racine carrée d'un nombre, c'est chercher un nombre qui, pris deux fois comme facteur, donne pour produit le nombre donné.*

Pour extraire une racine carrée, il faut avant tout savoir par cœur les carrés des neuf premiers nombres, carrés que donne du reste la table de Pythagore, et qui sont :

Nombres :	1	2	3	4	5	6	7	8	9
Carrés :	1	4	9	16	25	36	49	64	81

A l'aide de ce tableau, on sait que les racines carrées de 1, 4, 9, 16, etc., sont 1, 2, 3, 4, etc.

Il suffit donc pour extraire les racines carrées des nombres de 1 ou 2 chiffres, lesquels ne doivent avoir que 1 chiffre à la racine. Mais entre 4 et 9, 9 et 16, etc., nombres carrés parfaits, il y a plusieurs autres nombres, dont les racines sont évidemment comprises entre 2 et 3, 3 et 4, etc., c'est-à-dire ne peuvent s'exprimer en nombres entiers. On leur donne pour racine carrée la racine du plus petit des carrés parfaits ci-dessus, entre lesquels les nombres donnés sont compris.

Ainsi 18, compris entre les carrés parfaits 16 et 25, aura pour racine carrée 4, qui est aussi celle de 16; 55, compris entre 49 et 64, aura pour racine carrée celle de 49, ou 7.

Cela posé, voici la règle pratique à suivre pour extraire la racine carrée d'un nombre quelconque de plus de deux chiffres.

Règle : *Pour extraire la racine carrée d'un nombre de plus de deux chiffres, on écrit ce nombre sous le signe $\sqrt{}$; puis, à droite, on tire un trait horizontal, au-dessus duquel on écrit la racine à mesure qu'on la trouve. On partage le nombre, à l'aide de virgules, en tranches de deux chiffres à partir de la droite, de sorte que la dernière tranche à gauche peut avoir 1 ou 2 chiffres; et, autant il y a de tranches, autant la racine aura de chiffres.*

Cela fait, on extrait la racine carrée de la première tranche à gauche; on écrit à la racine le chiffre trouvé; on en fait le carré, et on le retranche de la tranche employée; à côté du reste on abaisse la tranche de deux chiffres suivante.

On sépare alors, par une virgule, le dernier chiffre à droite du nombre ainsi formé, et l'on divise la partie à gauche de cette virgule par le double du chiffre trouvé à la racine. Le quotient est le chiffre suivant de la racine, ou un chiffre plus fort. Pour l'essayer, on l'écrit à droite du double du chiffre précédent déjà formé, et on multiplie le nombre que cela forme par le chiffre à essayer, on retranche le produit du reste et des deux chiffres abaissés à sa suite; si la soustraction ne peut se faire, c'est que le chiffre essayé est trop fort; on le diminue alors successivement d'une unité, jusqu'à ce que la soustraction devienne possible, et l'on écrit le chiffre trouvé à la droite du chiffre déjà écrit à la racine.

A la droite du reste on abaisse la tranche de deux chiffres suivante; on sépare par une virgule le dernier chiffre à droite, et l'on divise la partie à gauche par le double de la racine déjà trouvée, ce qui donne son troisième chiffre; pour le vérifier, on l'écrit à la droite du double précédemment formé, on multiplie le tout par ce même chiffre, et l'on retranche le produit du reste et des deux chiffres abaissés à sa droite; puis, abaissant à la droite du nouveau reste une nouvelle tranche de deux chiffres, on continue comme précédemment, jusqu'à épuisement du nombre donné.

Exemple : soit à extraire la racine carrée du nombre 116964.

On dispose l'opération de la manière suivante :

$$\sqrt{11,69,64} \quad \lfloor 342$$

```
V‾11,69,64‾|342
    9          64   682
  ‾‾‾‾‾        4     2
   26,9       ‾‾‾   ‾‾‾‾
   2 5 6      256  1364
  ‾‾‾‾‾
    136,4
    1 3 6 4
  ‾‾‾‾‾
       0
```

On partage le nombre en tranches de deux chiffres, à partir de la droite ; il y a trois tranches, la racine aura trois chiffres. On extrait la racine carrée de 11 ; comme 11 est compris entre 9 et 16, sa racine sera la même que celle de 9, qui est 3 ; on l'écrit à la racine. On fait le carré de 3, qui est 9, et on le retranche de 11 ; il reste 2 ; à côté de 2 on abaisse la tranche suivante, 69 ; ce qui forme le nombre 269, dont on sépare par une virgule le dernier chiffre 9. On fait le double du chiffre 3 de la racine, ce qui donne 6 ; on l'écrit au-dessous, et l'on divise 26 par 6 ; le quotient 4 doit être le chiffre suivant ; pour l'essayer on l'écrit à la droite de 6, double du chiffre 3, et l'on multiplie 64 par 4, le produit est 256 ; on le retranche de 269, il reste 13, et comme la soustraction a pu se faire, on en conclut que 4 est exact, et on l'écrit à la racine. A droite du reste 13 on abaisse la dernière tranche 64, ce qui forme 1364 ; on sépare par une virgule le dernier chiffre 4 ; puis, formant le double 68 de la racine 34, et l'écrivant au-dessous, on divise 136 par 68 ; le quotient 2 doit être le dernier chiffre de la racine ; pour le vérifier, on l'écrit à la droite de 68, et l'on multiplie 682 par 2 ; le produit est 1364, qui, retranché de 1364, donne pour reste 0 ; la racine exacte du nombre donné est donc 342. En effet, $342 \times 342 = 116964$.

Il n'arrive pas toujours que, comme dans l'exemple précédent, on trouve une racine exacte et pour reste final 0, car le nombre donné peut ne pas être un carré parfait, alors la dernière soustraction donne un reste, et la racine trouvée n'est que la racine du plus grand carré parfait contenu dans le nombre donné, et le reste n'est autre chose que le nombre étranger qui était ajouté à ce carré. En ce cas, pour vérifier la racine totale trouvée, il faut en faire le carré et y ajouter le reste ; si l'opération est exacte, on doit retrouver le nombre donné.

582. En opérant scrupuleusement suivant la règle, on ne risque point de mettre jamais à la racine un chiffre trop faible ; néanmoins une erreur qui passerait inaperçue dans la division pourrait en introduire un, et comme la soustraction serait surtout possible en ce cas, on pourrait craindre de ne pas reconnaître ce chiffre trop faible. Mais on évitera toujours cette chance d'erreur en comparant le reste trouvé à la racine. Si le reste est plus petit que le double de cette racine augmenté de 1, le dernier chiffre est exact ; si le reste est plus grand que le double de la racine augmenté de 1 ou lui est égal, le chiffre est trop faible, et il faut l'augmenter de 1 successivement, jusqu'à ce que le reste devienne plus petit que la valeur ci-dessus.

583. Enfin il peut arriver que la division par laquelle on trouve un chiffre de la racine ne puisse pas se faire, le dividende étant plus petit que le diviseur ; en ce cas on met 0 à la racine, et, considérant alors le dividende plus le chiffre à sa droite comme un reste, on abaisse la tranche suivante, et l'on cherche le chiffre suivant de la racine.

584. RÈGLE : *Pour extraire la racine carrée d'une fraction ordinaire, on commence par multiplier le numérateur par le dénominateur, on extrait la racine carrée de ce produit, ce qui donne le numérateur de la racine, auquel on donne pour dénominateur celui de la fraction donnée.*

Ainsi, pour extraire la racine carrée de la fraction $\frac{81}{169}$, on multiplie 81 par 169, ce qui donne 13689 ; on en extrait la racine carrée qui est 117, et la racine de la fraction cherchée est $\frac{117}{169}$.

Si pourtant l'on savait que le dénominateur de la fraction donnée est un carré parfait, en ce cas on extrairait la racine carrée des deux termes, ce qui donnerait la racine cherchée.

Ainsi la racine carrée de la fraction $\frac{64}{144}$, dans laquelle on reconnaît que 144 est le carré parfait de 12, sera $\frac{8}{12}$.

385. RÈGLE : *Pour extraire la racine carrée d'un nombre décimal, on commence par rendre pair, s'il ne l'est pas, le nombre de ses chiffres décimaux, en ajoutant un 0 à leur droite, puis on opère comme pour les nombres entiers, sans tenir compte de la virgule, mais à la racine on sépare autant de chiffres décimaux à partir de la droite que les chiffres décimaux du nombre donné forment de tranches de deux chiffres.*

Exemple : soit proposé d'extraire la racine carrée du nombre décimal 148,91321 ; le nombre des chiffres décimaux étant impair, on y ajoute un 0, puis on extrait la racine carrée du nombre entier 148913210, ce qui donne 12203, et comme dans le nombre donné les chiffres décimaux ont formé trois tranches de deux chiffres, on sépare à la racine trois chiffres décimaux ; la vraie racine est donc 12,203.

386. Quand un nombre n'est pas un carré parfait, sa racine exacte est impossible à trouver, mais on peut en approcher aussi près que l'on veut, en calculant des chiffres décimaux, après que l'on a trouvé la partie entière de cette racine ; et, de même que pour les quotients inexacts, on peut fixer d'avance l'approximation à laquelle on veut calculer la racine.

RÈGLE : *Pour calculer une racine carrée à une approximation décimale donnée, on écrit à la droite du nombre donné autant de tranches de deux zéros, que, d'après l'approximation fixée, la racine doit avoir de chiffres décimaux, puis on opère comme pour les nombres entiers, et l'on sépare à la racine le nombre de chiffres décimaux marqué par l'approximation donnée.*

Exemple : soit proposé d'extraire la racine carrée de 2 à l'approximation de un millième ; on écrit à la droite de 2 trois tranches de deux zéros, puisque la racine doit avoir trois chiffres décimaux, puis on extrait la racine carrée de 2000000, ce qui donne 1414, et séparant trois chiffres décimaux, on a pour racine définitive 1,414.

Il suffirait du reste, on le voit, lorsque l'on a calculé la partie entière de la racine, d'ajouter deux 0 à la droite du premier reste, ce qui donnerait un premier chiffre décimal à la racine, puis deux zéros au reste suivant, ce qui donnerait un second chiffre, et ainsi de suite, jusqu'à ce que l'on ait obtenu le nombre de chiffres décimaux demandé.

Théorie raisonnée.

587. Pour expliquer l'extraction d'une racine carrée, il importe de se rendre bien compte de la manière dont les diverses unités d'un nombre concourent à la formation du carré; pour cela, faisons le carré d'un nombre contenant des dizaines et des unités, de 25 par exemple, et pour que la formation du carré paraisse plus claire, partageons le nombre 25 en 20+5 ou en 2 dizaines et 5 unités, puis indiquons par des signes les opérations partielles de la multiplication.

Pour faire le carré, il faudra multiplier (2 diz.) + 5 par (2 diz.) + 5, c'est-à-dire multiplier successivement (2 diz.) + 5 par 5, puis par (2 diz.) et ajouter les produits. L'opération se présente ainsi :

$$(2 \text{ diz.}) + 5$$
$$(2 \text{ diz.}) + 5$$

5×5	ou 5^2 ou	Carré des unités.
$(2 \text{ diz.}) \times 5$	— —	Produit des dizaines par les unités.
$(2 \text{ diz.}) \times 5$	— —	Produit des dizaines par les unités.
$(2 \text{ diz.}) \times (2 \text{ diz.})$ ou $(2 \text{ diz.})^2$ ou		Carré des dizaines.

Pour avoir le carré de 25, il suffirait de faire la somme de ces quatre produits, mais deux sont identiques, savoir le produit des dizaines par les unités; on peut donc réduire ces produits à trois, qui sont :

Le carré des unités ;

Deux fois le produit des dizaines par les unités;

Le carré des dizaines.

Si au lieu de partager 25 en dizaines et unités, on l'eût

partagé en deux parties quelconques, 10 et 15 par exemple, son carré eût renfermé le carré de 10, 2 fois 10 multiplié par 15, et le carré de 15, c'est-à-dire des parties formées suivant la même loi.

Cela posé, pour expliquer la théorie de l'extraction d'une racine carrée, nous considérerons trois cas.

388. 1er CAS. *Le nombre est compris entre 1 et 100, et sa racine, comprise entre 1 et 10, ne doit avoir qu'un chiffre.*

Ce premier cas n'a pas besoin de démonstration; la table de Pythagore nous donnant les carrés des nombres compris entre 1 et 10, donne ainsi les racines de ces carrés, c'est-à-dire les racines des nombres entre 1 et 100.

389. 2e CAS. *Le nombre est compris entre 100 et 10000, et sa racine, comprise entre 10 et 100, doit avoir deux chiffres.*

Prenons pour exemple le nombre 2831.

$$\sqrt{28,31} \ \begin{array}{|l} 53 \\ \hline 103 \\ \\ 3 \\ \hline 309 \end{array}$$

$$\begin{array}{r} 25 \\ \hline 33,1 \\ 309 \\ \hline 22 \end{array}$$

Puisque le nombre 2831 tombe entre 100 et 10000, qui ont pour racine 10 et 100, sa racine doit avoir deux chiffres, c'est-à-dire des dizaines et des unités; ce nombre peut donc être considéré comme formé de quatre parties :

1° Le carré des dizaines ;

2° Deux fois le produit des dizaines par les unités ;

3° Le carré des unités ;

4° Le reste, s'il y en a un.

Or, le carré de 10 étant 100, la première de ces parties, le carré des dizaines, n'a pu donner au moins que des centaines, et ne peut se trouver que dans 28 centaines (ce qui explique pourquoi la règle exige que l'on partage le nombre en tranches de deux chiffres à partir de la droite). 28 contient donc le carré des dizaines, et en extrayant sa racine on devra trouver le chiffre *exact* des dizaines, car 28 peut contenir aussi, outre le carré des dizaines, des retenues provenant des autres parties du carré ; donc, étant trop fort, on ne peut craindre de trouver un chiffre trop faible, on ne peut craindre non plus de le trouver trop fort, car, au lieu de la racine de 2831, on n'extrait que celle de 2800, et la racine d'un nombre inférieur ne peut être plus forte que celle d'un nombre supérieur. Extrayant la racine carrée de 28, on trouve 5, qui, ne l'oublions pas, représente 5 dizaines ou 50. Cela fait, on passe à la recherche des unités, mais avant tout il est nécessaire de se défaire de la partie dont on vient de se servir, savoir le carré des 5 dizaines, ou 50^2 ou 2500, qui, retranché de 2831, donne pour reste 331 (ce qui explique pourquoi, à côté du reste, il faut abaisser la tranche de deux chiffres suivante).

Le reste 331 contient donc les trois autres parties, savoir :

Deux fois le produit des dizaines par les unités ;
Le carré des unités ;
Le reste, s'il y en a un.

La première de ces trois parties, deux fois le produit des dizaines par les unités, n'a pu donner au moins que des dizaines, elle ne peut donc être contenue que dans 33 dizaines (ce qui explique pourquoi, suivant la règle, il faut séparer par une virgule le dernier chiffre à droite du reste). 33 est donc le produit de deux fois les dizaines multipliées par les unités, ou de 2 fois 5 ou 2×5 multiplié par les unités ; connaissant le produit 33 et un des facteurs 2×5 ou 10, on trouvera l'autre facteur, les unités, en divisant 33 par 10 (ce qui explique pourquoi la règle dit de diviser la partie du reste à gauche de la virgule par le double du chiffre trouvé à la racine). Le quotient est 3 ; mais comme 33 peut contenir aussi des retenues des deux autres parties, il peut se faire que le chiffre trouvé soit trop fort. Pour le vérifier il suffira de former les deux parties du carré contenues dans 331, et de voir si leur somme peut s'en retrancher. Or, en écrivant, suivant la règle, 3 à la droite de 10, double des dizaines, et multipliant 103 par 3, chiffre des unités, on forme d'un seul coup la somme de ces deux parties, car 3×3 donne le carré des unités, et 10×3, le double des dizaines multipliées par les unités, et ces deux produits s'écrivent d'eux-mêmes à leur rang respectif, d'après l'espèce d'unités qu'ils représentent. Le produit 309 peut se soustraire de 331; donc 3 est bien le chiffre exact des unités de la racine, et le reste est 22.

590. 3ᵉ Cas. *Le nombre est plus grand que* 10000, *sa racine plus grande que* 100 *a plus de deux chiffres.*

Prenons pour exemple le nombre 6723649.

$$
\begin{array}{l|llll}
\sqrt{6{,}72{,}36{,}49} & 2593 & & & \\
4 & 45 & 509 & 5183 \\
\hline
27{,}2 & 5 & 9 & 3 \\
22\ 5 & \overline{225} & 4581 & 15549 \\
\hline
473{,}6 \\
458\ 1 \\
\hline
1554{,}9 \\
1554\ 9 \\
\hline
0
\end{array}
$$

Le nombre donné étant plus grand que 10000, sa racine a plus de deux chiffres, et l'on peut la concevoir partagée en dizaines et unités ; par suite une des parties du carré contenues dans le nombre donné est le carré des dizaines, qui ne peut se trouver que dans les centaines du nombre donné, c'est-à-dire dans 67236 ; et pour avoir ces dizaines, il suffira d'extraire la racine carrée de ce nombre, considéré comme seul ; mais il est lui-même plus grand que 10000, on peut donc aussi considérer sa racine comme partagée en dizaines et unités, et le carré des dizaines de cette racine ne peut se trouver que dans 672 centaines, nombre dont il suffira d'extraire la racine carrée pour avoir ces dizaines, qui seront les centaines de la racine totale. Mais 672 est compris entre 100 et 10000, l'extraction de sa racine, qui doit avoir deux chiffres, rentre dans le second cas, on sait l'extraire, elle donne pour résultat 25, qui seront les centaines de la racine totale cherchée, et les dizaines de la racine du nombre intermédiaire 67236 ; on cherche alors ses unités ; et avant tout il faut se défaire de la partie déjà employée, du carré des dizaines ou 25^2. Mais cette soustraction est déjà faite si l'on abaisse à côté du reste 47, différence de 25^2 et de 672, les deux chiffres 36 ; car 25 étant ici des dizaines, le carré de 25 dizaines ou 2500 serait terminé par deux zéros qui se retrancheraient des deux chiffres 36, et le reste serait le même. Ce reste 4736 contient les deux autres parties du carré, desquelles le double produit des dizaines 25 par les unités se trouve dans 473 ; divisant donc 473 par 2×25 ou 50, le quotient 9 peut être le chiffre des unités ; pour l'essayer, à côté de 50 on écrit 9, on multiplie 509 par 9, et le produit retranché de 4736 donne pour reste 155. Le nombre 256 trouvé à la racine forme les dizaines de la racine totale du nombre 6723649, il ne reste plus qu'à chercher ses unités. On expliquerait comme ci-dessus que si l'on retranchait du nombre donné 259^2, le reste serait 15549, c'est-à-dire le même qu'en abaissant les deux chiffres 49 à droite du reste 155, et l'on chercherait de même le chiffre des unités, en divisant 1554 par 518, double de la racine, etc.

591. Nous avons dit dans la théorie pratique qu'un chiffre trop faible mis à la racine se reconnaît à ce que le reste correspondant est plus grand ou égal au double de la racine augmenté de 1. En effet, supposons que la racine vraie d'un nombre étant 56, on ait mis 55 ; on ne retranche en ce cas du nombre donné que 55^2, et l'on devait en retrancher 56^2 ou $(55+1)^2$; or, en formant le carré de $(55+1)$ on le trouve égal à

$$55^2+2\times55\times1+1$$

ou mieux

$$55^2+2\times55+1$$

Donc, en ne retranchant du nombre donné que 55^2, on retranche de moins $2\times55+1$, et le reste est donc augmenté de $2\times55+1$ ou du double de la racine plus un, et si le vrai reste devait être 0, il sera maintenant $2\times55+1$.

592. Le carré d'une fraction se forme en la multipliant par elle-même, c'est-à-dire en faisant le carré du numérateur et celui du dénominateur ; donc la racine carrée d'une fraction devrait s'obtenir en extrayant la racine carrée de ses deux termes ; mais la fraction donnée peut ne pas avoir pour dénominateur un carré parfait; alors la racine trouvée pour ce dénominateur ne serait pas exacte, ou, en employant les approximations, serait un nombre décimal; or, on le sait, le dénominateur d'une fraction exprime le nombre de parties égales en lesquelles l'unité est partagée, nombre qui, pour avoir un sens, doit être exact et entier; il importe donc que la racine carrée du dénominateur se trouve toujours exactement; c'est à quoi l'on arrive en rendant le dénominateur carré parfait en le multipliant préalablement par lui-même; puis en multipliant aussi le numérateur, pour ne pas changer la valeur de la fraction; et il ne reste plus alors qu'à extraire la racine carrée de ce dernier produit, celle du nouveau dénominateur étant connue; c'est l'ancien dénominateur; ce qui explique la règle.

393. Pour faire le carré d'une fraction décimale, on la multiplie par elle-même. On doit donc séparer au produit le double de chiffres décimaux qu'il y en a dans le nombre donné; les chiffres décimaux du carré seront donc toujours en nombre pair; c'est pourquoi la règle exige d'ajouter un 0 si le nombre des chiffres décimaux de la fraction dont on doit extraire la racine n'est pas pair; c'est pourquoi aussi, il faut séparer à la racine la moitié du nombre de ces chiffres décimaux, c'est-à-dire autant qu'ils forment de tranches de deux chiffres.

394. Ceci explique aussi la méthode donnée pour calculer une racine avec une approximation fixée.

En effet, veut-on calculer une racine à l'approximation de 0,001, c'est vouloir que le dernier chiffre de cette racine exprime des millièmes; or si on l'élevait au carré, ce carré aurait pour dernier chiffre des millionièmes, le carré d'un millième étant un millionième, dont il faut faire en sorte que le nombre donné ait des millionièmes, ce que l'on obtient en ajoutant à sa droite six zéros représentant des chiffres décimaux.

Exercices pratiques.

Extraire les racines carrées des nombres suivants :

12769		387563237
1894336	(5)	100089500
9960326		

Extraire les racines carrées des fractions suivantes :

$$\frac{872}{1928} \qquad \frac{6589}{7897} \qquad \frac{1882}{9166}$$

$$\frac{35642}{789} \qquad (10) \qquad \frac{2}{19107834}$$

Extraire les racines carrées des nombres décimaux suivants :

$$0,0012354$$
$$12,00389$$
$$1258,00003$$
$$(15) \qquad \begin{array}{l} 0,00009534267 \\ 1,00000037189 \end{array}$$

Extraire à l'approximation donnée les racines carrées suivantes :

	2	(à 0,01)		27	(à 0,001)
	3	(à 0,001)		30	(à 0,001)
	10	(à 0,001)		40	(à 0,0001)
	15	(à 0,0001)		50	(à 0,00004)
(20)	20	(à 0,00004)	(25)	1000	(à 0,0000001)

CHAPITRE II.

RACINE CUBIQUE.

595. *Extraire la racine cubique d'un nombre, c'est chercher un nombre qui, pris trois fois comme facteur, donne pour produit le nombre donné.*

596. Pour pouvoir extraire une racine cubique, il faut savoir par cœur le tableau suivant, qui donne les cubes des 9 premiers nombres.

nombres :	1	2	3	4	5	6	7	8	9
cubes :	1	8	27	64	125	216	343	512	729

Au moyen de ce tableau, on sait que tous les nombres compris entre 1 et 8, 8 et 27, 27 et 64, etc. ont leurs racines comprises entre 1 et 2, 2 et 3, 3 et 4, etc. Il est donc suffisant pour extraire les racines cubiques des nombres compris entre 1 et 1000, et dont les racines cubiques n'ont qu'un chiffre.

Pour extraire la racine cubique des nombres plus grands que 1000 on opère suivant la règle ci-dessous.

RÈGLE : *Pour extraire la racine cubique d'un nombre de plus de trois chiffres, ayant disposé l'opération comme pour la racine carrée, on le partage en tranches de trois chiffres à partir de la droite, de sorte que la dernière tranche à gauche a 1, 2 ou 3 chiffres. On extrait la racine cubique de cette première tranche à gauche, et l'on écrit à la racine le chiffre trouvé ; on en fait le cube, on le retranche de la tranche employée, et à la droite du reste on abaisse la tranche de trois chiffres suivante. On sépare par une virgule les deux chiffres à droite du nombre ainsi formé, et l'on divise la partie à gauche de cette virgule par le triple du carré du chiffre de la racine déjà trouvé ; le quotient est le chiffre suivant, ou un chiffre trop fort ; pour l'essayer on fait le cube de la racine trouvée, et on le retranche des deux tranches du nombre donné que l'on vient d'employer ; si la soustraction peut se faire, le chiffre est exact. Alors, à la droite du reste on abaisse la tranche de trois chiffres suivante, on sépare par une virgule les deux chiffres à droite du nombre ainsi formé, et l'on divise la partie à gauche par le triple du carré de la racine trouvée ; le quotient est le chiffre suivant, ou un chiffre trop fort, et l'on continue comme ci-dessus, jusqu'à épuisement du nombre donné.*

Soit à extraire la racine cubique de 80621568 ; l'opération se présente ainsi :

$$
\begin{array}{l|l}
\sqrt[3]{80,621,568} & 432 \\
\hline
64 & 3 \times 4^2 = 48 \\
\hline
166,21 & 43^3 = 78507 \\
78507 & 3 \times 43^2 = 5547 \\
\hline
\quad 21145,68 & 432^3 = 80621568 \\
80621568 \\
\hline
\quad 0
\end{array}
$$

On extrait la racine cubique de 80 ; comme 80 est compris entre 64 et 125, sa racine est comprise entre 4 et 5, on écrit donc 4 à la racine ; on fait le cube de 4, qui est 64, et on le retranche de 80, il reste 16 ; à côté on abaisse la tranche 621, et l'on sépare par une virgule les deux chiffres à droite 21. Faisant alors le triple carré de 4, c'est-à-dire 3×4^2, ou 3×16 ou 48, on divise 166 par 48, le quotient est 3, qui peut être le chiffre suivant de la racine. Pour essayer 3, on fait le cube de 43, qui est 78507, et on le retranche du nombre 80621 formé par les deux tranches employées ; le reste est 2114 ; 3 étant le chiffre exact, on l'écrit à la racine ; puis à droite on abaisse la tranche 568, on sépare par une virgule les deux chiffres à droite 68. Faisant ensuite le triple carré de la racine 43, ou 3×43^2 ou 3×1849, ou 5547, on divise 21145 par 5547 ; le quotient est 3 ; mais si pour essayer ce chiffre on fait le cube de 433, on trouve 81615737 qui ne peut se retrancher du nombre donné, donc 3 est trop fort ; on essaye alors 2, en faisant le cube de 432, et l'on trouve 80621568 qui, retranché du nombre donné, donne 0 pour reste. Le nombre donné est donc le cube parfait de 432.

Il peut arriver qu'il y ait un reste final ; en ce cas c'est que le nombre donné n'est pas un cube parfait ; et la racine trouvée est la racine du plus grand cube parfait contenu dans ce nombre. Le reste est la partie étrangère qui était ajoutée à ce cube.

Si la division par laquelle on trouve un chiffre de la racine donnait 0 pour quotient, on écrirait 0 à la racine, puis abaissant immédiatement la tranche suivante, on procéderait à la recherche du chiffre suivant. Si par hasard on avait mis à la racine un chiffre trop faible, on le reconnaîtrait à ce qu'il donnerait lieu à un reste qui serait égal ou supérieur au triple carré de la racine obtenue, plus le triple de cette racine plus un ; il faudrait alors l'augmenter d'une unité, jusqu'à ce que le reste devînt inférieur à la valeur ci-dessus.

597. RÈGLE : *Pour extraire la racine cubique d'une fraction, on multiplie son numérateur par le carré de son dénominateur ; on extrait la racine cubique du produit, ce qui donne le numérateur de la racine, et on lui donne pour dénominateur celui de la fraction donnée.*

Si pourtant l'on savait que le dénominateur de la fraction donnée est un cube parfait, on extrairait la racine cubique des deux termes.

Exemple : soit à extraire la racine cubique de la fraction $\frac{12}{25}$;

On multiplie 12 par 25^2 ou 625, ce qui donne 7500, on extrait sa racine cubique qui est 19, et la racine cubique de la fraction donnée est $\frac{19}{25}$.

598. RÈGLE : *Pour extraire la racine cubique d'une fraction ou d'un nombre décimal, on commence par ajouter à sa droite un ou deux zéros, de manière à ce qu'il y ait dans la partie décimale un nombre exact de tranches de trois chiffres, puis on opère l'extraction de la racine cubique comme si c'était un nombre entier, mais à la racine on sépare autant de chiffres décimaux qu'il y a de tranches de trois chiffres dans la partie décimale du nombre donné.*

Ainsi soit à extraire la racine cubique du nombre 8,6153.

On commence par ajouter deux zéros, pour compléter deux tranches de trois chiffres dans la partie décimale ; on extrait la racine cubique du nombre 8615300, qui est 205, puis on sépare dans celle-ci deux chiffres décimaux, et la racine du nombre donné est 2,05.

599. Lorsque le nombre donné n'est pas un cube parfait, on ne peut pas trouver sa racine exacte, mais on peut en approcher autant que l'on veut, en calculant des chiffres décimaux jusqu'à l'approximation fixée.

RÈGLE : *Pour extraire la racine cubique d'un nombre avec une approximation donnée, on ajoute à la droite du nombre donné autant de tranches de trois zéros que l'approximation fixée contient de chiffres décimaux, puis extrayant la racine cubique comme pour un nombre entier, on sépare à la racine le nombre de chiffres décimaux marqué par l'approximation.*

Exemple : soit proposé d'extraire la racine cubique de 29 à l'approximation de 0,001. On ajoute à sa droite trois tranches de trois zéros chaque, le nombre donné devient 29000000000 ; on extrait sa racine cubique, qui est égale à 3061, on y sépare trois chiffres décimaux, et la racine demandée est 3,061.

On remarquera qu'il revient au même, lorsque l'on a trouvé le dernier reste, et que l'on veut calculer des décimales, d'ajouter trois zéros à la droite de ce reste, ce qui donne un premier chiffre décimal, puis trois zéros au reste suivant, et ainsi de suite, jusqu'à ce que l'on ait atteint l'approximation voulue.

Théorie raisonnée.

400. De même que pour la racine carrée, pour expliquer la méthode d'extraction d'une racine cubique, il faut s'être rendu bien compte de la manière dont se forme le cube avec les diverses unités de la racine.

Pour cela prenons un nombre, 48 par exemple, que nous pouvons décomposer en 4 dizaines et 8 unités, et formons-en le cube, en indiquant les opérations par des signes.

Il faut d'abord en former le carré, qui est, nous le savons :

$$(4 \text{ diz.})^2 + 2 \times (4 \text{ diz.}) \times 8 + 8^2$$

et multiplier ce carré par $(4 \text{ diz.}) + 8$, c'est-à-dire chacun des termes du carré d'abord par 8, puis par (4 diz.), on pourra former le tableau suivant :

$$(4 \text{ diz.})^2 + 2 \times (4 \text{ diz.}) \times 8 + 8^2$$
$$(4 \text{ diz.}) + 8$$

$8^2 \times 8$ ou 8^3	ou : Le cube des unités.
$2 \times (4 \text{ diz.}) \times 8 \times 8$	ou : Deux fois les dizaines $\times$ le carré des unités.
$(4 \text{ diz.})^2 \times 8$	ou : Le carré des dizaines $\times$ les unités.
$(4 \text{ diz.}) \times 8^2$	ou : Les dizaines $\times$ le carré des unités.
$2 \times (4 \text{ diz.}) \times 8 \times (4 \text{ diz.})$ ou $2 \times (4 \text{ diz.})^2 \times 8$	ou : Deux fois le carré des dizaines $\times$ par les unités.
$(4 \text{ diz.})^2 \times (4 \text{ diz.})$ ou $(4 \text{ diz.})^3$	ou : Le cube des dizaines.

Ces six parties peuvent se réduire à quatre, car il y a d'abord :

              Deux fois le carré des dizaines $\times$ les unités,

puis,   Une fois le carré des dizaines $\times$ les unités,

ce qui fait :   *Trois fois le carré des dizaines $\times$ les unités.*

puis il y a :   Deux fois les dizaines $\times$ le carré des unités.

puis,   Une fois les dizaines $\times$ le carré des unités.

ce qui fait :   *Trois fois les dizaines $\times$ le carré des unités.*

On peut donc dire que le cube de 48, ou de (4 diz.) + 8, se compose de quatre parties qui sont :

Le cube des dizaines, ou :	$(4 \text{ diz.})^3$
Trois fois le carré des dizaines × les unités, ou :	$3 \times (4 \text{ diz.})^2 \times 8$
Trois fois les dizaines × le carré des unités, ou :	$3 \times (4 \text{ diz.}) \times 8^2$
Le cube des unités, ou :	8^3

Et l'on pourrait former le cube de 48, soit par la multiplication directe, soit en formant séparément ces quatre parties, puis les additionnant ensemble.

Du reste, que le nombre soit partagé en dizaines et unités, ou en centaines et unités, ou en deux parties quelconques, son cube sera toujours formé de quatre parties analogues.

Cela posé, nous considérerons trois cas dans l'extraction de la racine cubique d'un nombre.

401. 1ᵉʳ CAS. *Le nombre est compris entre 1 et 1000 ; sa racine, comprise entre 1 et 10, n'a qu'un seul chiffre.*

Ce cas se résolvant de mémoire, au moyen du tableau des cubes des neuf premiers nombres, n'a pas besoin d'explication.

402. 2° CAS. *Le nombre est compris entre 1000 et 1000000, sa racine est comprise entre 10 et 100 et a deux chiffres.*

Prenons pour exemple le nombre 42896.

$$\begin{array}{l|l}
\sqrt{42{,}896} & 35 \\
\hline
27000 & 3^3 = 27 \\
\hline
158{,}96 & 3 \times 3^2 = 27 \\
42875 & 35^3 = 42875 \\
\hline
21 &
\end{array}$$

Ce nombre étant compris entre 1000 et 1000000 a sa racine comprise entre 10 et 100 ; elle a donc deux chiffres, c'est-à-dire des dizaines et des unités, donc le nombre donné contient cinq parties qui sont :

1° Le cube des dizaines ;

2° Trois fois le carré des dizaines × les unités ;

3° Trois fois les dizaines × le carré des unités ;

4° Le cube des unités ;

5° Le reste, s'il y en a un.

La première de ces cinq parties, le cube des dizaines, ne

peut avoir produit que des unités de mille et au-dessus, donc elle ne peut se trouver que dans les 42 mille du nombre donné (ce qui explique pourquoi, suivant la règle, il faut partager le nombre en tranches de trois chiffres à partir de la droite). Si l'on extrait la racine cubique de 42, on doit donc trouver le chiffre *exact* des dizaines de la racine, car 42 peut contenir, en outre du cube des dizaines, des retenues provenant des autres parties du cube ; donc 42 étant un nombre trop grand ne saurait donner un résultat trop faible ; il ne peut non plus donner un résultat trop fort, car on n'extrait que la racine de 42000, et elle ne saurait à elle seule être plus forte que celle du nombre total plus grand 42896. La racine cubique de 42 est 3, que l'on écrit à la racine. Les dizaines trouvées, il faut maintenant chercher les unités ; mais avant il importe de se défaire de la partie déjà utilisée, c'est-à-dire du cube des dizaines ; c'est pourquoi l'on forme le cube de 3, et on le retranche du nombre donné ; mais si l'on se souvient que 3 sont des dizaines, c'est le cube de 30 ou 27000 qu'il faut retrancher, et le reste est 15896 (ce qui explique pourquoi, suivant la règle, à côté du reste 15 il faut abaisser la tranche de trois chiffres suivante). Le reste 15896 contient les quatre autres parties, savoir :

Trois fois le carré des dizaines $\times$ les unités ;
Trois fois les dizaines $\times$ le carré des unités ;
Le cube des unités ;
Le reste, s'il y en a un.

La première de ces quatre parties, trois fois le carré des dizaines multiplié par les unités, n'a pu donner au moins que des centaines ; elle ne peut donc se trouver contenue que dans 158 centaines (ce qui explique pourquoi, suivant la règle, il faut séparer par une virgule les deux chiffres à droite du reste). On peut donc écrire

$$158 = 3 \times (3 \text{ diz.})^2 \times \text{ les unités.}$$

Donc 158 est un produit, dont $3 \times (3 \text{ diz.})^2$ est un des facteurs ; et en divisant le produit 158 par ce facteur, c'est-à-dire par le triple du carré des dizaines de la racine, on doit trouver les unités ; on forme donc le facteur $3 \times (3 \text{ diz.})^2$

ou 3×9 ou 27, et l'on divise 158 par 27, le quotient est 5. Il peut être cependant plus fort que le véritable chiffre des unités, car 158 peut, outre le produit ci-dessus, contenir quelques retenues provenant des autres parties du cube et du reste, et donner par suite un quotient trop fort ; c'est pourquoi, pour essayer le chiffre 5, on fait le cube de la racine 35, et l'on cherche s'il peut se soustraire du nombre donné ; la soustraction étant possible, 5 est le chiffre exact des unités, et le reste est 21.

403. 3e Cas. *Le nombre donné est plus grand que* 1000000, *et sa racine étant plus grande que* 100 *à trois chiffres ou plus.*

Prenons pour exemple le nombre 80622799.

$\sqrt{80,622,799}$	432
64	$4^3 = 64$
166,22	$3 \times 4^2 = 48$
78507000	$43^3 = 78507$
20157,99	$3 \times 43^2 = 5547$
80621568	$432^3 = 80621568$
1231	

Le nombre étant plus grand que 1000, sa racine a au moins des dizaines et des unités ; donc ce nombre contient cinq parties, parmi lesquelles se trouve le cube des dizaines, mais cette partie ne pouvant donner au moins que des unités de mille, ne peut se trouver que dans 80622 mille, et pour avoir ces dizaines il faudrait extraire la racine cubique de ce nombre. Mais il est lui-même plus grand que 1000, donc sa racine est plus grande que 10, et doit avoir au moins des dizaines et des unités, qui seront les centaines et les dizaines de la racine totale. L'extraction de la racine cubique du nombre 80622 rentre dans le 2e Cas, et l'on sait l'extraire ; elle donne pour résultat 43, qui représentent les dizaines de la racine totale. Il reste à en chercher les unités ; c'est pourquoi on fait le cube de 43, ou plutôt de 430, qui est 78507000, et on le retranche du nombre total ; le reste est 2015799, nombre pareil à celui que l'on obtiendrait en retranchant 43^3 ou 78507 de 80622, et abaissant à côté du reste la tranche suivante 799. Ce reste contient les quatre autres parties, et, entre autres, trois fois le carré des dizaines multiplié par les unités ; or cette partie ne pouvant donner au moins que des centaines, ne peut se trouver que dans 20157, et si l'on divise 20157 par trois fois le carré des dizaines ou 3×43^2 ou 5547, le quotient sera le chiffre des unités; le quotient serait 3, mais ce chiffre peut être trop fort; pour l'essayer on fait le cube de 433, et on essaye de le retrancher du nombre donné. Dans le cas actuel, cette soustraction étant impossible, 3 est trop fort, on essaye 2, en faisant le cube de 432, la soustraction est possible, et donne pour reste 1231.

404. On reconnaît, avons-nous dit, que l'on a mis à la racine un chiffre trop faible, lorsque le reste résultant de l'essai de ce chiffre est égal ou supérieur au triple du carré de la racine, plus le triple de cette racine, plus 1.

En effet, supposons que la vraie racine étant 48, on n'ait mis que 47. On ne retranche en ce cas du nombre donné que 47^3, et l'on devait en retrancher 48^3 ou $(47+1)^3$; or en formant le cube de $47+1$, on le trouve égal à

$$47^3+3\times47^2\times1+3\times47\times1^2+1$$
ou
$$47^3+3\times47^2+3\times47+1$$

donc, en ne retranchant du nombre donné que 47^3, on en retranche de moins $3\times47^2+3\times47+1$, et le reste est donc augmenté du triple du carré de la racine, plus le triple de la racine, plus 1.

405. Pour former le cube d'une fraction on fait le cube de ses deux termes, donc pour extraire la racine cubique d'une fraction il faut extraire la racine cubique du numérateur et celle du dénominateur ; mais si le dénominateur n'est pas un cube parfait, on ne trouve pas sa racine exacte, ou en ayant recours aux approximations on trouve une valeur fractionnaire ; or si le dénominateur d'une fraction doit, pour avoir un sens, être exact et entier, il est donc indispensable que la racine cubique du dénominateur se trouve exactement ; c'est à quoi l'on parvient en le rendant cube parfait en le multipliant par son carré, et en multipliant aussi le numérateur pour ne pas altérer la valeur de la fraction. On n'a plus alors qu'à extraire la racine de ce produit, car celle du premier est connue, c'est le dénominateur même, ce qui explique la règle.

406. Toute fraction décimale élevée au cube donne toujours un nombre de chiffres décimaux exactement divisible par 3 ; car par les deux multiplications qui servent à former le cube, on est amené à séparer au produit final ou cube un nombre de chiffres décimaux triple de celui que contenait la racine. Donc toute racine doit avoir trois fois moins de chiffres décimaux que son cube. C'est pour cela que l'on complète par des zéros les chiffres décimaux du nombre donné, de manière à ce qu'ils forment un nombre exact de tranches de trois chiffres, et que l'on sépare à la racine autant de chiffres décimaux qu'il y avait de ces tranches.

407. Le même raisonnement explique la règle donnée pour extraire une racine cubique avec une approximation fixée.

En effet, extraire une racine cubique avec l'approximation de 0,01, par exemple, c'est vouloir que la racine cubique ait des centièmes ; mais pour cela, le cube de 0,01 étant 0,000001, il faut que le nombre donné ait des millionièmes, c'est à quoi l'on parvient en ajoutant à sa droite autant de tranches de 3 zéros qu'il y a de chiffres décimaux dans l'approximation fixée.

Exercices pratiques.

Extraire les racines cubiques des nombres donnés suivants :

	10648		21024576
	17576		9261000
	110592		42482208
	5410276		513152864216
(5)	7812935	(10)	12406605875

Extraire les racines cubiques des fractions ordinaires suivantes :

$$\frac{2}{120} \qquad \frac{92}{792000} \qquad \frac{64}{893052}$$

$$\frac{368}{12957} \quad (15) \quad \frac{1192}{653428}$$

Extraire les racines cubiques des nombres décimaux suivants :

7,000426579	27,96300502
0,000027900	1,00063970000

(20) 198,5739280012

Extraire les racines cubiques suivantes aux approximations indiquées :

2	(à 0,001)	11	(à 0,01)
3	(à 0,0001)	13	(à 0,1)
5	(à 0,01)	15	(à 0,0001)
7	(à ,001)	17	(à 0,00001)
9	(à ,00001)	(30) 19	(à 0,000001)

APPENDICE

Notions sur les nombres premiers, les facteurs premiers
et les règles de divisibilité.

408. A la seule inspection des nombres on reconnaît aisément que, tandis que les uns peuvent être exactement divisés par certains nombres, les autres, comme 3, 5, 7, 11, etc., ne sont exactement divisibles par aucun, si l'on en excepte néanmoins eux-mêmes et l'unité; car 11, par exemple, est divisible par 11 et par 1, mais, hors ces deux diviseurs, il est impossible de lui en trouver d'autres exacts. Ces nombres particuliers ont été formés seulement par l'unité, on les a nommés *nombres premiers*, et l'on peut définir un nombre premier un nombre qui n'est exactement divisible que par lui-même ou par l'unité.

409. Les nombres premiers sont, pour ainsi dire, les éléments de tous les autres, car tout nombre qui n'est pas premier est le produit de la multiplication de deux ou plusieurs nombres premiers; ainsi 18, par exemple, est le produit de $2 \times 3 \times 3$; 21 est le produit de 3×7; or 2, 3, 7 sont des nombres premiers.

Les nombres premiers qui par leur multiplication ont donné naissance à un autre nombre, sont appelés les *facteurs premiers* de ce nombre; ainsi 2 et 3 sont les facteurs premiers de 18, 3 et 7 sont les facteurs premiers de 21.

410. Il est impossible de former une liste de tous les nombres premiers, puisque la série des nombres est infinie, et que, quelque loin qu'on la pousse, elle donnera sans cesse naissance à de nouveaux nombres premiers; mais on peut se proposer de trouver tous les nombres premiers compris dans certaines limites, entre 1 et 100 par exemple.

Pour former une table des nombres premiers de 1 à 100, voici comment l'on procède.

On écrit la série des nombres naturels de 1 à 100, puis, à partir du nombre 2, on barre tous les nombres que l'on rencontre de 2 en 2; à partir de 3, on barre ensuite tous les nombres de 3 en 3, puis de 5 en 5 à partir de 5, de 7 en 7 à partir de 7, etc., et ainsi de suite, jusqu'à ce que l'on ne trouve plus de nombres à barrer, ceux qui restent alors sont les nombres premiers. On trouve ainsi que les nombres premiers de 1 à 100 sont :

1, 3, 5, 7, 11, 13, 17, 19, 23, 29, 31, 37, 41, 43, 47, 53, 59, 61, 71, 73, 79, 83, 89, 97.

411. Il est quelquefois utile de connaître les facteurs premiers d'un nombre, c'est-à-dire les nombres premiers qui par leur produit ont concouru à sa formation. Cette recherche, qui se désigne par le nom de *décomposition d'un nombre en ses facteurs premiers*, se fait par la règle suivante.

RÈGLE : *Pour décomposer un nombre en ses facteurs premiers, on le divise successivement, en commençant par les plus petits, suivant leur ordre de grandeur, et autant de fois que possible, par tous les nombres premiers par lesquels il est exactement divisible, jusqu'à ce que l'on arrive à un quotient qui soit lui-même un nombre premier; les diviseurs employés et ce quotient sont les facteurs premiers du nombre donné.*

Ainsi, soit proposé de décomposer 2145 en ses facteurs premiers; la division par 2 ne pouvant se faire, 2 n'est pas un de ses facteurs; on essaye de diviser 2145 par 715 de nouveau par 3, la division se fait exactement, et donne pour quotient 715, on essaye de diviser, mais la division ne se faisant pas, on le divise ensuite par 5, qui le divise exactement, et donne pour quotient 143. Une nouvelle division par 5 ne réussissant pas, on divise 143 par 7, nombre premier suivant, il ne divise pas;

on divise par 11, qui donne 13 pour quotient exact, et comme 13 est un nombre premier, la décomposition est terminée, et les facteurs premiers de 2145 sont 3, 5, 11 et 13, c'est-à-dire que $2145 = 3 \times 5 \times 11 \times 13$.

Voici comment on dispose l'opération :

$$
\begin{array}{r|l}
2145 & 3 \\
715 & 5 \\
143 & 11 \\
13 & 13
\end{array}
$$

A la droite du nombre donné on trace un trait vertical, à la droite duquel on écrit les diviseurs successifs, et l'on écrit le quotient correspondant au-dessous du dernier dividende et en regard du diviseur suivant.

La décomposition d'un nombre en ses facteurs premiers donne des moyens souvent plus simples que les méthodes déjà connues pour trouver le plus grand commun diviseur et le plus petit commun multiple de deux ou plusieurs nombres. Voici les règles à suivre.

412. RÈGLE : *Pour trouver le plus grand commun diviseur de deux ou plusieurs nombres, on les décompose en leurs facteurs premiers, puis on fait le produit de tous les facteurs communs aux nombres donnés, en prenant chacun d'eux le plus petit nombre de fois qu'il se trouve contenu dans les nombres donnés, ou, en d'autres termes, avec son plus faible exposant; le produit est le plus grand commun diviseur cherché.*

Exemple : proposons-nous de chercher le plus grand commun diviseur des nombres 1890, 1386 et 900.

Leur décomposition en facteurs premiers donne :

$$
\begin{aligned}
1890 &= 2 \times 3 \times 3 \times 3 \times 5 \times 7 \text{ ou } 2 \times 3^3 \times 5 \times 7 \\
1386 &= 2 \times 3 \times 3 \times 7 \times 11 \quad \text{ou } 2 \times 3^2 \times 7 \times 11 \\
900 &= 2 \times 2 \times 3 \times 3 \times 5 \times 5 \text{ ou } 2^2 \times 3^2 \times 5^2
\end{aligned}
$$

Les facteurs communs à ces trois nombres sont 2 et 3, et nous ne prendrons 2 qu'une fois, et 3 deux fois, car 2 n'entre qu'une fois dans 1890 et 3 n'entre que 2 fois dans 1386 ; le plus grand commun diviseur sera donc

$$2 \times 3 \times 3 \text{ ou } 2 \times 3^2 = 18$$

La méthode déjà connue eût donné le même résultat, mais moins rapidement.

413. RÈGLE : *Pour trouver le plus petit commun multiple entre deux ou plusieurs nombres, on les décompose en leurs facteurs premiers, puis on fait le produit de tous leurs facteurs, en ne prenant chacun d'eux que le nombre de fois qu'il est contenu dans le nombre qui le contient le plus de fois, c'est-à-dire avec son plus haut exposant.*

Exemple : soit à chercher le plus petit commun multiple entre

600, 126, 2475, 2695.

En les décomposant en facteurs premiers, on trouve :

$$
\begin{aligned}
600 &= 2 \times 2 \times 2 \times 3 \times 5 \times 5 = 2^3 \times 3 \times 5^2 \\
126 &= 2 \times 3 \times 3 \times 7 \quad\quad = 2 \times 3^2 \times 7 \\
2475 &= 3 \times 5 \times 5 \times 5 \times 7 \quad = 3 \times 5^3 \times 7 \\
2695 &= 5 \times 7 \times 7 \times 11 \quad\quad = 5 \times 7^2 \times 11
\end{aligned}
$$

Le plus petit multiple commun sera

$$2 \times 2 \times 2 \times 3 \times 3 \times 5 \times 5 \times 5 \times 7 \times 7 \times 11 = 2^3 \times 3^2 \times 5^3 \times 7^2 \times 11 = 4851000.$$

En prenant chacun des facteurs avec le plus haut exposant qu'il présente dans les nombres donnés.

Pour que ces deux méthodes soient toujours applicables, et préférables à celles déjà vues, il faudrait avoir le moyen de reconnaître, à la simple inspection d'un nombre, par quels nombres premiers il est exactement divisible ; car s'il faut essayer successivement plusieurs nombres premiers, ces essais pouvant être nombreux, longs et souvent inutiles, il est plus court d'employer la méthode connue, quelque longue qu'elle paraisse elle-même. Malheureusement les signes de divisibilité d'un nombre par les nombres premiers n'existent que pour quelques-uns d'entre eux, qui sont 2, 3, 5 et 11 ; et comme la connaissance de ces caractères est fréquemment utile, nous allons les exposer, en y joignant ceux de la divisibilité par 4 et par 9.

414. *Un nombre est divisible par 2, lorsque son dernier chiffre à droite est divisible par 2.*

Ainsi, 798, 352, 54 sont divisibles par 2, parce que leurs derniers chiffres à droite, 8, 2, 4 sont eux-mêmes divisibles par 2.

415. *Un nombre est divisible par 4, lorsque le nombre formé par ses deux derniers chiffres à droite est lui-même divisible par 4.*

Ainsi 8944, 516, 24 sont divisibles par 4 ; car $44 = 11 \times 4$, $16 = 4 \times 4$, $24 = 4 \times 6$.

416. *Un nombre est divisible par 3 ou par 9, lorsque la somme de ses chiffres ajoutés ensemble, en ne tenant compte que de leur valeur absolue, est elle-même divisible par 3 ou par 9.*

Ainsi le nombre 174 est divisible par 3, parce que $1+7+4$ ou 12 est divisible par 3.

Le nombre 182754 est divisible par 9, parce que $1+8+2+7+5+4$ ou 27 est divisible par 9. Il est aussi divisible par 3.

417. *Un nombre est divisible par 5, lorsqu'il est terminé par un 0 ou un 5.*

Ainsi les nombres 125, 170, 895, sont divisibles par 5.

418. *Un nombre est divisible par 11, lorsque la différence entre la somme de ses chiffres de rang pair, et la somme de ses chiffres de rang impair, comptés à partir de la droite, est ou 0 ou divisible par 11.*

Ainsi, 3982 est divisible par 11, car les chiffres de rang pair étant 8 et 3, ceux de rang impair étant 2 et 9, leurs sommes $8+3$ ou 11 et $2+9$ ou 11 donnent 0 pour différence.

De même le nombre 9495838 est divisible par 11, car la différence entre $9+9+$ $+8$ ou 34, somme des chiffres de rang impair, et $4+5+3$ ou 12, somme des chiffres de rang pair, donne 22, qui est divisible par 11.

Il existe aussi un caractère de divisibilité par 7, mais il sort du cadre de ce traité.

419. Connaissant les caractères de divisibilité ci-dessus, on peut en déduire les caractères de divisibilité par tous les nombres qui sont formés des facteurs premiers 2, 3, 5, 11 ; tout nombre sera divisible par le produit de deux de ces facteurs, du moment qu'il présentera les caractères de divisibilité par chacun d'eux, On trouvera ainsi que :

Un nombre est divisible par 6, lorsqu'il est divisible à la fois par 3 et par 2, c'est-à-dire lorsque étant terminé par un chiffre pair, la somme de ses chiffres est divisible par 3.

Un nombre est divisible par 12, s'il l'est à la fois par 3 et par 4 ; c'est-à-dire si étant terminé par deux chiffres formant un nombre divisible par 4, la somme de ses chiffres est divisible par 3.

Un nombre est divisible par 15, s'il l'est à la fois par 5 et par 3, c'est-à-dire si, étant terminé par un 0 ou un 5, la somme de ses chiffres est divisible par 3, etc.

420. On peut utiliser les principes ci-dessus pour, dans un calcul, simplifier les fractions sans pour cela les réduire à leur plus simple expression, ce qui est souvent fort long, et peut donner lieu à un travail inutile, si par cas elles sont irréductibles, ce que l'on ne peut pas toujours reconnaître de prime abord.

On se contente en général d'examiner si les deux termes remplissent quelques-unes des conditions de divisibilité ci-dessus, et si l'on reconnaît qu'ils sont à la fois divisibles par un ou plusieurs facteurs communs, on les divise par chacun de ses facteurs autant de fois que possible.

Ainsi dans la fraction $\frac{360}{9180}$, les deux termes présentent à la fois les caractères de divisibilité par 2, par 5 et par 9 ; on les divise par ces facteurs, il reste la fraction $\frac{12}{306}$; on remarque que les termes de cette fraction présentent encore les caractères de divisibilité par 2 et par 3, on les divise de nouveau, et il reste enfin $\frac{2}{51}$.

PROBLÈMES DIVERS.

Un magasin contenait 18376 hectolitres de blé ; on en a distribué en quatre fois, savoir : 2376 hectol., 3845 hectol., 689 hectol., 6543 hectol., combien en reste-t-il en magasin ?

Un particulier a un revenu que l'on ne connaît pas, on sait seulement qu'il a dépensé dans l'année 896 fr. 60 pour sa nourriture, 428 fr. pour son loyer, 384 fr. 35 pour son habillement, 296 fr. 70 pour les autres dépenses de sa maison, et 358 fr. 85 pour ses menus plaisirs. Au bout de l'année, tout compte réglé, il se trouve endetté de 564 fr. 50 ; quel est son revenu.

Un marchand a acheté 4 barriques d'eau-de-vie coûtant 976 fr. 80 d'achat, 286 fr., 28 de droit et 64 fr. de transport. On demande combien il doit vendre le litre pour gagner 425 fr. 60 sur son marché, sachant que chaque barrique contient 168 lit. 24.

Une femme avait une certaine quantité d'œufs ; de cette quantité, et sans en casser un seul, elle en vend $\frac{1}{3}$ plus les $\frac{2}{3}$ d'un œuf ; elle en donne $\frac{1}{6}$ plus 3 œufs $\frac{1}{3}$. Elle en mange $\frac{1}{4}$ et il lui en reste $\frac{1}{7}$ plus 1 œuf $\frac{5}{7}$. Combien en avait-elle ?

(5) $\frac{1}{2}$, $\frac{1}{4}$ et $\frac{1}{6}$ de l'âge d'une personne plus 4 ans et 1 jour font juste l'âge qu'elle aura dans 1 an 11 mois 15 jours. Quel âge a-t-elle ?

Un bassin se remplit d'eau au moyen de 3 robinets, et peut se vider au moyen d'un quatrième. Le 1er remplirait seul le bassin en 3 h. 2/5 ; le 2e en 2 h. 3/4 ; le 4e le viderait en 3 h. 3/5 ; on les ouvre tous quatre ; au bout de combien de temps le bassin se trouvera-t-il rempli ?

Il est les $\frac{2}{3}$ des $\frac{5}{6}$ des $\frac{3}{4}$ des $\frac{4}{6}$ de 24 heures. Quelle heure est-il ?

Quels sont les $\frac{2}{3}$ des $\frac{3}{4}$ des $\frac{5}{6}$ de 19,9644 ?

Ma taille est de 1 mèt. $\frac{5}{12}$, la vôtre est les $\frac{9}{8}$ de la mienne ; quelle est la différence de nos tailles ?

(10) Les $\frac{2}{3}$ d'une pièce de drap ont coûté 440 francs, combien coûteront les $\frac{5}{11}$ de la même pièce ?

J'ai acheté 142 mèt. 25 de marchandises, au prix de 12 fr. 75 le mètre, je donne en payement 183 mèt. $\frac{4}{7}$ de drap au prix de 11 fr. 25 ; combien doit-on me rendre ?

Un écrivain ayant copié un volume, a reçu pour salaire 936,54 : on le paye à raison de 0 fr. 0012 la lettre, chaque ligne étant de 30 lettres ; combien a-t-il copié de lignes ?

Un marchand a acheté 25 douzaines $\frac{1}{2}$ d'assiettes qu'il paye 0 fr. 75 pièce ; il en casse 1 douzaine $\frac{3}{4}$; il paye de frais de transport 16 francs, et il veut gagner sur la revente 200 francs ; à quel prix doit-il vendre la douzaine et quel est le prix de 1 assiette ?

Un nombre est égal aux $\frac{13}{15}$ du quotient que l'on obtient en divisant le produit de 0,002897 par 131 $\frac{3}{4}$ par la différence entre $\frac{92}{52}$ et 0,009 ; quel est ce nombre ?

(15) Si j'avais en plus les $\frac{103}{205}$ de 10000 francs, j'aurais exactement 3,50 fois plus que ce que j'ai actuellement ; combien ai-je ?

Par quel nombre faut-il multiplier 0,00125 pour le rendre égal à 1 ?

Quel est en nombre décimal la valeur des $\frac{3}{4}$ de 6 multipliés par $\frac{2}{5}$ et divisés par 0,0019 ?

Combien faut-il additionner de fois la fraction décimale 0,005 pour égaler $\frac{4}{5}$?

On voudrait avoir le plus grand commun diviseur des nombres décimaux 0,0125 ; 0,000555 ; 0,1845 ; 0,25 ; quel est-il ?

(20) Les $\frac{3}{42}$ des $\frac{5}{16}$ de 7 francs, combien cela fait-il de centièmes de francs ?

Quelle est, exprimée en seizièmes, la valeur de la fraction décimale 0,4375 ?

Si de $\frac{12}{20}$ on retranche 0,2805, qu'on multiplie le résultat par 45 $\frac{3}{15}$ et qu'on divise ce produit par 0,00015, on aura le nombre de francs que je possède ; combien ai-je ?

Le tiers et demi d'un nombre est 16 $\frac{7}{11}$; quel est ce nombre ?

Un nombre contient autant de fois 0,0165 que 18 contient de fois $\frac{954324}{1053897}$; quel est ce nombre ?

(25) Combien faut-il d'or pour faire en monnaie une somme de 2089 francs ?

Je donne habituellement à mes 120 élèves 15 feuilles de papier par semaine, et j'en ai une provision pour 4 mois ; il me survient 80 élèves de plus, combien dois-je donner de feuilles de papier à chacun pour que ma provision me dure 6 mois ?

5 compteurs habiles, dont chacun met 2 minutes pour compter 7000 francs en or, voudraient exprimer par un nombre combien de fois ils sont plus ou moins habiles que 28 autres compteurs qui ont mis 113 heures 18 minutes pour compter 200000 francs en pièces de 2 francs ; quel est ce nombre ?

15 ouvriers ont mis huit jours, en travaillant 9 heures par jour, pour bâtir un mur long de 23 mètres, haut de 2 mètres 55, épais de 0 mèt., 78 ; quelle est l'épaisseur d'un mur que 12 ouvriers bâtiraient en 11 jours, travaillant 10 heures par jour, et qui aurait 18 mèt. 75 de long et 3 mèt. 20 de haut ?

La barrique de 15 litres de vin me coûte 82 francs ; quel sera le prix d'une barrique de 225 litres du même vin ?

(30) Il faut, pour nourrir 28 chevaux pendant 15 jours, 2150 kil., 22 de foin, combien en faudra-t-il pour nourrir 11 chevaux pendant 3 mois ?

Un maître laisse en mourant 12,000 fr. à partager entre ses 3 domestiques, proportionnellement à leur âge et à leurs années de service auprès de lui ; l'un a 82 ans et 55 ans de service, l'autre 70 ans et 24 ans de service, l'autre 28 ans et 2 ans de service ; quelle est la part de chacun ?

Partager le nombre 18700 en 4 parties telles, que la 2e étant double de la première, chacune des deux suivantes soit égale à la somme des précédentes ?

Deux chasseurs ont loué une chasse pour 480 francs à eux deux; l'un a chassé pendant 16 jours et a tué 12 pièces de gibier, l'autre a chassé pendant 16 jours et a tué 18 pièces de gibier, combien chacun doit-il payer?

Partager le nombre 625252625 en 5 parties telles que la 1re soit le produit de la 2e par la 3e, la 5e le produit de la 3e par la 4e, la 3e le produit de la 4e par la 5e, et la 4e le produit de la 5e par la 4e?

(35) Un marchand a 2000 litres de vin formés d'un mélange à parties égales de vin à 0 fr. 95, à 1 fr. 20, à 0 fr., 80, à 1 fr. 75 le litre; quel est le prix de 1 litre du mélange?

Combien faut-il mettre de litres d'eau dans 280 litres de vin à 2 fr. 25 le litre, pour qu'il ne vaille plus que 1 fr. 58?

On a de l'or contenant $\dfrac{3}{15}$ de cuivre et de l'or contenant $\dfrac{1}{11}$, en quelle proportion faut-il les mélanger pour faire de l'or à 0,9 de fin?

Un orfèvre fond des vieux bijoux contenant 188 grammes d'or à $\dfrac{14}{15}$ de fin, 284 grammes à $\dfrac{10}{11}$ et 1 kilogramme à $\dfrac{6}{9}$, combien faudra-t-il y ajouter d'or pour que l'alliage final soit à $\dfrac{9}{16}$ de fin?

J'ai placé à 5 p. 0/0, à intérêts simples, 4508 francs, et j'ai touché une somme égale d'intérêt, depuis combien d'années dure le placement?

(40) Après 25 ans de placement à intérêts simples, sans en avoir touché les intérêts, je retire mon argent, et je reçois en tout 2536 francs, quel était le capital primitif?

Une somme de 865432 francs est formée du capital et des intérêts simples à $4\dfrac{1}{2}$ p. 0/0, et l'on sait que capital et intérêts sont égaux; pendant combien de temps aura duré le placement?

Les caisses d'épargnes prennent l'argent au taux de 4 pour 0/0, intérêt composé; quelle somme faut-il placer au moment de la naissance d'un enfant, pour qu'à 21 ans, il ait 2500 francs pour se libérer du service militaire?

Un homme met chaque jour de côté 5 centimes, et les place au bout de l'année à intérêt composé à $3\dfrac{1}{2}$ p. 0/0; on demande ce qu'il possédera en 10 ans?

Un capital augmenté de ses intérêts simples à 4 p. 0/0 par an, a pris, au bout de 2 ans 9 mois, une valeur de 12860 francs, quel est ce capital?

(45) Un capital augmenté de ses intérêts a pris, au bout de 15 mois, une valeur de 2500 fr.; au bout de 28 mois, il est devenu égal à 2760 fr. Quel est ce capital, et à quel taux est-il placé?

Acheter, en fonds publics, de la rente 5 p. 0/0 au cours de 116 fr. 50, c'est acquérir 5 francs de rente au prix de 166 fr. 50 de capital. Acheter du 3 p. 0/0, au cours de 78 fr., c'est acquérir 3 fr. de rente au prix de 78 fr. de capital. En achetant à l'un ou à l'autre de ces deux cours, à combien place-t-on son argent?

Combien dépensera-t-on pour acquérir 1520 fr. de rente 5 p. 0/0, au cours de 116 fr. 50?

On présente à l'escompte un billet de 3200 fr. payable dans 3 ans 4 mois, l'intérêt de l'argent étant de 5 p. 0/0; combien payera le banquier?

Pour un billet escompté à 4,50 p. 0/0 et payable dans 2 ans, 8 mois, 12 jours, on a payé 3240 fr.; quelle était la valeur nominale, ou si l'on veut la valeur écrite sur ce billet?

(50) Sur un billet de 2800 fr. payable dans 2 ans 7 mois, on a payé 2420 fr. A quel taux a-t-on escompté?

Pour un billet de 2800 fr. escompté à 4 p. 0/0 on a donné 2520 fr. Au bout de combien de temps était-il payable?

On demande la valeur que prend un capital de 1200 fr. placé à intérêts composés, et à 5 p. 0/0 par an, pendant 8 ans?

On demande la valeur que prend un capital de 12000 fr. placé à intérêts composés, à 5 p. 0/0 par an, pendant 8 ans, 3 mois, 20 jours?

Quel est le capital qui, placé à l'intérêt de 4 p. 0/0 par an, prendrait au bout de 8 ans une valeur de 15000?

(55) En combien de temps un capital placé à 5 p. 0/0, intérêts composés, sera-t-il triplé?

Un employé fait, chaque année, 600 fr. d'économies qu'il place chez un banquier, à intérêts composés, et à 5 p. 0/0 par an. Il prend sa retraite au bout de 25 ans, et retire son argent pour acheter une maison, en y joignant les économies de sa dernière année; combien a-t-il d'argent?

Un particulier emprunte 12000 fr. à condition de les rembourser en 12 payements égaux effectués d'année en année, autrement dit, en 12 annuités. On demande la quotité de l'annuité?

Partager une somme de 1200 fr. entre 4 personnes, proportionnellement aux nombres 5, 7, 8, 12.

32 ouvriers ont confectionné 548 mètres d'étoffe; combien 23 ouvriers feront-ils de mètres de la même étoffe?

(60) 12 ouvriers ont bâti une maison en vingt jours, combien faudra-t-il de temps à 18 ouvriers pour en bâtir une pareille?

30 ouvriers, travaillant 8 heures par jour, ont employé 24 jours à confectionner 1800 mètres d'une étoffe ayant 1^m,2 de large, combien faut-il de jours à 42 ouvriers, travaillant 9 heures par jour, pour confectionner 3200 mètres d'une étoffe de même qualité, mais ayant 1^m,5 de largeur?

On demande quelle est la rente que produit un capital de 18642 fr., placé à 4 p. 0/0 d'intérêt par an?

Trouver l'intérêt de 3246 fr., 24 placés à 5 p. 0/0 pendant 3 ans, 8 mois?

Quel est le capital qui, à 6 p. 0/0 par an, rapporterait 328 fr. d'intérêt en 8 mois 20 jours?

(65) A quel taux faut-il placer 3248 fr. pour qu'ils rapportent 1284 fr. en 2 ans, 3 mois, 10 jours?

Au bout de combien de temps 3248 fr. placés à 5 p. 0/0 auront-ils rapporté 1896 fr.?

Partager une somme de 1800 fr. entre 4 personnes, de manière que la part de la première soit les $\frac{4}{5}$ de celle de la 2e, et la part de la quatrième les $\frac{11}{9}$ de la part de la 3e?

Partager 2400 entre 4 personnes de manière que la part de la première soit à la part de la deuxième comme 5 est à 9, celle de la troisième à celle de la quatrième comme 3 est à 5; enfin la part de la troisième comme 6 est à 7?

Il y a dans une fabrique 12 hommes payés à raison de 3 fr. 40 par jour, 7 femmes payées à 1 fr. 80 par jour, 5 enfants payés 1 fr. 10. On accorde, par extraordinaire, une gratification de 1200 fr., laquelle doit être partagée proportionnellement aux salaires. Calculer les parts individuelles.

(70) Un père laisse une fortune de 120000 fr. à partager entre 4 enfants âgés respectivement de 21 ans, 17 ans, 12 ans, et 8 ans. Il prescrit de partager son bien de manière que la part de chaque enfant soit en raison inverse de son âge, c'est-à-dire d'autant plus grande que cet enfant est plus jeune; quelle est la part de chacun?

Un négociant commence une entreprise avec une somme de 12000 fr.; 8 mois plus tard, un associé verse dans son entreprise une somme de 18600 fr.; 14 mois plus tard encore, un nouvel associé s'intéresse pour une somme de 30000 fr. L'entreprise, après avoir duré en tout 6 ans, a produit un bénéfice de 48000 fr. Le 1er associé doit percevoir une prime de 6 p. 0/0 sur le bénéfice, pour rémunération de la gestion dont il reste chargé; quelle est la part de chacun?

J'ai vendu exactement autant de kilogrammes de marchandises que chaque kilogramme coûte de francs, et j'ai reçu 729 francs; quel est le prix et le nombre des kilogrammes?

Trouver un nombre tel que les $\frac{3}{4}$ et les $\frac{7}{8}$ de sa racine fassent 12.

Quel est le nombre dont la racine augmentée de 13 donne pour carré 1089?

(75) Deux nombres diffèrent entre eux de 8, et leurs carrés diffèrent de 349; quels sont ces deux nombres?

Quel est le nombre dont le carré serait égal au produit de 372 par 142?

Quel est le nombre dont le tiers multiplié par le quart donne pour produit 48?

En multipliant un nombre par lui-même et y ajoutant 416, on obtient le même produit qu'en multipliant ce nombre par 9 et par 7; quel est ce nombre?

Par quel nombre faut-il diviser 68564 pour obtenir un quotient égal au diviseur?

(80) Une fraction divisée par elle-même renversée donne pour quotient $\frac{1089}{1464}$, quelle est cette fraction?

Un nombre est tel que le carré de sa moitié est le nombre lui-même, quel est ce nombre?

Quel est le nombre tel qu'en le multipliant deux fois par lui-même on trouve pour produit 70507?

J'ai reçu autant de caisses de montres qu'il y a de montres dans chaque caisse, et chaque montre coûte aussi ce même nombre de francs; il y en a pour 52656 francs; combien y a-t-il de montres?

Trouver un nombre tel que sa quatrième puissance, divisée par le nombre lui-même, donne pour quotient 5832?

(85) Le cube du quart d'un nombre est 1728, quel est ce nombre?

Le huitième d'un nombre multiplié par son quart et par son cinquième donne pour produit 204800, quel est ce nombre?

Un nombre est tel que son cube est égal à 5 fois le cube d'un quelconque de ses chiffres, quel est ce nombre?

Un nombre multiplié par 12 et par 4 donne pour produit le triple de son cube, quel est ce nombre?

J'ai divisé 46656 par un certain nombre, et j'ai eu pour quotient le carré de ce nombre, quel est-il?

(90) Le cube des dizaines d'un nombre et le cube de ses unités donnent pour somme 133829, on sait que ces chiffres sont entre eux comme 22 est à 18, quel est ce nombre?

Partager le nombre 21 en deux parties, dont la somme des cubes soit 1357?

Dans une famille de 5 personnes, on dépense régulièrement 120 francs en 4 jours; 7 personnes viennent s'y adjoindre pendant quelques jours, au bout desquels, la dépense par tête étant la même, la dépense totale a été de 792 francs; combien de temps ces personnes sont-elles restées?

Une entreprise par action donne 6 p. 0/0 d'intérêt et un dividende qui est de 125 francs par action de 2000 francs, à quel taux a-t-on placé son argent?

J'avais un billet de 1780 francs, payable dans deux ans; 18 mois après je charge un homme d'en faire le recouvrement, je lui donne toujours 4 p. 0/0 pour les commissions de ce genre: tous frais déduits je reçois 1691 francs, quel est le taux de l'escompte?

(95) Un fonds commun de 1000000 fr. est formé par quatre mises, qui sont entre elles

dans le rapport des nombres $1\frac{1}{2}$, 12, 74 $\frac{123}{89}$, 28. Elles sont restées placées pendant des temps qui sont entre eux comme les nombres 7, 3, 2, 1, le gain total est de 500000 ; quelles sont, 1º les mises, 2º la part de chacun ?

Comment peut-on mesurer 315 litres avec un décalitre et un demi-litre, en employant autant de fois chacune d'elles ?

Payer 130 francs avec un nombre égal de pièces de 5 fr., de 1 fr. et de 0,50 c. Comment payer 80 francs avec 60 pièces de 5 francs et de 0,10 cent.

Combien avez-vous ? si j'avais en plus les $\frac{2}{5}$ et les $\frac{2}{3}$ de l'argent que j'ai, et que j'en retire 4 francs, j'aurais exactement le double de mon avoir actuel, combien ai-je ?

(100) Deux personnes ont à elles deux 200 francs, l'une dépense les $\frac{2}{3}$ de son avoir, l'autre la moitié du sien, leur dépense totale est égale à ce qu'avait la première personne, combien avaient-elles chacune ?

Partager 46 en deux parties telles que la somme des quotients que l'on obtiendrait en divisant une des parties par 7 et l'autre par 3, soit égale à 10.

5 joueurs ont perdu ensemble 177 fr. 50, la perte du deuxième surpasse de $\frac{1}{2}$ franc le triple de la perte du premier ; deux fois la perte du 2e moins 2 francs, font la perte du 3e ; le quatrième a perdu autant que le premier et le deuxième moins $\frac{1}{4}$ de franc ; enfin deux fois la perte du 2e, moins 3 francs, est la perte du cinquième ; quelle est la perte de chacun ?

La somme de 3 nombres est 180, le premier divisé par le second donne pour quotient 3 et pour reste 6 ; le second divisé par le troisième donne pour quotient 5 et pour reste 2 ; quels sont ces trois nombres ?

Un nombre est tel que multiplié par lui-même il donne le même produit que sa moitié multipliée par 100, quel est ce nombre ?

(105) Deux courriers se poursuivent, et se rejoignent après 15 heures de course, le premier fait 8 lieues pendant que l'autre en fait 5, quelle était l'avance du premier sur le second ?

Il est 2 heures, à quelle heure la grande aiguille d'une montre rencontrera-t-elle la petite ?

On a placé 10000 francs à $4\frac{1}{2}$ p. 0/0 et 8000 francs à 6 p. 0/0 ; dans combien de temps les deux capitaux auront-ils rapporté la même somme ?

J'ai un fils qui est né quand j'avais 30 ans, quel âge aura-t-il lorsque mon âge ne sera plus que les $\frac{18}{14}$ du sien.

J'ai 40 ans, j'ai un frère dont l'âge est les $\frac{3}{5}$ du mien, combien y a-t-il d'années qu'il en était $\frac{1}{6}$?

(110) On a de l'eau salée contenant déjà $\frac{2}{100}$ de sel, on fait dissoudre 10 kilogrammes de sel par 100 kilog. d'eau, combien faut-il y ajouter d'eau douce pour que dans 1000 kilog. du mélange il n'y ait plus que $\frac{3}{10000}$ de sel ?

Un bassin peut se vider par trois robinets qui coulant chacun seul le videraient dans des temps qui sont entre eux comme les nombres 3, 7, 9, le premier le viderait en 21 heures ; combien mettront-ils de temps à le vider tous trois ensemble ?

Je mets un objet en loterie, si je fais des billets à 3 francs je perds 2 francs, si je fais le même nombre de billets à 3 fr. 50, je gagne 31 francs ; quelle est la valeur de l'objet et le nombre de billets ?

Trouver un nombre tel que son produit par 5 soit au-dessus de 240 d'autant que ce nombre est lui-même au-dessous de 140.

Une voiture qui fait 7 lieues toutes les 2 heures est partie depuis 35 heures, on en fait partir alors du même point une autre qui doit rejoindre la première en 145 heures, combien faut-il que celle-ci fasse de lieues à l'heure ?

(115) Je donne par an à mon domestique 600 francs et une livrée, je le renvoie au bout de 5 mois, je ne lui donne que 180 francs, mais je lui laisse la livrée, quelle est la valeur de celle-ci ?

Pour 1200 fr. on a acheté 225 mètres de marchandise, les unes à 6 fr. 50 le mètre, les autres à 3 fr. ; combien y avait-il de mètres de chaque espèce ?

J'avais un sac d'argent, j'en ai pris la moitié, puis j'y ai remis 100 francs, j'en ai pris plus tard $\frac{1}{5}$, puis j'ai remis encore 100 francs, enfin j'en ai pris le $\frac{1}{5}$, et il y reste 100 francs, combien y avait-il d'abord ?

Un général veut ranger ses hommes en carré d'une certaine façon, il lui reste deux hommes en trop ; d'une autre manière, en mettant 6 hommes de plus sur chaque rang, il lui manque 22 hommes, c'est-à-dire le $\frac{1}{12}$ moins 3 du nombre total de ses hommes ; combien en a-t-il et comment les rangeait-il ?

Un fermier vend des œufs, il en vend 1o la moitié de ce qu'il en a, plus 4, puis la moitié du restant, moins 7, puis le $\frac{1}{3}$ du restant, et il lui en reste 8 ; combien en avait-il ?

(120) Un homme laisse par testament la moitié de sa fortune à sa femme, à chacun de ses enfants, qui sont 2, $\frac{1}{6}$ de sa fortune, et $\frac{1}{92}$ à son domestique, les 600 francs restants sont pour les pauvres ; quelle est sa fortune et la part de chacun ?

Un capitaliste a placé les $\frac{4}{5}$ de ses fonds à 4 p. 0\|0 et $\frac{1}{5}$ à 5 p. 0/0, il retire en tout 5880, combien a-t-il placé en tout ?

SAINT-CLOUD. — IMPRIMERIE DE Mme Ve BELIN.